工业和信息化部"十四五"规划教材
航天科学与工程教材丛书

空天光电探测基础

刘　磊　梁志毅　葛致磊　卢晓东　王红梅　编

科学出版社

北　京

内 容 简 介

本书主要内容包括：光学基础、光电探测系统、空天环境影响和空天目标红外特征及建模、可见光探测技术、红外探测技术、主动探测技术、目标图像处理技术，可作为航空航天工程、探测制导与控制、飞行器设计与工程等专业核心课的配套教材，有助于学生理解光电探测的基本原理和思想，掌握空天光电探测系统的相关设计方法及技巧，提高分析问题的能力和培养独立的科研能力。

本书可供高等院校航空航天、武器制导、空天预警、深空探测、对地遥感等专业本科生学习使用，也可供航空航天及相关专业科研人员参考。

图书在版编目（CIP）数据

空天光电探测基础 / 刘磊等编. —北京：科学出版社，2023.8
（航天科学与工程教材丛书）
工业和信息化部"十四五"规划教材
ISBN 978-7-03-074042-7

Ⅰ. ①空⋯ Ⅱ. ①刘⋯ Ⅲ. ①航天–光电探测 Ⅳ. ①TN247

中国版本图书馆 CIP 数据核字（2022）第 227407 号

责任编辑：宋无汗 / 责任校对：崔向琳
责任印制：赵 博 / 封面设计：陈 敬

科 学 出 版 社 出版
北京东黄城根北街 16 号
邮政编码：100717
http://www.sciencep.com
固安县铭成印刷有限公司印刷
科学出版社发行 各地新华书店经销
*
2023 年 8 月第 一 版 开本：787×1092 1/16
2024 年 5 月第二次印刷 印张：15
字数：356 000
定价：80.00 元
（如有印装质量问题，我社负责调换）

前　言

西北工业大学为加强航空航天拔尖人才、"总师型"人才的培养，提升航空航天学科本科生、研究生在光电探测方面的学习水平，开设了本科生专业基础课程"空天光电探测基础"，并安排了教材的编写任务。为了适应光谱段、微波段交叉融合探测需求，特别是空天探测技术的多学科交叉应用需求，在传统探测光谱的基础上，本书内容扩展到基于微波的雷达探测技术，初步探讨光谱探测技术、激光主动探测技术等内容。

本书立足于光电基础理论与空天应用特色，航空航天、武器制导、空天预警、深空探测、对地遥感等专业的学生通过学习可以掌握空天光电探测的基本理论和分析方法，以及空天光电探测系统的相关设计方法及技巧，提高独立分析和解决问题的能力。

本书共 8 章：第 1 章为绪论，主要讲述光电探测系统的发展、分类和性能；第 2 章为光学基础，主要讲述几何光学、经典光学系统、现代光学系统、光学系统像质评价、辐射与光源；第 3 章为光电探测系统，主要讲述光电探测系统的一般结构、光学器件、光电探测器；第 4 章为空天环境影响和空天目标红外特征及建模，主要讲述空天环境影响、空天目标红外辐射特征、空天目标特征建模；第 5 章为可见光探测技术，主要讲述分光技术、高速摄影技术、航天相机、天文探测技术；第 6 章为红外探测技术，主要讲述红外成像技术、红外扫描跟踪技术、红外背景抑制技术与红外定标技术；第 7 章为主动探测技术，主要讲述雷达探测技术，激光主动探测技术及其在测距、测速、成像和制导武器中的应用；第 8 章为目标图像处理技术，主要讲述图像预处理、图像特征提取和目标识别。

本书具体分工：刘磊负责教材编写的统筹规划，梁志毅负责编写第 1、2、5 章，刘磊负责编写第 3、4 章，卢晓东负责编写第 6 章，葛致磊负责编写第 7 章，王红梅负责编写第 8 章。在编写过程中，博士研究生魏世阳、熊子珺等完成了大量图文修订等工作，宿鹏等硕士研究生参与了内容订正工作，唐硕教授、张科教授在内容选择、分配方面给予指导帮助，在此深表感谢。

虽然作者在编写过程中力图严谨，但限于知识水平，本书不足之处在所难免，敬请广大师生批评指正。

目　录

第 1 章

绪　论

把电磁波按其波长顺序排列形成如图 1-1 所示的电磁波谱，光波波长范围为 10nm～1mm。能为人眼所感知的电磁波称为可见光，波长在 0.4～0.76μm。电磁波中，波长大于 0.76μm 的光称为红外光，而波长小于 0.4μm 的光称为紫外光[1]。光波在真空中的传播速度为 $c \approx 2.99792458 \times 10^8$m/s，在介质中的传播速度都小于 c，且随波长的不同而不同。现代光学技术通过使用各种光电器件将 X 射线、紫外光、红外光和可见光转换成电信号，供人们观察、研究和分析，这就是光电探测技术。光电探测是光学测量加上光电传感器的测量，其基础是几何光学、光学仪器、光电子学。

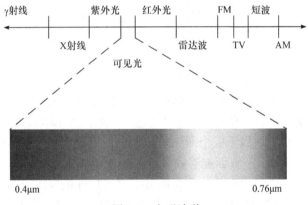

图 1-1　电磁波谱

光电探测技术是利用光电仪器探测远处物体的技术，随传感器、计算机的发展而发展。

1.1　光电探测系统的发展

光电探测系统是指能独立完成一项或多项功能的设备或系统。以较为成熟的航天光电测量系统为例，这类光电系统主要用于测量空间飞行器的轨迹、姿态和辐射特性。航天光电测量设备较多，如弹道照相机、光电经纬仪、跟踪望远镜、激光雷达、红外跟踪仪、电视跟踪仪，以及相应的判读处理设备等。

1.1.1 航空航天领域

航天光电探测的空间载体是人造卫星、空间站或航天飞机等，所用光电探测装备则是空间载体的有效载荷，多为借助可见光、紫外光、红外光进行探测的空间相机、扫描仪或成像光谱仪等。航天光电探测用光学系统来收集地面物体反射和发射到太空中的光信号，经光电探测器转换成电信号，再进行存储、数据分析等处理，从而获取地物的空间、时间和光谱信息，提供给用户进行分析、监测和识别。光电探测在光学遥感、光电对抗、空间探测、空间通信等领域应用广泛，且有着巨大的发展潜力。

激光空间通信技术采用光波进行空间卫星的通信，推动高码率通信技术发展，能够增强信息传输的实时性、安全性，对未来深空探测意义重大。激光空间通信技术具有以下优点：

(1) 通信容量大；

(2) 保密性强；

(3) 结构轻便，设备经济。

激光空间通信技术具有上述诸多优势，但仍然会受到激光通信终端和探测器件性能、大气干扰、瞄准困难等影响。除了激光空间通信技术以外，光电技术也对深空探测的发展有促进作用。光电技术在深空探测这一背景下具有以下优点：

(1) 无大气干扰与衰减，由于探测仪器位于大气层以外，不受大气影响；

(2) 环境扰动小，处于大气层外的空间环境中，其环境相对稳定，扰动较小；

(3) 分辨率高。

但光电技术也存在研制难度大、成本高、周期长的缺点。

以詹姆斯韦布空间望远镜为例，詹姆斯韦布空间望远镜是有史以来性能最强大、造价最高的太空望远镜之一。它重 6.2 吨，口径达 6.5 米，由 18 块六边形镀金镜片拼接而成；遮阳板展开后，面积相当于一个网球场的大小。相比之下，哈勃望远镜的口径仅为 2.4 米。望远镜的口径大，一方面能够收集更多的光子，看到更暗弱的天体；另一方面能够增加分辨率，看清更多的细节。詹姆斯韦布空间望远镜专注于四个主要领域：宇宙中的第一束光、早期宇宙中的星系组合、恒星和行星系统的诞生及类地行星(包括生命迹象)。

激光干涉空间天线(Laser Interferometer Space Antenna，LISA)是一项计划于 21 世纪 30 年代发射用于探测引力波的多航天器任务。在该任务的概念中，LISA 由相距数百万公里、共同构成一个等边三角形的三个航天器组成。三角形每条边(干涉臂)将通过激光器连接起来，在三个航天器之间来回中继激光。通过激光干涉测量法检测其臂长的差异变化来探测引力波。

在航空领域，光电探测系统主要用于对空地目标进行搜索、探测、跟踪、态势感知、来袭预警等。光电探测系统在航空场景下一般被装载于对空作战的红外搜索系统和用于对地作战的机载瞄准吊舱等，其中装载于机载瞄准吊舱的光电探测系统是空对地作战的重要探测手段，尤其在复杂电磁环境和夜间作战中，能使作战飞机在广域地面背景下对目标进行探测，隐蔽性强。光电探测系统经过技术的不断发展，在日常生活、国家安全、科学研究等各个场景下发挥着不可替代的作用。

1.1.2　武器系统领域

1. 电视制导

电视寻的制导利用装在精确制导武器头部的电视摄像机获取目标信息，是一种被动式的制导方式[2]。由于电视的分辨率高，可提供清晰的目标景象，不仅制导精度很高，而且便于鉴别真假目标，同时不受电磁干扰。电视自动跟踪包括电视对比度跟踪和电视图像相关跟踪这两种跟踪方式。电视对比度跟踪是利用目标与背景的信号幅度之差(对比度)，识别目标并确定目标偏离视场中心的误差的。电视图像相关跟踪通过识别目标与背景的图像特征，然后根据图像相关技术计算目标位置与视场中心的偏差。电视对比度跟踪对电路要求较低，技术上简单易行，但难以在低对比度条件下跟踪目标。电视图像相关跟踪则能在复杂背景下实现目标跟踪。电视自动跟踪在空-地、地-空激光制导武器系统中得到广泛应用，其电视制导的自动跟踪精度可达 0.1mrad。但电视寻的制导受气象影响大，在能见度低的情况下无法跟踪，不具备全天候跟踪能力，因此不如红外制导应用广泛。

2. 红外制导

红外自动寻的制导系统是一种被动的制导系统。利用红外探测器能够捕获、识别和跟踪目标发出的红外能量，实现寻的制导。红外制导一般根据其是否成像分为红外非成像制导和红外成像制导两大类[2]。

红外非成像制导系统早在 20 世纪 50 年代就已投入使用。同一般的雷达导引头一样，目标信号只是一个位置信号，不能反映目标的形状，但它的制导精度比较高，可昼夜作战使用，攻击隐蔽性好。它的缺点是受云、雾和烟尘的影响大，并且会被曳光弹、红外诱饵、阻光和其他热源干扰。

红外成像制导系统采用面阵红外探测器来探测目标的红外辐射，获得目标红外图像，与电视成像利用的光电探测器类似。由于红外成像仅与红外辐射有关，不受可见光影响，因此可以在低能见度下工作。与红外非成像制导系统相比，红外成像制导系统有更好的目标识别能力和更高的精度，它甚至可以攻击目标中的最薄弱部位，且全天候作战能力和抗干扰能力也有较大提高。

3. 激光制导

激光制导是以激光作为信息载体的一类制导方式。常用的激光制导方式包括激光寻的制导和激光驾束制导。

激光寻的制导通过主动在目标上照射激光光束，然后利用弹上激光导引头接收目标反射的激光，实现对目标的跟踪及设定制导方案，直到导弹命中目标[2]。激光寻的制导是一种半主动制导方式，即导引头位于弹上，激光照射器位于另一弹上或者位于地面。

激光主动寻的制导是激光照射器和导引头都装在同一弹上的制导方式，这种制导方式要求目标与周围背景的反射率相差很大，在实际的工况中这一条件很难满足，因此激光主动寻的制导的实际应用较少。

此外，在激光半主动寻的制导中，当制导武器的跟踪装置与激光目标指示器分在两处时，需要一种激光光斑跟踪器来确定激光目标指示器所指示的目标位置，从而为武器跟踪寻的装置提供目标信息。例如，用地面激光目标指示器配合机上空投激光制导航弹时，投弹飞机上须装有激光光斑跟踪器。

1.1.3　靶场测试领域

光电经纬仪(或光雷达)是典型的光、机、电和计算机控制的一体化光电系统。光电经纬仪是由光学摄影测量经纬仪发展起来的，它是经纬仪与电影摄影机相结合的产物。这种光电系统只能给出飞行目标方位、俯仰两个方向的角度数据，一般要完成飞行目标的测量，需要运用两台以上的同类设备对同一目标跟踪测量，并经交会处理才能完成对飞行目标轨迹的测量。但它配置激光测距系统后，就成了脉冲测距雷达。

光电经纬仪，从电路的集成度方面历经了电子管→晶体管中小规模集成电路→晶体管中大规模集成电路→微机控制；从设备整体方面历经了大→中→小；从适应目标方面历经了单一目标→多目标的发展。光电系统的功能越来越强，体积越来越小，自动化程度越来越高。大多数光电系统装备有红外跟踪、激光跟踪、激光测距、电视跟踪、数码相机及相应的光电装置。

从 20 世纪 70 年代开始，纯光学系统的历史就结束了。因为在光电经纬仪设备上装备有红外跟踪器、激光跟踪器、激光测距仪、电视跟踪器和高速摄影机等功能性技术单元，于是形成了复合型光电系统，其智能化是随计算机技术的发展逐步实现的。光电系统的跟踪、信息处理、故障诊断、记录、显示和存储等都采用了大量的自动化新技术，如新型的复合型光电系统已经采用了计算机管理、控制、记录等。跟踪系统从人眼半自动跟踪发展到全自动化的人机结合跟踪、全自动跟踪、双轴跟踪、自适应跟踪等。记录系统历来是光电跟踪测量系统中较复杂的部分，往往是光电跟踪测量正常，而胶片记录不正常或失误，使得整个跟踪测量工作以失败而告终。然而计算机硬盘的介入，结束了繁琐且不可靠的胶片记录过程，使光电系统的性能得到了大幅度提高，即静态精度由18″(″表示角秒)提高到 1″~2″。系统的部分单元已经实现了固态化的配置，其可靠性、稳定性显著提高。不仅如此，由于上述变化及轻量化材料技术的发展，光电跟踪测量系统的分布机动灵活，为光电跟踪测量系统的空间分布奠定了基础。为解决多弹头和高精度测量的问题，美国的 Photo-Sonics 研制了专用于再入段轨道测量系统和事件记录的通用高质量系统，这是一种利用恒星校准原理，实现实时校准的高精度、远距离、商用自动化靶场光测设备，它的作用距离达到 1000km，测角精度达到 1″~2″。它配有激光测距装置，测距精度达 0.5m，是由计算机及所带的专用软件控制操作的光电系统。

先进的计算机技术给研制和应用新型光电装备带来了前所未有的机遇，使光电系统发生了质的变化，主要表现在提高光电装备的作用距离和测量精度、输出实时或准实时数据、判读自动化、操作检测跟踪自动化、提高仪器的机动性和环境适应性等方面。计算机应用于军用光电系统的图像处理(包括先进的数据处理机进入光电系统)、识别和跟踪技术正在快速发展。

有迹象表明,新一代光电探测系统将是固态化、技术复合、功能齐全、体积微小、质量轻和完全智能化的光电系统,同时还是一个多传感器、多目标跟踪测量系统。因此,光电探测系统将更为精良。也只有这样,光电探测系统才有可能从地面"飞向"太空,参与开发空间前所未有的光电世界。

1.2 光电探测系统的分类

光电探测系统可以根据不同的划分方法分成许多种类。根据光源的不同,可分为点光源探测系统和面光源探测系统。根据探测后得到信息的处理方式不同,可分为非成像光电系统和成像光电系统。非成像光电系统主要有调制盘红外系统、十字叉红外系统、四象限光电系统和激光测距系统等。成像光电系统按波长来分,有可见光成像系统(含微光成像系统)、紫外光成像系统和红外光成像系统;按成像的光电转换器件来分,有电荷耦合器件(CCD)成像系统、混合型(CCD + 红外器件)红外光电转换成像系统、混合型(CCD + 像增强器件)微光成像系统和合成孔径成像系统;按使用的新技术来分,有激光、红外、电视和光谱技术四大技术系统;按辐射来源的不同来分,有被动式光电探测系统和主动式光电探测系统。

1. 被动式光电探测系统

图 1-2 是被动式光电探测系统方框图,其中信息源是自然辐射源。例如,所需探测的飞机、舰船、地形、火焰、人体等物体,本身都辐射红外或可见光,由于它们的辐射性质与周围环境有差别,光电系统就能获取它们辐射的有关信息。

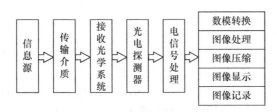

图 1-2 被动式光电探测系统方框图

自然辐射源通过大气传播,到达接收光学系统。接收光学系统将获得的光信号通过光电探测器转变为电信号。在有的情况下会加入信号调制,使光电探测器的输出信号是调制信号,经过信号处理后,检出高质量的目标信号。

2. 主动式光电探测系统

图 1-3 为主动式光电探测系统方框图。其采用人造光源,如日光灯、激光、白炽灯等,发出光辐射去主动照射目标物,使所需信息能通过辐射传递到光电探测系统。

根据工作波段,可将光电探测系统分成紫外光光电系统、可见光光电系统和红外光光电系统等几类。

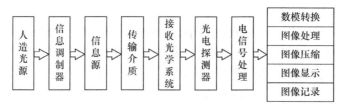

图 1-3　主动式光电探测系统方框图

1) 可见光探测技术

可见光探测技术是利用自然光的照明条件，通过光电器件，对目标图像实施光电转换、图像处理，变成人眼可以观察的景象或数据。通常该系统就是一个 CCD 摄像机或一个数码相机，外加人造光源的摄影测量系统，用相机获取一定范围内的目标图像信息。由于有的图像中目标与背景难以区分，因此可以利用图像处理技术抑制背景干扰，得到目标的位置信息和特征。

这种方法可观测范围大、分辨率高，且成本与功耗最低。随着光电探测技术发展及应用场景愈加复杂，探测器逐渐包含更加多样化的功能，可以在不同的光照条件下自动调节光圈对目标补光，也可以在不同的成像距离下自动切换焦距进行探测。复合探测系统可以将红外光或者激光与可见光组合成像，实现全天候多工况成像。

2) 红外探测技术

红外探测技术是利用物体发射的红外光线，通过光电器件，对目标图像实施光电转换、图像处理，变成人眼可以观察的景象或数据。红外探测系统用途广、使用范围宽，可以 24 小时不间断探测。红外波长较雷达短，能获得分辨率更高的图像，同时红外图像处理系统体积小、功耗低、实时性强。但是红外传感器容易受到背景杂波与探测器自身噪声干扰，信噪比低，探测识别难度高，常与激光主动探测技术复合，广泛地应用于航空、航天等探测领域。

3) 激光探测技术

激光探测技术是利用激光独有的单色性、方向性、相干性等特性，对目标进行测距、跟踪、照明和成像，是典型的主动探测技术。

在激光探测系统工作中，首先大范围扫描空间视场，通过接收回波信号判定是否存在探测目标，之后探测器将扫描范围缩小至目标所在的小范围区域，通过激光辐照目标，将目标的全部或者关键特征照亮。其次通过被动成像光学探测系统接收目标，从而探测到目标的具体位置，并预测目标的轨迹，对目标进行精确跟踪与瞄准。最后还可利用高能激光毁伤或移除目标。

激光探测可独立识别空间目标的位置和特征信息，而且激光系统体积小、质量轻，可降低使用费用，并且激光探测的测量精度较传统的测量方式要高许多，能够获得更丰富的目标特征。在某些星载空间探测系统中，激光探测还可与激光通信技术相结合，实现载荷的多功能应用。

4) 紫外探测技术

相较于红外探测系统，紫外探测系统工作在紫外波段，其中臭氧对中紫外波段辐射具有强烈的吸收作用，在低空形成"目盲区"，避开了最大的干扰源——太阳辐射背景，目盲区使得低空的低紫外辐射和飞机或导弹尾焰中的高紫外辐射具有很高的景物对比度。近紫外波段均匀散布在大气层中，形成具有高紫外辐射的"紫外窗口"，与飞机导弹弹体的低紫外辐射也可形成较高的景物对比度。在此基础上再采用先进的信号处理技术可以很好地提升预警效果，降低虚警率。紫外探测系统具有体积小、质量轻、实时性强、隐蔽性好、不需制冷和扫描等优势，在军事和民用等领域有广阔的发展前景。

紫外探测光学系统接收空间紫外信号，再利用紫外光电探测器将紫外光信号转化为电信号，最后通过数字图像处理得到目标的位置和特征信息。常用的数字图像处理流程如下：先利用空间滤波等预处理算法对可疑目标进行初级判断，再利用信号的时域特征和帧相关等算法判断目标是否在视场内。若目标在视场内，通过位置坐标信息解算出目标的空间位置和灰度等级等信息。由于紫外探测技术发展并未十分成熟，本书对此不展开叙述。

5) 多传感器融合技术

由于探测场景的复杂化和目标的反探测技术的不断发展，近年来多传感器探测逐渐向多传感器融合的方向发展。将各种成像方法的优势相结合，使得探测得到的信号更加丰富，且同时具有各个成像方案的优点。多传感器融合也为后端数据处理技术带来数据融合处理这一需求。

光电探测技术是探测技术领域中的重要技术之一，它与其他探测技术相辅相成，在军事、科技、民用等领域发挥着巨大的作用。

1.3 光电探测系统的性能

1. 极限灵敏度决定作用距离

以最小的辐射通量入射到光学系统的入瞳中，能保证以规定的概率发现目标，保证跟踪目标的精度或目标像的复现精度，这个最小的辐射通量代表了系统的极限灵敏度。另一种表述方法是使信噪比达到规定值时所需的信号辐射通量。在红外区工作的光电探测系统，常用最小可分辨温差来表示极限灵敏度。使信噪比等于 1 的辐射功率称为噪声等效功率，有时还用归一化的探测率来表示。光电系统的极限灵敏度决定了系统在规定工作条件下的作用距离。

2. 视场角决定测量、跟踪和搜索范围

视场角是以光学系统入瞳中心为顶点的空间角，在此范围内系统可发现目标。在对称系统中，可用水平和垂直方向上的线角度表示空间视场角。瞬时视场是以入瞳中心为顶点的空间角，在此范围内系统可在规定的瞬间发现目标。扫描系统的瞬时视场是视场的一部分，利用扫描系统可减少背景的干扰，增加作用距离。

3. 鉴别率和精度决定测量效果

鉴别率常用可分辨的两个点光源对系统入瞳中心的最小张角来表示，有时也可用每毫米的线对数表示。精度常用误差的均方根值表示。它们通常决定了测量效果。

参 考 文 献

[1] 郁道银，谈恒英. 工程光学[M]. 4 版. 北京: 机械工业出版社, 2016.
[2] 魏伟波，芮筱亭. 精确制导技术研究[J]. 火力与指挥控制, 2006, 31(2): 5-11.

第 2 章

光学基础

为了加深对光电探测系统的理论和机理的理解，本章从光学的基础概念出发，介绍几何光学的基本概念和基本定律，并在此基础上建立光学系统成像的模型；针对经典光学系统，讨论光路计算；介绍现代光学系统，如激光光学系统、红外光学系统；介绍光学系统像质评价方法，如瑞利判据与波前图、分辨率、调制传递函数；介绍辐射与光源，具体包括光度学、光源、光辐射、光学系统中光能量和光能损失计算，以及黑体辐射定律等。

2.1 几何光学的基本概念

2.1.1 光波与光线

光在本质上是一种电磁波，在可见光谱中，不同的波长会使人眼产生不同的颜色感知。单一波长的光称为"单色光"，而多个单色光混合会形成"复合光"。单色光是一种理想光源，现实中并不存在，但是激光是一种单色性很好的光源，可近似看作单色光。太阳光由无限多种单色光混合而成，在可见光波段可被人眼感知为红、橙、黄、绿、青、蓝、紫七种颜色的光。

通常，把能够辐射光能量的物体称为发光体或光源。发光体可视为是由许多发光点或点光源组成并向四周辐射光能量。在几何光学中，从发光点发出的光通常被抽象为一系列携带能量和有方向的几何线，即为光线。光的方向是指光传播的方向。从一个发光点发射到周围的光，在其振荡时具有相同相位的点形成的表面被称为波面。光的传播也可以理解为波面的传播。在各向同性的介质中，波面上一点的法线代表光在该点的传播方向，即光在波面的法线方向上传播。因此，波面的法线是光线。对应于一个波前的所有光线称为光束。一般来说，波面可分为平面波、球面波和任意曲面波。平面波中光线是相互平行的平行光束(图 2-1(a))。球面波中光线是在球心相交的同心光束。同心光束根据其方向可分为发散同心光束(图 2-1(b))和会聚同心光束(图 2-1(c))。同心光束或平行光束经过实际光学系统后，由于像差的作用，光束变为非球面像散光束(图 2-1(d))[1]。

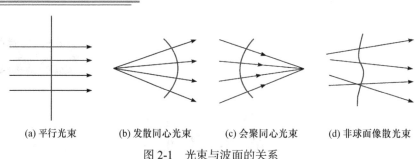

(a) 平行光束　　　(b) 发散同心光束　　　(c) 会聚同心光束　　　(d) 非球面像散光束

图 2-1　光束与波面的关系

2.1.2　基本定律

1. 直线传播定律

在各向同性的均匀介质中，光沿着直线传播，光的直线传播定律很好地解释了阴影的形成、日食和月食及其他现象。一些精确的天文、大地测量和其他测量也是基于这一定律。然而，光的直线传播定律只在某些条件下适用，即光必须在均匀的、各向同性的介质中传播，并且在途中不遇到小孔、狭缝、不透明的障碍物等。当光线遇到小孔、狭缝等，它就会因衍射偏离直线，形成弯曲的轨迹[1]。

2. 独立传播定律

从不同的光源发出的光束以不同方向通过空间某点时，彼此互不影响，各光束独立传播，称为光的独立传播定律。当几条光线在空间的某一点会聚时，它们只是在该点相交，每条光线继续沿自己原先的方向传播，这一定律对不同发光点发出的光也是正确的。由光源上同一点发出的光分成两束单色光(为相干光)，通过不同但光程相近的光路达到空间某点时，这些光的合成作用不是简单叠加，可能是相互抵消而变暗，这是光的干涉现象[1]。

3. 反射定律和折射定律

光在两种均匀介质分界面上的传播规律分为反射和折射两种类型。如图 2-2 所示，当光束 A 投射到两种介质的分界面上时，光束 B 从分界面上反射到原来的介质中，光束 B 称为反射线；光束 C 穿过界面进入第二种介质，改变了原来的方向，光束 C 称为折射线。为了便于表述反射和折射的规律，介绍以下名词[1]。

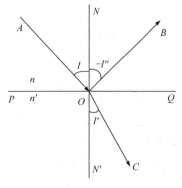

图 2-2　光的反射与折射

入射光线和界面法线间的夹角 I 称为入射角；反射光线和界面法线间的夹角 I'' 称为反射角；折射光线和界面法线间的夹角 I' 称为折射角；入射光线和界面法线构成的平面称为入射面。

反射定律和折射定律可分别表示如下。

1) 反射定律

(1) 反射光线位于入射面内,与入射光在同一介质中;

(2) 反射角等于入射角:

$$I'' = -I \tag{2-1}$$

2) 折射定律

(1) 折射光线位于入射面内,与入射光在不同介质中;

(2) 入射角与折射角的正弦值之比是一个常数,对于两种特定的介质来说,它与入射角无关,相当于折射光线所在介质折射率 n' 与入射光线所在介质折射率 n 之比:

$$\frac{n'}{\sin I} = \frac{n}{\sin I'} \tag{2-2}$$

通常表示为

$$n' \sin I' = n \sin I \tag{2-3}$$

式中, n 、 n' 为介质折射率,分别指真空中光速 c 与介质中光速 v(或 v')之比,即

$$n = \frac{c}{v}, \quad n' = \frac{c}{v'} \tag{2-4}$$

在公式(2-3)中,若令 $n = n'$,则有 $I'' = -I$,即折射定律转化为反射定律。这一结论有很重要的意义。后面将看到,许多折射定律得出的结论,只要令 $n = -n'$,就可以得出相应反射定律的结论[1]。

1) 光的可逆性原理

在图 2-2 中,当光沿 CO 方向入射到折射率为 n' 的介质中时,由折射定律可知,折射后的光必须从 OA 方向出射。当光沿 BO 方向入射到折射率为 n 的介质中时,反射定律表明,反射光也必须沿 OA 方向出现。由此可见,光的传播是可逆的,这是光的可逆性原理。

2) 光的全反射定律

一般来说,任何投射到分界面上的光束都被分成两部分。一束光从界面反射回原来的介质;另一束光从界面折射到另一介质。随着光束入射角的增加,反射光束的强度逐渐增加,折射光束的强度逐渐减弱。

在图 2-3 中,介质 n 中的发光点 A 向各个方向发射光线,这些光线被投射到介质 n 和 n' 之间的分界面上。每条光线都被分为折射光线和反射光线。假定 $n > n'$,根据折射定律 $n' \sin I' = n \sin I$,得到 $I' > I$ [1]。

如果入射角 I 增加,相应的折射角也会增加,反射光的强度增加,折射光的强度减少。当入射角增加到 I_0 时,折射角为 $I' = 90°$ 。折射的光线通过两种介质之间的界面,其强度趋于零。如果入射角 $I > I_0$,则不发生折射,入射光线被完全反射,这种现象称为全反射。折射角 $I' = 90°$,与入射角 I_0 相对应,称

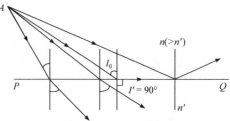

图 2-3　光的全反射现象

为全反射临界角。

上述分析表明，在满足两个条件的情况下会发生全反射：光从高折射率的介质(光密介质)透射到低折射率的介质(光疏介质)，并且入射角大于全反射的临界角。

根据折射定律，可以确定全反射临界角：

$$I_0 = \sin^{-1}\left(\frac{n'}{n}\cdot\sin 90°\right) = \sin^{-1}\left(\frac{n'}{n}\right) \tag{2-5}$$

当光线由折射率为 n 的介质(如玻璃或水)射向空气中时，则有

$$I_0 = \sin^{-1}\left(\frac{1}{n}\right) \tag{2-6}$$

由计算可知，光线从水($n=1.33$)射向空气时，水的全反射临界角 $I_0 = 48°36'$ 。光线从 $n=1.5$ 的玻璃射向空气时，其全反射临界角 $I_0 = 41°48'$ 。随着玻璃折射率增大，对应的全反射临界角减小。

全反射现象在光学仪器和光学技术中有重要的应用，最重要的应用有反射棱镜和光学纤维。此外，折射率测量和分划板刻线的照明等也都应用了全反射原理[1]。

2.1.3　费马原理

费马原理用"光程"的概念对光的传播规律作了更简明的概括。

光程是光在介质中传播的几何距离 l 与它所经过的介质的折射率 n 的乘积，即

$$s = nl \tag{2-7}$$

将 $n = c/v$ 和 $l = vt$ 代入公式(2-7)有

$$s = ct \tag{2-8}$$

由此可见，光在某种介质的光程等于同一时间内光在真空中所走过的几何路程。

费马原理指出，光从一个点传播到另一个点是沿着光程处于极值(极大、极小或常量)的路径传播。由于这个原因，费马原理也称为光程极端定律。

在均匀介质中，光是沿着直线方向传播的。但是，在非均匀介质中，由于折射率 n 是空间位置函数，光线将不再沿直线方向传播，其轨迹是一条空间曲线，如图 2-4 所示。此时，光线从 A 点传播到 B 点，其光程由以下曲线积分来确定：

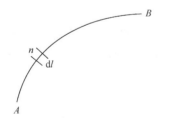

$$s = \int_A^B n\mathrm{d}l \tag{2-9}$$

图 2-4　非均匀介质的光线与光程

根据费马原理，此光程应具有极值，也就是公式(2-9)表示的一次变分为零，即

$$\delta s = \delta\int_A^B n\mathrm{d}l = 0 \tag{2-10}$$

这就是费马原理的数学表示。

费马原理描述了光的传播的基本规律。光的直线传播定律与光的反射定律和折射定

律都可以直接从费马原理推导出来。例如，均质介质中两点之间的距离最小这一公理被用来证明光的直线传播[1]。

2.1.4 应用光学成像的概念

1. 光学系统的基本概念

人们通过对光传播规律的研究，设计制造了各种光学仪器。光学仪器的核心部分是光学系统。大多数光学系统的主要功能是成像，供人眼观察、摄影或由光电设备接收。所有的光学系统都是由一些光学零件按照一定的方式组合而成。图 2-5 为一个潜望镜光路图。潜望镜由保护玻璃、反射镜、物镜、棱镜、分划镜、目镜组成[1]。

组成光学系统的光学零件，基本有如下几类。

1) 透镜

单透镜按其形状和作用可分为两类。第一类为正透镜，又称凸透镜或会聚透镜，其特点是中心厚、边缘薄，起会聚光束的作用，这类透镜具有不同形状，如图 2-6(a)所示；第二类为负透镜，又称凹面镜或发散透镜，其特点是中心薄、边缘厚，起发散光束的作用，这类透镜的形状如图 2-6(b)所示[1]。

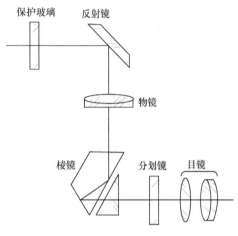

图 2-5 潜望镜光路图

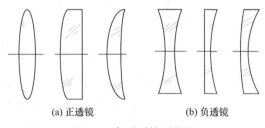

(a) 正透镜　　　　　(b) 负透镜

图 2-6 各种透镜形状图

2) 反射镜

反射镜按形状可以分为平面反射镜和球面反射镜。球面反射镜又有凸面镜和凹面镜之分。

3) 棱镜

棱镜按作用和性质，可以分为反射棱镜和折射棱镜。

4) 平行平板

平行平板是工作面为两个平行平面的折射零件。

所有的光学零件都是由不同介质(光学玻璃或塑料、晶体等)的一些折射面和反射面构成。这些面形可以是平面、球面，也可以是非球面。由于球面和平面便于大量生产，因而目前绝大多数光学系统中的光学零件面形为球面和平面。但是，随着工艺水平的提高，非球面也被更多地采用。

任何由球面透镜(可视为无限半径的球面)和球面反射镜组成的系统都被称为球面系统。连接所有球面球心的线就是光学系统的光轴。光轴是一条直线的光学系统称为共轴球面系统。共轴球面系统的光轴就是整个系统的对称轴线。

平面反射镜和棱镜、平行平板等组成平面镜棱镜系统。实际中采用的光学系统绝大多数是由共轴球面系统和平面棱镜系统组合而成[1]。

2. 成像的基本概念

发光物体和被照发光物体都可以被想象成由许多发光点组成的表面。每个发光点都会发出一个球形波，每个球形波都对应一束同心光束。光学系统的主要任务是捕捉物体表面每一点发出的部分入射球面波，并对其进行转换，最终形成物体的图像。在光学系统中的成像，本质上是光束变换。一个发散或会聚的同心光束在经过系统的一系列折射和反射后，会变成一个新的会聚或发散的同心光束。如图 2-7 所示，A 发出的一束发散同心光束被光学系统转化为向 A' 会聚的同心光束，或者一束会聚于 A 的同心光束被光学系统转化为由 A' 发出的一束发散同心光束。入射到光学系统上的同心光束的中心 A 称为物点；从光学系统出射的同心光束的中心 A' 称为像点。A 和 A' 之间的这种物与像的对应关系称为共轭，沿光轴的距离 AA' 称为共轭距[1]。

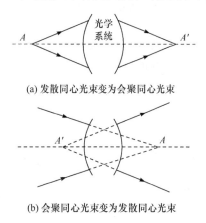

(a) 发散同心光束变为会聚同心光束

(b) 会聚同心光束变为发散同心光束

图 2-7　同心光束光路图

同心光束各光线实际通过的交点，或者由实际光线相交形成的点称为实物点或实像点，如图 2-7(a)所示。由这些点组成的物像称为实物和实像。实像可以直接从屏幕、底片、相机等处捕捉，即直接输出到接收表面。

由真实光线的延长线组成的焦点或像点称为虚物或虚像，如图 2-7(b)中的 A 和 A'，由这样的虚点所构成的物和像称为虚物和虚像。虚物通常是前面光学系统所成的像；虚像可以被眼睛感知，但不能在屏幕、底片或其他接收表面上感知。

物和像是一组相对的概念，前面光学系统所成的像，即为后一个光学系统需要成像的物。物和像所在的空间分别称为物空间和像空间。当光从左到右传播时，整个光学系统第一面左边的空间是实物空间，第一面右边的空间是虚物空间；整个光学系统最后一面左边的空间是虚像空间，最后一面右边的空间是实像空间。事实证明，物空间和像空间是可以无限扩展的，占据了整个空间。

在进行光学计算时，不论是对整个系统，还是对每一个折射面，其物方折射率均应按实际入射光线所在的介质折射率计算，而不管是实物还是虚物，实像还是虚像。

由于光路可逆，如果像点 A' 被视为物点 A，那么从 A' 点出发的光线必须传播到物点 A。A 经过光学系统后成为 A' 的像，而 A 和 A' 在物像之间继续满足共轭关系[1-2]。

2.1.5 完善成像条件

图 2-8 为共轴光学系统示意图，由 O_1、O_2、$\cdots$、O_k k 个面组成。轴上物点 A_1 发出一个球面波 W，经过光学系统后仍为一个球面波 W'，A_k' 为物点 A_1 的完善像点。

光学系统必须满足入射波面是球面波，并且出射波面也是球面波的条件。由于球面波对应的是同心光束，所以完善成像条件也可以表示为如果入射光线是同心的，出射光线也是同心的。根据马吕斯定律，入射波面与出射波面的对应点之间具有相同的光程，因此完善成像条件可以用光程的概念来表达。物点 A_1 及其像点 A_k' 之间的任何两条光路的光程相等，即等光程原理：

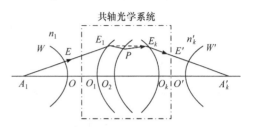

图 2-8 共轴光学系统及其完善成像

$$n_1 A_1 O + n_1 O O_1 + n_2 O_1 O_2 + \cdots + n_k' O_k O' + n_k' O' A_k'$$
$$= n_1 A_1 E + n_1 E E_1 + n_2 E_1 E_2 + \cdots + n_k' E_k E' + n_k' E' A_k' = 常数 \tag{2-11}$$

或简写为

$$A_1 A_k' = 常数 \tag{2-12}$$

通常，满足等光程原理的单个折、反射面是非球面[1]。

2.2 经典光学系统

物体空间中的一个点通过光学系统后仍表示为一个点，物空间中的每一条线和每一个平面都对应于像空间中的一条线和一个平面，这样的光学系统被定义为理想光学系统。理想光学系统的理论是由高斯提出的，因此经常被称为高斯光学。高斯光学可用于任何结构化的光学系统，但仅在物体发出的光非常接近光轴的空间区域，称为高斯区域，也称为近轴区域。本节主要解决如何由基面和基点求理想像，以及确定光学系统基面和基点的方法，讨论光学系统的光路计算和球面光学系统的成像。

2.2.1 光路计算

1. 基本概念与符号规则

如图 2-9 所示，折射球面 OE 是折射率为 n 和 n' 两种介质之间的分界面，C 为球心，OC 为球面的曲率半径 r。通过球心 C 的直线是光轴，光轴与球面的交点 O 称为球面顶点。物点与光轴的截面称为子午面。显然，对于轴上物点 A，有无限多的子午面，而对于轴外的物点，只有一个子午面。在子午面内，光线的位置是由以下两个参数决定的[1]。

(1) 物方截距：O 到光线与光轴的交点 A 之间的距离，用 L 表示，即 $L = OA$；

(2) 物方孔径角：入射光线与光轴的夹角，用 U 表示，即 $U = \angle OAE$。

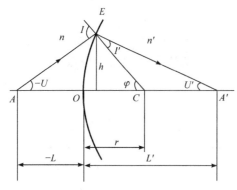

图 2-9   光线经过单个折射球面的折射

光线 AE 从轴线上的 A 点出发，被折射面 OE 折射，与光轴相交于 A' 点。同样，像方光线 EA' 的位置由像方截距 $L' = OA'$ 和像方孔径角 $U' = \angle OA'E$ 决定。在几何光学和光学设计领域，像方的参数符号通常与它们物方的字母相同，并标有"$'$"。为了确定光线与光轴的交点是在顶点的左边还是右边，光线是在光轴的上侧还是下侧，以及折射球面是凸还是凹，必须规定每个符号参数的正负，约定俗成的符号规则如下。

(1) 沿轴线段(如 L、L' 和 r)：光线从左到右的传播方向为正方向，以 O 为原点，由 O 到光线与光轴的交点(A、A')或球心(C)的方向和光线传播方向相同时，视为正方向，如果相反则视为负方向。因此，图 2-9 中 L 为负，L' 和 r 为正。

(2) 垂轴线段(如光线矢高 h)：以光轴为基准轴，光轴以上为正，光轴以下为负。

(3) 光线与光轴的夹角(如 U、U')：用由光轴转向光线所形成的锐角度量，顺时针为正，逆时针为负。

(4) 光线与法线的夹角(如 I、I' 和 I'')：由光线以锐角方向转向法线，顺时针为正，逆时针为负。

(5) 光轴与法线的夹角(如 φ)：由光轴以锐角方向转向法线，顺时针为正，逆时针为负。

(6) 相邻两折射面间隔(用 d 表示)：由前一面的顶点到后一面的顶点，顺光线方向为正，逆光线方向为负。在折射系统中，d 恒为正值。

符号及符号规则是约定俗成、人为规定的，国家标准参见 GB/T 1224—1999。图 2-9 中各量均为几何量，用绝对值表示。因此，凡是负值的量，图中相应量的符号前均加负号[1]。

2. 实际光路计算

计算光束穿越单个折射面的光路，在已知光学系统球面曲率半径 r、介质折射率 n 和 n' 及物方坐标 L 和 U 的情况下，能够求解像方光线的坐标 L' 和 U'。如图 2-9 所示，在 $\triangle AEC$ 中应用正弦定律可知：

$$\frac{\sin I}{-L+r} = \frac{\sin(-U)}{r} \tag{2-13}$$

于是

$$\sin I = (r - L)\frac{\sin U}{r} \tag{2-14}$$

在 E 点应用折射定律，有

$$\sin I' = \frac{n}{n'} \sin I \tag{2-15}$$

由图 2-9 可知，$\varphi = U + I = U' + I'$，由此得像方孔径角 U' 为

$$U' = U + I - I' \tag{2-16}$$

在 $\triangle A'EC$ 中应用正弦定律：

$$\frac{\sin I'}{L' - r} = \frac{\sin U'}{r} \tag{2-17}$$

于是，得像方截距：

$$L' = r\left(1 + \frac{\sin I'}{\sin U'}\right) \tag{2-18}$$

公式(2-14)、公式(2-18)是计算实际光束在子午面上通过单个折射球面时光路的公式。已知一组 L 和 U，可以计算出相应的 L' 和 U'。由于折射面和整个系统都是轴对称的，所以以 A 为顶点，以 $2U$ 为顶角的圆锥面上发出的光线在折射后会聚在顶点 A' 的圆锥面上。另外，从上述方程可以看出，在固定的 L 下，L' 是 U 的函数，因此，来自同一物点的不同孔径的光束在折射后有不同的 L' 值。如图 2-10 所示，同心光线折射后的光线不再交汇于一点，即不再是同心光线，其结果是轴线上的物点经过单个折射球体得到的像是不完善的，这种现象称为"球差"。球差是球面光学系统成像的固有缺陷[1]。

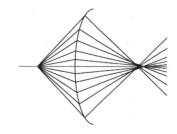

图 2-10　轴上点成像的不完善性

3. 近轴光路计算

当孔径角 U 非常小时，I、I' 和 U' 都很小。光线在光轴附近一个非常小的区域，这个区域称为近轴区，近轴区的光线称为近轴光线。由于近轴光线的有关角度量非常小，所以公式(2-19)~公式(2-22)中角度的正弦可以替换为相应的弧度值，并以相应的小写字母表示，如 $\tan U \approx \sin U \approx u$，$\tan U' \approx \sin U' \approx u'$，则有

$$i = \frac{l - r}{r} u \tag{2-19}$$

$$i' = \frac{n}{n'} i \tag{2-20}$$

$$l' = u + i - i' \tag{2-21}$$

$$l' = r\left(1 + \frac{i'}{u'}\right) \tag{2-22}$$

从这组方程可以看出，对于近轴区域中的一个给定的 l 值，无论 u 的值如何，l' 都是常数。这意味着轴线上的物点在近轴区域用细光束成像是完善的，这个像通常称为高斯图像。通过高斯像点并垂直于光轴的平面称为高斯像面，其位置由 l' 定义。这样一对

在物体和图像之间建立起关系的点称为共轭点。

在近轴区内，有

$$l'u' = lu = h \tag{2-23}$$

据此，将公式(2-19)和公式(2-20)中的 i 和 i' 代入公式(2-22)，得

$$n'\left(\frac{1}{r}-\frac{1}{l'}\right) = n\left(\frac{1}{r}-\frac{1}{l}\right) = Q \tag{2-24}$$

$$n'u' - nu = (n'-n)\frac{h}{r} \tag{2-25}$$

$$\frac{n'}{l'} - \frac{n}{l} = \frac{n'-n}{r} \tag{2-26}$$

公式(2-24)中的 Q 称为阿贝不变量，对于单个折射面，阿贝不变量 Q 在物像空间是相等的，只随共轭点的位置变化。公式(2-25)表示物像孔径角之间的关系，公式(2-24)和公式(2-25)在像差理论中有重要应用。公式(2-26)表示单个折射球面的物与像之间的位置关系，其中物的位置 l 与其共轭像的位置 l' 可以相互确定[1]。

2.2.2 球面光学成像系统

2.2.1 小节讨论了轴上点经过单个折射球面的成像情况，主要涉及物像位置关系。当讨论有限大小的物体经过折射球面乃至球面光学系统成像时，除了物像位置关系外，还涉及像的放大和缩小，像的正、倒与虚、实等成像特性。以下均在近轴区内予以讨论。

1）垂轴放大率

在近轴区内，垂直于光轴的平面物体可以用子午面内的垂轴小线段 AB 表示，经过球面折射后所成像 $A'B'$ 垂直于光轴 AOA'。由轴外物点 B 发出的通过球心 C 的光线 BC 必定通过 B' 点，因为 BC 相当于轴外物点 B 的光轴（称为辅轴）。如图 2-11 所示，令 $AB = y$，$A'B' = y'$，定义垂轴放大率 β 为像的大小与物体的大小之比，即

$$\beta = \frac{y'}{y} \tag{2-27}$$

由于 $\triangle ABC$ 相似于 $\triangle A'B'C'$，则有

$$-\frac{y'}{y} = \frac{l'-r}{r-l} \tag{2-28}$$

利用公式(2-27)，得

$$\beta = \frac{y'}{y} = \frac{nl'}{n'l} \tag{2-29}$$

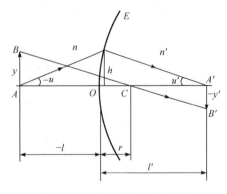

图 2-11 近轴区有限大小的物体经过单个折射球面的成像

由此可见，垂轴放大率仅取决于共轭面的位置。在一对共轭面上，β 为常数，故像与物是相似的。

根据 β 的定义及公式(2-29)，可以确定物体的成像特性：

(1) 若 $\beta>0$，即 y' 与 y 同号，表示成正像；反之，y' 与 y 异号，表示成倒像。

(2) 若 $\beta>0$，即 l' 与 l 同号，物与像的虚实相反；反之，l' 与 l 异号，物与像的虚实相同。

(3) 若 $|\beta|>1$，则 $|y'|>|y|$，成放大的像；反之，$|y'|<|y|$，成缩小的像[1]。

2) 轴向放大率

轴向放大率是一对共轭点沿光轴移动量的比率，当物点沿光轴小幅度移动 $\mathrm{d}l$ 时，像点移动 $\mathrm{d}l'$，定义 $\mathrm{d}l'$ 与 $\mathrm{d}l$ 的比率为轴向放大率，用 α 表示，即

$$\alpha=\frac{\mathrm{d}l'}{\mathrm{d}l} \tag{2-30}$$

对于单个折射球面，将公式(2-26)两边微分，得

$$\frac{n'\mathrm{d}l'}{l'^2}+\frac{n\mathrm{d}l}{l^2}=0 \tag{2-31}$$

于是得轴向放大率为

$$\alpha=\frac{\mathrm{d}l'}{\mathrm{d}l}=\frac{nl'^2}{n'l^2} \tag{2-32}$$

它与垂轴放大率的关系为

$$\alpha=\frac{n'}{n}\beta^2 \tag{2-33}$$

由此可以得出如下两个结论：

(1) 折射球面的轴向放大率恒为正。因此，当物点沿轴向移动时，其像点沿光轴同向移动。

(2) 轴向放大率不等于垂轴放大率。因此，空间中的物体在成像过程中是扭曲的。例如，一个正方形成像后，将不再是正方体[1]。

3) 角放大率

在近轴区内，角放大率定义为一对共轭光线与光轴之间的夹角 u' 与 u 的比值，用 γ 表示，即

$$\gamma=\frac{u'}{u} \tag{2-34}$$

利用 $l'u'=lu$，得

$$\gamma=\frac{l'}{l}=\frac{n}{n'}\frac{1}{\beta} \tag{2-35}$$

角放大率表示折射球面将光束变宽或变细的能力。公式(2-35)表明，角放大率只与共轭点的位置有关，而与光线的孔径角无关。

垂轴放大率、轴向放大率与角放大率之间是密切联系的，三者之间的关系为

$$\alpha\gamma=\frac{n'}{n}\beta^2\frac{n}{n'\beta}=\beta \tag{2-36}$$

由 $\beta = \dfrac{y'}{y} = \dfrac{nl'}{n'l} = \dfrac{nu}{n'u'}$，得

$$nuy = n'u'y' = J \tag{2-37}$$

公式(2-37)表明，如果一个真实的光学系统在近轴区成像，物体大小 y、成像光束的孔径角 u 和物体所在介质的折射率 n 在共轭平面内的乘积是一个常数 J，这个常数 J 称为拉赫不变量。拉赫不变量是表征光学系统性能的一个重要参数[1]。

1. 球面反射镜

反射是折射的特例。因此，令 $n' = -n$，即可由单个折射球面的成像结论，导出球面反射镜(简称球面镜)的成像特性。

1) 物像位置关系

将 $n' = -n$ 代入公式(2-26)中，则得球面镜的物像位置关系如下：

$$\frac{1}{l'} + \frac{1}{l} = \frac{2}{r} \tag{2-38}$$

通常，球面镜分为凸面镜($r > 0$)和凹面镜($r < 0$)，可得球面反射镜的焦距为

$$f' = \frac{r}{2} \tag{2-39}$$

球面镜的成像如图 2-12 所示[1]。

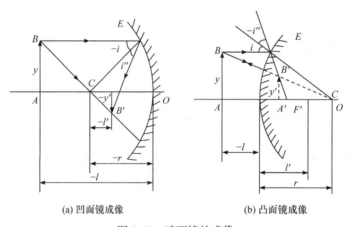

(a) 凹面镜成像　　　　　(b) 凸面镜成像

图 2-12　球面镜的成像

2) 成像放大率

将 $n' = -n$ 代入公式(2-32)、公式(2-33)、公式(2-35)和公式(2-36)中，得

$$\begin{cases} \beta = \dfrac{y'}{y} = -\dfrac{l'}{l} \\[2mm] \alpha = \dfrac{\mathrm{d}l'}{\mathrm{d}l} = -\dfrac{l'^2}{l^2} = -\beta^2 \\[2mm] \gamma = \dfrac{l'}{l} = -\dfrac{1}{\beta} \end{cases} \tag{2-40}$$

由此可见，球面反射镜的轴向放大率 $\alpha < 0$，这表明，当物体沿光轴移动时，像总是以相反的方向移动。另外，对于凸面镜，当 $|l| \ll r$ 时，$\beta \ll 1$，成一个正立、缩小的虚像，且有很大的成像范围。因此，凸面镜常用作汽车后视镜，在"T"或"L"形路口也常立一面凸面镜，以瞭望对向行人及车况。

球面镜的拉赫不变量为

$$J = uy = -u'y' \tag{2-41}$$

当物点位于球面镜球心，即 $l = r$ 时，$l' = r$，且 $\beta = \alpha = -1$，$\gamma = 1$。

可见，此时球面镜呈倒像。由于反射光线与入射光线的孔径角相等，即通过球心的光线沿原光路反射，仍会聚于球心。因此，球面镜对于球心是等光程面，成完善像[1]。

2. 共轴球面系统

上面已经讨论了单个折射球面和反射球面的光路计算方法和成像特性，适用于光学系统任一部分的球面。通过确定两个相邻球面之间的光路关系，就可以解决整个光学系统的光路计算问题，并分析整个光学系统的成像特性。

1) 过渡公式

设一个共轴球面光学系统由 k 个面组成，则下列结构参数能够确定其成像特性：

(1) 各球面的曲率半径 r_1、r_2、$\cdots$、r_k；

(2) 相邻球面顶点间的间隔 d_1、d_2、$\cdots$、d_{k-1}，其中 d_1 为第一面顶点到第二面顶点间的沿轴距离，d_i 为第 i 面顶点到第 $i+1$ 面顶点 O_{i+1} 的沿轴距离，其余类推；

(3) 各面之间介质的折射率 n_1、n_2、$\cdots$、n_k、n_{k+1}，其中 n_1 为第一面前(系统物方)介质的折射率，n_2 为第一面到第二面间介质的折射率，n_{k+1} 为第 k 面后(系统像方)介质的折射率，其余类推。

图 2-13 为共轴球面光学系统中的第 i 面和第 $i+1$ 面的成像情况。显然，第 i 面的像方空间就是第 $i+1$ 面的物方空间，第 i 面的像就是第 $i+1$ 面的物。因此有

$$n_{i+1} = n'_i, \quad u_{i+1} = u'_i, \quad y_{i+1} = y'_i \, (i = 1, 2, \cdots, k-1) \tag{2-42}$$

第 $i+1$ 面的物距与第 i 面的像距之间的关系由图 2-13 可得

$$l_{i+1} = l'_i - d_i \, (i = 1, 2, \cdots, k-1) \tag{2-43}$$

公式(2-42)和公式(2-43)为共轴球面光学系统近轴光路计算的过渡公式。

公式(2-42)的第二式与公式(2-43)的对应项相乘，并利用 $l'u' = lu = h$，有

$$h_{i+1} = h_i - d_i u'_i \, (i = 1, 2, \cdots, k-1) \tag{2-44}$$

公式(2-44)为光线入射高度的过渡公式。将公式(2-37)作用于每一面，并考虑过渡公式(2-44)，有

$$n_1 u_1 y_1 = n_2 u_2 y_2 = \cdots = n_k u_k y_k = n'_k u'_k y'_k = J \tag{2-45}$$

可见，拉赫不变量 J 不仅对单个折射面的物像空间是不变量，而且对整个光学系统各个面的物像空间也是不变量，即拉赫不变量 J 对整个系统而言是个不变量。利用这一

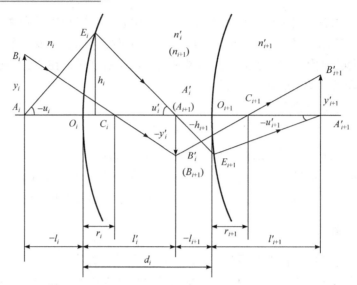

图 2-13   共轴球面光学系统的成像

特点，可以对计算结果进行校对[1]。

宽光束的实际光线也适用于上述过渡公式(2-42)，即

$$n_{i+1} = n_i', \quad u_{i+1} = u_i', \quad Y_{i+1} = Y_i'(i = 1, 2, \cdots, k-1) \tag{2-46}$$

$$L_{i+1} = L_i' - d_i(i = 1, 2, \cdots, k-1) \tag{2-47}$$

2) 成像放大率

利用过渡公式，很容易证明系统的放大率为各面放大率的乘积，即

$$\begin{cases} \beta = \dfrac{y_k'}{y_1} = \dfrac{y_1'}{y_1}\dfrac{y_2'}{y_2}\cdots\dfrac{y_k'}{y_k} = \beta_1\beta_2\cdots\beta_k \\[2mm] \alpha = \dfrac{\mathrm{d}l_k'}{\mathrm{d}l_1} = \dfrac{\mathrm{d}l_1'}{\mathrm{d}l_1}\dfrac{\mathrm{d}l_2'}{\mathrm{d}l_2}\cdots\dfrac{\mathrm{d}l_k'}{\mathrm{d}l_k} = \alpha_1\alpha_2\cdots\alpha_k \\[2mm] \gamma = \dfrac{u_k'}{u_1} = \dfrac{u_1'}{u_1}\dfrac{u_2'}{u_2}\cdots\dfrac{u_k'}{u_k} = \gamma_1\gamma_2\cdots\gamma_k \end{cases} \tag{2-48}$$

可以证明：

$$\beta = \frac{n_1}{n_k'}\frac{l_1'l_2'\cdots l_k'}{l_1 l_2\cdots l_k} \tag{2-49}$$

$$\beta = \frac{n_1}{n_k'}\frac{u_1}{u_k'}, \quad \alpha = \frac{n_k'}{n_1}\beta^2, \quad \gamma = \frac{n_1}{n_k'}\frac{1}{\beta} \tag{2-50}$$

三个放大率之间的关系仍有 $\alpha\gamma = \beta$。因此，整个光学系统的放大率公式及相互关系与单个折射球面相同。这表明单个折射球面的成像特性具有普遍意义[1]。

2.2.3   理想光学系统的基本特征及物像关系

对于一个已知的共轴球面系统，利用近轴光学基本公式，可以求出任意物点的理想像。但是，当物面位置改变时，则需要重复地逐面利用光路计算公式重新计算，十分复杂。在前面对共轴理想光学系统成像特性的讨论中，表明一旦知道两对共轭面的位置和放大率，或知道一对共轭面的位置和放大率，以及轴上两对共轭点的位置，就可以从已知的共轭面和共轭点确定任何物点的像。因此，一个光学系统的成像特性可以由已知的共轭面和共轭点来表示，这就简化了对像的求解。这些已知的共轭面和共轭点可以是任意的。在无限多对共轭面和共轭点中，人们发现有几对具有特殊性质的共轭面和共轭点，称为光学系统的基面和基点。下面分别进行介绍[1-2]。

1. 主点和主平面

在图 2-14 中，延长入射光线 A_1E_1 与出射光线得到交点 Q'。同样，在像空间延长光线 A'_kE_k 与其在物空间的共轭光线 G_1F 延长线交于点 Q。设光线 A_1E_1 和光线 A'_kE_k 的入射高度相同，且都在子午面内。显然，点 Q 和点 Q' 是一对共轭点。点 Q 是光线 A_1E_1 和 FQ 相交的"虚像点"，而 Q' 是光线 A_1E_1 和 FQ 的共轭光线 A'_kE_k 和 $F'Q'$ 相交的"虚像点"。过点 Q 和 Q' 作与光轴垂直的平面 QH 和 $Q'H'$，显然这对平面是互相共轭的。在这对平面内的任意共轭线段，如 QH 和 $Q'H'$ 具有同样的高度，而且在光轴的同一侧，故其放大率为+1，称这对共轭平面为主平面，QH 称为物方主平面(前主平面或第一主平面)，$Q'H'$ 称为像方主平面(后主平面或第二主平面)。

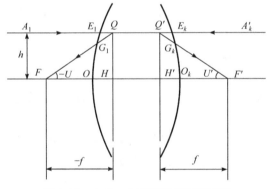

图 2-14   主点、主平面和焦距示意图

除入射为平行光束、出射也是平行光束的望远镜系统外，所有光学系统都有一对主平面，其一个主平面上的任一段以相等的大小和相同的方向成像在另一个主平面上。

主平面与光轴的交点 H 和 H' 称为主点。H 为物方主点(前主点或第一主点)，H' 为像方主点(后主点或第二主点)，两个主点是相共轭的[1]。

2. 焦点和焦平面

如果轴上物点在无限远处，其像点位于像方焦点 F' 处，如图 2-15(a)所示。垂直于光轴并且通过像方焦点的平面称为像方焦平面，它与垂直于光轴的无限远物平面是共轭的。

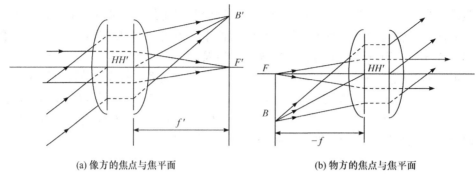

(a) 像方的焦点与焦平面   (b) 物方的焦点与焦平面

图 2-15　焦点与焦平面

像方焦点和像方焦平面具有以下特性：

(1) 任何平行于光轴的入射光线的共轭光线必通过 F' 点。因为 F' 是轴上无限远物体的像点，平行于光轴的光线可被视为来自轴上无限远处的物点发出的光，其共轭光线必然通过 F' 点。

(2) 与光轴成一定夹角入射的平行光束，在通过光学系统后必然在像方焦平面上同一 B' 点处相交。由于与光轴有一定夹角的平行光束可以等效为从无限远处的轴外物体发出的光束，其像点必位于像方的焦平面内，像方的焦点与焦平面如图 2-15(a)所示。

(3) 如果轴上某一物点 F 和它共轭的像点位于轴上无限远，物方的焦点与焦平面如图 2-15(b)所示，则 F 称为物方焦点。通过 F 垂直于光轴的平面定义为物方焦平面，与无限远处垂直于光轴的像平面是一对共轭平面。

物方焦点和物方焦平面具有以下特性：

(1) 所有通过物方焦点的光线在经过光学系统后是一束平行于光轴的平行光束。

(2) 来自物方焦平面外任意一点 B 的光线，在通过光学系统后，是一束与光轴有一定夹角的平行光束，如图 2-15(b)所示。

由以上特性可知，无限远轴上，物点和像方焦点 F' 是一对共轭点；无限远轴上，像点与物方焦点 F 是一对共轭点。但是，F 和 F' 并非一对共轭点[1-2]。

3. 焦距与光焦度

主平面与焦点之间的距离称为焦距。像方主点 H' 与像方焦点 F' 之间的距离称为像方焦距，表示为 f'，如图 2-15(a)所示，由物方主点 H 到物方焦点 F 的距离称为物方焦距，用 f 表示，如图 2-15(b)所示，其符号遵循符号规则。

光学系统的像方焦距 f' 与物方焦距 f 的量值并不一定相等，它与系统两边(物方和像方)的介质折射率有关。以后的讨论将表明，若光学系统物方和像方的介质折射率 n 和 n' 相同，则有 $f' = -f$，反之 $f' \neq -f$。

$\dfrac{n'}{f'}$、$-\dfrac{n}{f}$ 定义为光学系统的光焦度，以符号 Φ 表示，即

$$\Phi = \frac{n'}{f'} = -\frac{n}{f} \tag{2-51}$$

光焦度表征光学系统的会聚或发散本领。具有正光焦度的光学系统，$\Phi > 0$，对光束起会聚作用；反之，具有负光焦度的光学系统，$\Phi < 0$，对光束起发散作用。因此，光焦度的大小是会聚本领或发散本领的数值表示。光焦度绝对值越大或焦距绝对值越短，则出射光束相对于入射光束的偏折越大。

如果光学系统处于空气中，$n = n' = 1$，其光焦度为

$$\Phi = \frac{1}{f'} = -\frac{1}{f} \tag{2-52}$$

定义光在空气中+1m 焦距处的光焦度作为光学系统光焦度的单位，称为折光度(屈光度)，表示为 D。因此，为求光学系统的光焦度数值，先将焦距用米表示，再按其倒数来计算。例如，在空气中 $f' = 400\text{mm}$ 的光学系统，其光焦度为 $\Phi = 1/0.4 = 2.5$ 折光度；$f' = -250\text{mm}$ 时，$\Phi = 1/-0.25 = -4$ 折光度。光焦度 Φ 的概念和焦距 f' 的概念在应用中同等重要[1]。

4. 节点和节平面

如图 2-16 所示，如果物方光线 a 以与光轴的夹角为 U 的方向射入光学系统，并通过光轴上 J 点，则其像方共轭光线 a' 必沿着平行于光线 a 方向出射(出射光线与光轴夹角 $U' = U$)，且通过光轴上另一点 J'，则 J 和 J' 分别称为物方节点和像方节点。

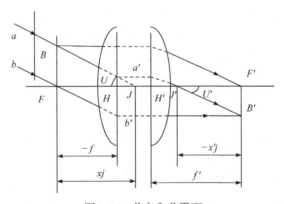

图 2-16　节点和节平面

通过一个节点的垂直平面称为节平面，与物方节点和像方节点相对应，分为物方节平面和像方节平面。节点具有以下属性：任何通过物方节点 J 的光线一定通过像方节点 J'，并与入射光线平行。

图 2-16 中，过物方焦点 F 作一条平行于光线 a 的光线 b。根据焦点性质，它的共轭光线 b' 平行光轴出射。再根据焦平面性质，a、b 这一对平行光线经光学系统后必定相交于像方焦平面上同一点 B'。过入射光线 a 和物方焦平面交点 B 再作一条平行于光轴的光线，这条光线经光学系统后必通过像方焦点 F'，并与光线 a' 平行。

上面介绍了理想的共轴光学系统中使用的几对特殊的共轭平面和共轭点。其中，一

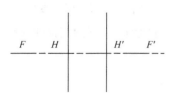

图 2-17　常用共轴理想光学
系统的基面和基点

对主平面和无限远轴上的物点和像方焦点 F'，以及物方焦点 F 和无限远轴上的像点，这两对共轭点，是共轴理想光学系统最常用的参考平面和参考点，可以确定物体空间中任何物点的像。因此，无论光学系统的结构如何，如果一对主平面和两个焦点是已知的，那么共轴光学系统的成像特性是完全确定的。因此，通常用一对主平面和两个焦点来表示光学系统，如图 2-17 所示[1]。

5. 解析法求像

在讨论共轴理想光学系统的成像理论时，一旦确定了主平面、一对共轭平面和两对共轭点(无限远物点和像方焦点、物方焦点和无限远像点)，所有其他物体点的图像点就可以根据已知的共轭平面和共轭点来表示。这就是解析法求像的理论基础。

有一个高度为 $-y$ 的垂轴物体 AB，用一个高度为 y' 的已知光学系统将其转换为一个正像 A'。根据表示物像的位置时对原点的不同选择，有两种解析法求像的公式，一种是以焦点为原点的牛顿公式；另一种是以主点作为原点的高斯公式[1]。

1) 牛顿公式

物体和图像的位置是相对于光学系统的焦点确定的，即从物点 A 到物方焦点 F 的距离 AF 是用符号 x 表示的物距；从像点 A' 到像方焦点 F' 的距离 $A'F'$ 是用 x' 表示的像距。物距 x 和像距 x' 的符号正负是以焦点为原点，当从 F 到 A 或从 F' 到 A' 的方向与光的传播方向一致时为正，反之为负。在图 2-18 中，$x<0$，$x'>0$。

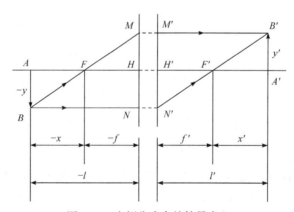

图 2-18　牛顿公式中的符号意义

由两对相似三角形 $\triangle BAF$、$\triangle FHM$ 和 $\triangle H'N'F'$、$\triangle F'A'B'$ 可得

$$\frac{y'}{-y}=\frac{-f}{-x},\frac{y'}{-y}=\frac{x'}{f'} \tag{2-53}$$

由此可得

$$xx'=f'f \tag{2-54}$$

这个以焦点为原点的物像位置公式称为牛顿公式。在公式(2-53)中，$\dfrac{y'}{y}$ 是像高与物高之比，即垂轴放大率 β。因此，牛顿公式的垂轴放大率公式为

$$\beta = \frac{y'}{y} = -\frac{f}{x} = -\frac{x'}{f'} \tag{2-55}$$

2) 高斯公式

物和像的位置根据光学系统的主点来确定。从物点 A 到物方主点 H 的距离用 l 表示，从像点 A' 到像方主点 H' 的距离用 l' 表示。l 和 l' 的正负是以主点为原点确定的，如果从 H 到 A 或从 H' 到 A' 的方向与光的方向重合为正值，反之为负值。图 2-18 中 $l<0$，$l'>0$，可得 l、l' 与 x、x' 间的关系为

$$x = l - f, \quad x' = l' - f' \tag{2-56}$$

代入牛顿公式：

$$lf' = l'f = ll' \tag{2-57}$$

两边同除 ll' 有

$$\frac{f'}{l'} + \frac{f}{l} = 1 \tag{2-58}$$

公式(2-58)是以原点为主点的物像公式的一般形式，称为高斯公式。垂轴放大率的相应公式也可以从牛顿公式中得出。在 $x' = ff'/x$ 的两边各加 f' 得

$$x' + f' = \frac{ff'}{x} + f' = \frac{f'}{x}(x + f) \tag{2-59}$$

公式(2-59)中得到 $x' + f'$ 和 $x + f$，由前可知为 l' 和 l，则有

$$\frac{x' + f'}{x + f} = \frac{f'}{x} = \frac{x'}{f} = \frac{l'}{l} \tag{2-60}$$

由于 $\beta = -\dfrac{x'}{f'}$，即可得

$$\beta = \frac{y'}{y} = -\frac{f}{f'}\frac{l'}{l} \tag{2-61}$$

当物空间和像空间的光学系统具有相同的介质时，物体侧焦距和图像侧焦距满足 $f' = -f$，则公式(2-58)和公式(2-61)可以表示为

$$\frac{1}{l'} - \frac{1}{l} = \frac{1}{f'} \tag{2-62}$$

$$\beta = \frac{l'}{l} \tag{2-63}$$

从公式(2-62)和公式(2-63)可以看出，垂轴放大率随物体位置的变化而变化，一个给定的垂轴放大率只对应一个物体位置。在同一对共轭平面中，β 是常数，所以像与物是相似的。

一个理想光学系统的成像特性主要表现为像的位置、大小、正倒和虚实。解析法成像可用于描述物体在任何位置的成像特性[1]。

6. 放大率

在理想光学系统中，除前已述及的垂轴放大率外，还有两种放大率，即轴向放大率和角放大率。下面分别讨论。

1) 轴向放大率

在确定的理想光学系统中，像面位置是物面位置的函数，如高斯公式(2-58)和牛顿公式(2-54)所给出的。当物面沿光轴做一个小的位移 dx 或 dl 时，像面会移动相应的距离 dx' 或 dl'，两者的比率通常定义为轴向放大率，用 α 表示，即

$$\alpha = \frac{dx'}{dx} = \frac{dl'}{dl} \tag{2-64}$$

与垂轴放大率类似，当物体平面的位移很小时，轴向放大率可以从牛顿公式或高斯公式的微分中得出。微分牛顿公式(2-54)可得

$$xdx' + x'dx = 0 \tag{2-65}$$

即

$$\alpha = -\frac{x'}{x} \tag{2-66}$$

将牛顿公式的垂轴放大率公式 $\beta = -\frac{f}{x} = -\frac{x'}{f'}$ 代入公式(2-66)得

$$\alpha = -\beta^2 \frac{f'}{f} = \frac{n'}{n}\beta^2 \tag{2-67}$$

其中已利用了物方焦距和像方焦距之间的关系式。

如果一个理想光学系统的物方空间的介质与像方空间的介质相同，如一个放置在空气中的光学系统，则公式(2-67)简化为

$$\alpha = \beta^2 \tag{2-68}$$

公式(2-68)表明，一个小正方形的图像一般不再是正方形。除非正方形在 ±1 的位置。

如果轴上的一个点被移动 Δx 距离，则相应的像点移动了 $\Delta x'$ 距离，轴向放大率可以定义如下：

$$\bar{\alpha} = \frac{\Delta x'}{\Delta x} = \frac{x_2' - x_1'}{x_2 - x_1} = \frac{n'}{n}\beta_1\beta_2 \tag{2-69}$$

式中，β_1 是物距 x_1 处物点的垂轴放大率；β_2 是物距 x_2 处物点在移位 Δx 后的垂轴放大率。利用牛顿公式及用牛顿公式表示的放大率公式，可以得到以下结果：

$$\Delta x' = x_2' - x_1' = \frac{ff'}{x_2} - \frac{ff'}{x_1} = -ff'\frac{x_2 - x_1}{x_1 x_2} \tag{2-70}$$

则

$$\bar{\alpha} = \frac{\Delta x'}{\Delta x} = \frac{x_2' - x_1'}{x_2 - x_1} = -\frac{f'}{f} \cdot \left(-\frac{f}{x_1}\right) \cdot \left(-\frac{f}{x_2}\right) = \frac{n'}{n} \beta_1 \beta_2 \tag{2-71}$$

轴向放大率公式常用在仪器系统的装调计算和像差系数的转面倍率问题中[1]。

2) 角放大率

对于图 2-19 所示的,过光轴上的一对共轭点,取任意一对共轭光线 AM 和 $M'A'$,其与光轴的夹角分别为 U 和 U',这两个角度的正切之比定义为这对共轭点的角放大率 γ,表示为

$$\gamma = \frac{\tan U'}{\tan U} \tag{2-72}$$

由理想光学系统的拉赫公式 $ny\tan u = n'y'\tan u'$ 可得

$$\gamma = \frac{n}{n'} \frac{1}{\beta} \tag{2-73}$$

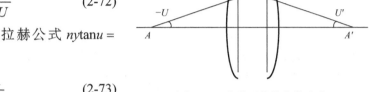

图 2-19　光学系统的角放大率

其间利用了垂轴放大率的定义式 $\beta = y'/y$。

由于在一个确定的光学系统中,垂轴放大率只随物体的位置而变化,而角放大率只随物像的位置而变化,因此任何一对共轭光线与光轴的夹角 U 和 U' 的正切比是恒定的。

公式(2-67)与公式(2-73)的左右两端分别相乘可得

$$\alpha\gamma = \beta \tag{2-74}$$

公式(2-74)是理想光学系统的三个放大率之间的关系。可以看出,理想光学系统的放大率表达式和之前在近轴光学系统中确定的表达式是相同的[1-2]。

2.2.4　光学系统的组合

在光学系统中,经常将两个或更多的光学系统组合使用。因此有必要知道组合系统的等效系统、等效焦距和相应的焦点、主点。在计算和分析一个复杂的光学系统时,为了简单起见,有时有必要将光学系统分成几个部分分别计算,最后把它们组合在一起。本节讨论了两个光组的组合焦距公式和光组的组合计算方法,并分析了几个典型组合系统的特性[1-2]。

两个光组的组合系统如图 2-20 所示,已知两个光学系统的焦距为 f_1、f_1' 和 f_2、f_2'。两个光学系统之间的相对位置由第一系统的像方焦点 F_1' 和第二系统的焦点 F_2 之间的距离 Δ 来表示,称为光学间隔,Δ 的符号规则是以 F_1' 为起点,从左到右计算到 F_2。图中其他相应的线条根据各自的符号规则进行标示,并指定 f、f' 分别为组合系统的物方焦距和像方焦距,F、F' 分别为组合系统的物方焦点和像方焦点[1]。

首先,像方焦点位于 F',从焦点的性质可知,平行于光轴的入射光线在通过第一系统后必须经过 F_1',然后通过第二光学系统,其出射光线与光轴的交点是组合系统的像方焦点 F'。F_1' 和 F' 是第二个光学系统的一对共轭点。使用牛顿公式并考虑符号法则,可以得到

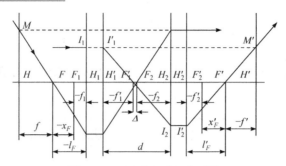

图 2-20 两个光组的组合系统

$$x'_F = -\frac{f_2 f'_2}{\Delta} \tag{2-75}$$

式中，x'_F 是指从 F'_2 到 F' 的距离。上述计算是针对第二个系统进行的，其中 x'_F 的起算原点是 F'_2。使用公式(2-75)，可以确定图像的像方焦点 F' 的位置。

至于物方焦点 F 的位置，根据定义，经过 F 点的光线在通过整个系统后平行于光轴，所以它在通过第一个系统后会通过 F_2 点，针对第一个系统的牛顿公式如下：

$$x_F = \frac{f_1 f'_1}{\Delta} \tag{2-76}$$

式中，x_F 表示从 F_1 到 F 的距离，其中原点是 F_1。利用公式(2-76)，可以确定系统的物方焦点 F 的位置。

一旦确定了焦点的位置，只需要确定焦距，就可以确定主平面的位置。平行于光轴的入射光线与出射光线的延长线的交点 M' 一定位于主像面上。由图 2-20 可知，三角形间相似关系为 $\triangle M'F'H' \backsim \triangle I'_2 H'_2 F'$，$\triangle I_2 H_2 F'_1 \backsim \triangle I'_1 H'_1 F'_1$，得

$$\frac{H'F'}{F'H'_2} = \frac{H'_1 F'_1}{F'_1 H_2} \tag{2-77}$$

根据图 2-20 中的标注，有

$$\begin{cases} H'F' = -f', F'H'_2 = -f'_2 + x'_F \\ H'_1 F'_1 = -f'_1, F'_1 H_2 = \Delta - f_2 \end{cases} \tag{2-78}$$

将公式(2-78)代入公式(2-77)，得

$$\frac{-f'}{f'_2 + x'_F} = \frac{f'_1}{\Delta - f_2} \tag{2-79}$$

将 $x'_F = -\dfrac{f_2 f'_2}{\Delta}$ 代入公式(2-79)，简化后，得

$$f' = -\frac{f'_1 f'_2}{\Delta} \tag{2-80}$$

如果假设组合系统的物空间的介质折射率为 n_1，两个系统之间的介质折射率为 n_2，像空间的介质折射率为 n_3，那么物方焦点和像方焦点之间的关系为

$$f = -f' \frac{n_1}{n_3} = \frac{f_1' f_2'}{\Delta} \frac{n_1}{n_3} \tag{2-81}$$

将 $f_1' = -f_1 \frac{n_2}{n_1}$、$f_2' = -f_2 \frac{n_3}{n_2}$ 代入公式(2-81)，得

$$f = -\frac{f_1 f_2}{\Delta} \tag{2-82}$$

可以用两个主平面之间的距离 d 表示两个系统间的相对位置。d 的符号规则是从第一系统的像方主点 H_1' 开始，计算到第二个系统的物方主点 H_2，顺光路为正。

由图 2-20 可知：

$$\begin{cases} d = -f_1' + \Delta - f_2 \\ \Delta = d + f_1' + f_2 \end{cases} \tag{2-83}$$

代入焦距公式(2-80)得

$$\frac{1}{f'} = \frac{-\Delta}{f_1' f_2'} = \frac{1}{f_2'} - \frac{f_2}{f_1' f_2'} - \frac{d}{f_1' f_2'} \tag{2-84}$$

当两个系统位于同一种介质(如空气)中时，$f_2' = -f_2$，故有

$$\frac{1}{f'} = \frac{1}{f_1'} + \frac{1}{f_2'} - \frac{d}{f_1' f_2'} \tag{2-85}$$

通常用 φ 表示像方焦距的倒数，$\varphi = \frac{1}{f'}$，称为光焦度。这样公式(2-85)可以写为

$$\varphi = \varphi_1 + \varphi_2 - d\varphi_1\varphi_2 \tag{2-86}$$

如果两个光学系统的主平面之间的距离 d 为零，即在一组密接薄透镜的前提下，满足以下关系式：

$$\varphi = \varphi_1 + \varphi_2 \tag{2-87}$$

密接薄透镜组的总光焦度是薄透镜光焦度之和。

由图 2-20 可得

$$l_F' = f_2' + x_F', \quad l_F = f_1 + x_F \tag{2-88}$$

将公式(2-75)、公式(2-76)中的 x_F' 和 x_F 代入 l_F' 表达公式(2-88)，可得

$$l_F' = f_2' - \frac{f_2' f_2}{\Delta} = \frac{f_2' \Delta - f_2' f_2}{\Delta} \tag{2-89}$$

根据公式(2-83)，得

$$l_F' = f'\left(1 - \frac{d}{f_1'}\right) \tag{2-90}$$

同理可得

$$l_F = f\left(1 - \frac{d}{f_2}\right) \tag{2-91}$$

利用公式(2-90)、公式(2-91)可得主平面位置：

$$l_H' = -f' \frac{d}{f_1'} \tag{2-92}$$

$$l_H = f \frac{d}{f_2} = -f' \frac{d}{f_2} \tag{2-93}$$

当一个系统中结合了两个以上的光组时，合成两个光组的方法很麻烦，而且容易出错，所得到的公式也会很复杂、不实用，因此本节中不作介绍。

2.2.5　光学系统的光阑

光学系统作为一个成像系统，首先，应满足前述的物像共轭位置和成像放大率要求，这就确定了成像系统的轴向尺寸。其次，由于成像范围是由视场或视场角决定的，光度水准等是由孔径角决定的，因此对这些参数也有一定的要求。最后，在设计光学系统时，应按其用途、要求和成像范围，对通过光学系统的成像光束提出合理要求，这就是光学系统中的光束限制问题。

在光学系统中，限制光束的镜头框或专门制作的带孔的金属板称为光阑。光阑内孔的边缘会限制光束的孔径，在光学元件中称为通光孔径。光阑的通光孔通常是圆形的，其中心与光轴重合，光阑的平面垂直于光轴[2]。

1. 孔径光阑、入射光瞳和出射光瞳

在实际的光学系统中，光学部件的直径有一定的尺寸，不可能让任意尺寸的光束通过。无论系统中有多少个通光孔，通常有一个通光孔会限制进入光学系统的光束大小或控制进入光学系统的光能量强度，这个通光孔称为孔径光阑，有时称为有效光阑。孔径光阑决定了在过光轴的平面上，从轴上点发出的光束的孔径角。在任何光学系统中，孔径光阑都是存在的。

如图 2-21 所示的系统中，要通过判断光孔 Q_1Q_2、透镜 L_1 和 L_2 的镜框哪一个具有限制光束的作用，确定孔径光阑。各光孔在系统物空间的像如图 2-22(a)所示，透镜 L_1 成像到物空间，就是本身；光孔 Q_1Q_2 的像为 P_1P_2；透镜 L_1 的像为 L_2'。由物点 A 对各个像的边缘引连线，可以看出张角 $\angle P_1AP$ 最小，所以 $\angle P_1AP$ 对应的光孔 Q_1Q_2 起着限制光束的作用，即为孔径光阑。孔径光阑在物空间的像 P_1P_2 称为入射光瞳，简称入瞳。入射光瞳对轴上物点 A 的张角 $\angle P_1AP$，称为光学系统在物方的孔径角 U，在计算轴上点光的光路所采取的孔径角也是这个角度。同理，把所有光阑通过其后面的光组成像到系统的像空间，如图 2-22(b)所示。L_1' 是透镜 L_1 的像；$P_1'P_2'$ 是光孔 Q_1Q_2 的像，透镜 L_2 在像空间中的像就是它本身。像空间中孔径光阑的像 $P_1'P_2'$ 称为出射光瞳，物点 A 在轴上的共轭像点是 A' 点。显然，出瞳对像面中心点 A' 所张的角最小，此角即为像方孔径角 U' [1-2]。

通过整个光学系统入射光瞳的成像结果就是出射光瞳，入射光瞳和出射光瞳相对于整个光学系统来说是共轭的。如果孔径光阑在整个光学系统的物空间中，就是一个入射光瞳；反之，如果它在像空间中，就是一个出射光瞳。

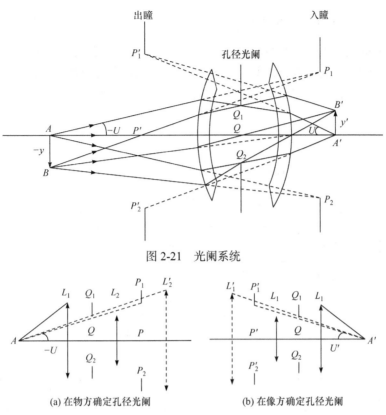

图 2-21　光阑系统

(a) 在物方确定孔径光阑　　　　(b) 在像方确定孔径光阑

图 2-22　孔径光阑的确定

一般而言，孔阑的位置根据是否有利于缩小系统外形尺寸、镜头结构设计、便于使用、改善轴外点成像质量等因素来决定的。它的大小(通光孔半径)则由轴上点所要求的孔径角的边缘光线在光阑面上的高度来决定。最后，按所确定的视场边缘点的成像光束和轴上点的边缘光线无阻拦的通过原则，确定系统中各个透镜和其他光学零件的通光直径。可见，孔径光阑位置不同，会引起轴外光束的变化和系统各透镜通光直径的变化，而对轴上点光束却无影响。因此，孔径光阑的意义实质上是由轴外光束所决定的[1]。

2. 视场光阑、入射窗和出射窗

任意光学系统都能够在系统的光轴周围的空间中形成图像。系统中决定物平面上或物空间中的成像区域的光阑称为视场光阑。若系统有一个接收面，接收面的大小直接决定了在物平面上的成像范围。因此，在成实像或有中间实像的系统中，必有位于此实像平面上的视场光阑，此时有清晰的视场边界。光学系统只能有一个视场光阑，它的位置是固定的，总是设在系统的实像平面或中间实像平面上，如照相机中的底片框就是视场光阑。若系统没有实像平面，则不存在视场光阑[1]。视场光阑通过前面的光学系统在物空间所成的像称为入射窗，通过后面的光学系统在像空间所成的像称为出射窗。

3. 渐晕光阑、入射窗和出射窗

渐晕光阑的设计是为了减少离轴像差,使物空间轴外点的光束仅能部分通过,在光学系统中,渐晕光阑通常是透镜框。如图 2-23 中,轴外点光束被 L_1 和 L_2 的镜框部分拦掉,这种现象称为轴外点的渐晕,L_1 和 L_2 的镜框即为渐晕光阑。

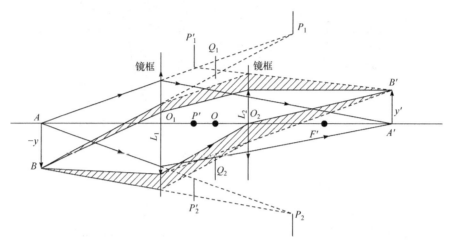

图 2-23 渐晕光阑示意图

在某些情况下,系统没有实像平面和中间的实像面,在这种情况下,没有视场光阑,也没有明确的视场边界。然而,在上述情况下,视场可能仍然受到渐晕光阑的限制。此时渐晕光阑通过前面的光学系统在物空间所成的像也可以称为入射窗,通过后面的光学系统在像空间所成的像也可以称为出射窗。渐晕光阑与在某一位置的孔径光阑有关,当孔径光阑位置改变时,可以用另一个渐晕光阑取代原来的渐晕光阑[2]。

需要指出的是,在一些光学系统中,常设置渐晕光阑。例如,照相物镜,一般允许有一定的渐晕存在,使轴外点以窄于轴上点的光束成像,即把成像质量较差的那部分光束拦掉,从而适当提高成像质量。但由于渐晕的存在,像平面轴外点的光照度低于轴上点的光照度。

4. 消杂光光阑

消杂光光阑并不限制通过光学系统的光束,只限制从视场外进入系统,并被光学系统的折射面和仪器的内壁反射与散射而到达像面的光,称为杂散光。进入光学系统的杂散光在图像表面形成杂光背景,从而降低对比度,并影响成像质量。利用消杂光光阑可以减少杂光。例如,天文望远镜、长平行导光板等的光学系统中,会专门为消除杂散光而设计消杂光光阑,在一个光学系统中可能包含几个这样的系统。在一般的光学系统中,镜筒的内壁通常有螺纹,并涂有黑色无光漆或者发黑处理以消除杂光。

2.2.6 光学系统的光路计算和像差

一旦确定了光学系统的结构,就可以通过计算视场中某一点的近轴光路来确定理想像点，通过计算特定孔径角的光路来确定实际像点。真实像点的坐标与理想图像点的坐标偏差就是像差的对应值。对于该点，为求得不同孔径角的光线像差，应作不同孔径角和不同色光的光线光路计算。对于不同视场的点，每个点都必须对不同孔径角和不同色光求像差值，而且还必须计算光路。如果像差值不符合要求，就需要修改一些系统设计参数，并且重新进行光路计算。因此在光学设计中，光路的计算是很重要的，但在计算中一般不能为光束中的每条光线计算畸变，只能为具有像差特征的光线计算。

光路计算的基本公式为

$$\begin{cases} \sin I = \dfrac{L-r}{r}\sin U \\ \sin I' = \dfrac{n}{n'}\sin I \\ U' = I + U - I' \\ L' = r + r\dfrac{\sin I}{\sin U'} \end{cases} \tag{2-94}$$

在几何光学中，从理想光学系统的观点出发，讨论光学系统的成像原理。但是，实际光学系统只在近轴区才具有理想光学系统的性质，即只有当孔径和视场近似于零的情况下才能成完善像，所以这样的光学系统没有实际意义。

在真实的光学系统中，只有平面反射镜才具有理想光学系统的理论特性。其他光学系统无法将给定物体尺寸在给定光束宽度的照射下转化为完美的图像，即物体上的任何一点发出的光束通过光学系统时，都不能会聚成一个点，而是形成一个弥散斑，或者导致图像不能准确反映原始形状，这就是像差[3]。

由高斯公式、牛顿公式或近轴光路公式确定的图像位置和尺寸被视为理想图像的位置和尺寸。根据实际光线的公式计算可得到像的位置和大小与理想像的偏差，可以作为衡量像差的标准。像差的大小反映了光学系统的成像质量。

在用单色光产生图像时造成的像差称为单色像差。有一些像差是在光轴上的孔径增大时产生的，因此称为轴向像差，如球面像差。有随孔径和视场同时增大而产生的像差，还有仅由视场增大而产生的像差，称为轴外像差，如彗差、象散、场曲和畸变。

在大多数光学系统中，白光的成像是由不同波长的色光组成的，而光学材料对不同波长的光具有不同的折射率，所以不同波长的光的成像位置和大小是不同的，从而产生色差，如轴向色差、倍率色差。

像差与光学系统的结构及物体的位置和尺寸有关。当拍摄一定位置和尺寸的物体时，像差是光学系统结构(r, d, n)的函数，但由于无法写出具体的函数形式，为简单起见，畸变通常利用级数表示。例如，球差$\delta L'$可表示为入射高度h的级数：

$$\delta L' = A_1 h^2 + A_2 h^4 + \cdots \tag{2-95}$$

式中，第一项为初级球差；第二项为二级球差，依此类推。大于二级球差的像差项之和称为高级像差。

在设计一个光学系统时，首先根据几何光学提出一个基本的原理方案。然后用像差理论来确定它的具体结构，其不仅是一个光学系统设计问题，实际上也是像差理论的具体应用。因此，掌握像差理论对于设计一个高质量的光学系统至关重要。单个球面透镜的像差是客观存在的，为了校正像差，必须用多个透镜使系统的像差得到补偿，从而满足一定的要求。由于不同用途的光学系统结构各不相同，因此对于像差的要求也不一样。例如，望远镜系统要求无限远消像差，显微镜系统要求有限距离消像差，所以它们的结构侧重点不同。光学系统的结构从简单到复杂，性能从低到高不断发展的过程也是像差理论发展的过程[3]。

1. 球差

在前面曾经指出，由光轴上一点发出与光轴成 U 角的光线，经球面折射后所得的截距 L' 是孔径角 U(或入射高度 h)的函数。因此，轴上点发出的同心光束经光学系统各个球面折射以后，入射光线的孔径角不同，其出射光线与光轴交点的位置就不同，不再是同心光束，相对于理想像点有不同的偏离，这就是球差。球差值由轴上点发出的不同孔径的光线经系统后的像方截距 L' 和其近轴光的像方截距 l' 之差来表示，即

$$\delta L' = L' - l' \tag{2-96}$$

式中，$\delta L'$ 为球差值。由于 $\delta L'$ 是沿着光轴方向量度的，称为轴向球差。沿垂直于光轴方向量度，则称为垂轴球差，以 $\delta T'$ 表示，即

$$\delta T' = \delta L' \tan U' \tag{2-97}$$

大多数光学系统有一个圆形的入瞳，在轴上某一点的像束是围绕光轴对称的，所以在轴上一个光点球差对应的光束结构是一个非同心的、轴对称的光束，从参考像平面上切断，形成一个圆形弥散斑。整个光学系统的球差可以通过在包含光轴的平面内观察位于光轴一侧的光线来理解。

显然，与光轴呈不同孔径角 U 的光线具有不同的球差，如图 2-24 所示。

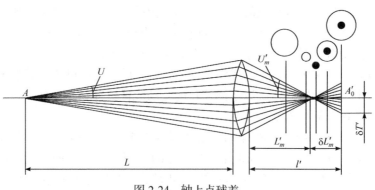

图 2-24　轴上点球差

球差对像质有影响，使得在高斯像面(理想像平面)上出现的不是点状图像，而是一个圆形的弥散斑，无法清晰成像。为了使光学系统成清晰的图像，必须对球差进行校正[1-2]。

2. 彗差

为考察单色光轴外像差，对轴外物点所发出的光束，一般在整个光束中通过主光线取出两个互相垂直的截面进行分析。其中一个是主光线和光轴决定的平面，称为子午面；另一个是通过主光线和子午面垂直的截面，称为弧矢面。彗差是轴外点宽光束成像所产生的像差之一，分为子午彗差和弧矢彗差。慧差的形状如彗星一样，以上都是在系统没有其他像差的假设下的结果。当其他像差同时存在时，很难观察到纯粹的彗差[2]。

1) 子午彗差

为了说明彗差畸变形成的原因，以单折射球面为例，如图 2-25 所示，来自轴外点 B 的子午光线相当于辅助轴 BC 上的点光线。上光线 a、主光线 z 和下光线 b 与辅助轴呈不同角度，因此有不同的球差值，所以三条光线不能相交于一点，即在折射前，主光线是子午线的轴线，在折射后，它不再是轴线，光线失去了对称性。光线的这种不对称性反映在上、下光线的交点 B'_T 在垂直于光轴的方向与主光线的偏离上，即子午彗差，用 K'_T 表示。

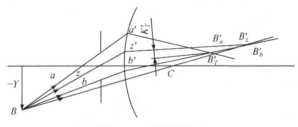

图 2-25　慧差的形成

如图 2-26 所示，子午彗差值以轴外点子午光束上、下光线在高斯像面上交点高度的平均值 $(y'_a + y'_b)/2$ 和主光线在高斯像面上交点高度 y'_z 之差表示，即

$$K'_T = \frac{y'_a + y'_b}{2} - y'_z \qquad (2\text{-}98)$$

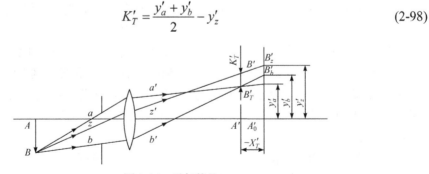

图 2-26　子午慧差

2) 弧矢彗差

如图 2-27 所示，由轴外点 B 发出的弧矢光束的前光线 d 和后光线 c，折射后交于 B'_s，由于这两条光线在子午面上是对称的，所以 B'_s 点位于子午线平面内。从 B'_s 点到主光束在垂直于光轴方向的距离称为弧矢彗差，用 K'_s 表示。

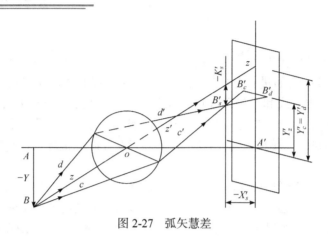

图 2-27　弧矢慧差

弧矢彗差 K'_s 值为

$$K'_s = y'_c - y'_z = y'_d - y'_z \tag{2-99}$$

弧矢光线属于空间光线光路计算，比较复杂。但考虑到弧矢彗差总比子午彗差小，所以计算光路时一般并不考虑。

3. 场曲和像散

轴外点发出的宽光束经单个折射球面后，由于主光线与光轴不重合，有彗差产生。

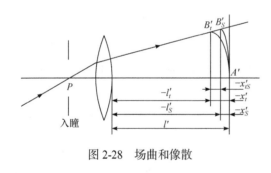

图 2-28　场曲和像散

如果将孔径缩小到无限小，只有无限细的光束沿着主光束传输，如图 2-28 所示，没有彗差，但出现了场曲和像散。

1）场曲

如图 2-28 所示，不同孔径的光束在同一偏心点对应的交点不仅在垂直于光轴的方向上偏离主光线，而且在光轴的方向上偏离高斯像面。从子午宽光束的交点沿光轴方向到高斯像面的距离 x'_T 称为宽光束的子午场曲，从子午细光束的交点沿光轴方向到高斯像面的距离 x'_t 称为细光束的子午场曲。与轴上点的球差类似，宽光束的交点与细光束的交点沿光轴的轴外偏差称为子午线球面像差，其数值为 $\delta L'_T$ [1]。

同样，如图 2-28 所示，在弧矢平面内，从弧矢宽光束的交点沿光轴方向到高斯像面的距离 X'_S 称为宽光束的弧矢场曲(图中未示出)，弧矢细光束的交点沿光轴方向到高斯像面的距离 x'_S 称为细光束的弧矢场曲。

由各视场的子午像点形成的像面称为子午像面，由弧矢像点形成的像面称为弧矢像面，如图 2-28 所示，两者都是围绕光轴对称的旋转曲面，所以称为"场曲"。这意味着近轴区域以外的高斯像平面上的像点会随着场曲而变得模糊，平面物体的像会变成回转曲面，在图像平面上不会得到物平面的完善成像[1]。

2) 像散

如图 2-28 所示,子午像点和弧矢像点不重合,它们之间的轴向距离称为像散,其值为 x'_{tS}。

在像散的情况下,像平面的位置不同会导致物点像的形状不同。如图 2-29 所示,一条在子午像点 T' 处垂直于子午面的短线,称为子午焦线;一条在弧矢像点 S' 处垂直于弧矢面的短线,称为弧矢焦线。这两条焦线互相垂直。两条短线之间的光束截面形状从长轴垂直于子午线平面的椭圆弥散斑变为圆形弥散斑,然后变为长轴在子午面的椭圆弥散斑。光轴的两条短线之间的距离就是光学系统的像散。

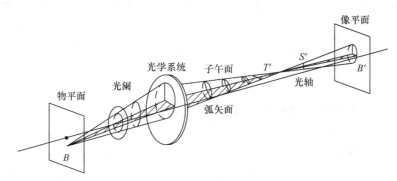

图 2-29　有像散时的光束结构

在一个具有像散的光学系统中,物面上的所有物点不能形成清晰的像点群。如果成像物体是一条直线,像质与直线的方向有关[1]。

4. 畸变

畸变是指主光线像差。由于有球面像差,因此即使只有主光线在偏心点通过光学系统,不同视场的主光线在通过光学系统后与高斯像面相交的高度 y'_x 也不符合理想像的高度。这种垂轴像差就是系统的畸变,用 $\delta y'_x$ 表示

$$\delta y'_x = y'_x - y' \tag{2-100}$$

畸变只随视场的变化而变化,在一对物体和图像的共轭表面上,纵轴的放大率 β 不恒定,而是随着视场的大小而变化。因此,图像失去了与物体的相似性。在正畸变的情况下 $(\delta y'_x > 0)$,主光线与高斯像面相交的高度随着视场的增加而增加,并超过了理想像的高度,即发生枕形畸变。在负畸变的情况下 $(\delta y'_x < 0)$,随着视场的增加,主光线与高斯像面的交点高度小于理想图像的高度,即发生桶形畸变。例如,一个垂直于光轴的平面物体,其图案如图 2-30(a)所示,若通过具有良好像质的光学系统,所成图像应该仍与图 2-30(a)相似。图 2-30(b)和(c)则分别表示正畸变和负畸变时所成的像。

5. 色差

大多数光学仪器使用白光来产生图像。白光是由不同波长的单色光组成的,所以光学系统产生的白光图像可以看成是不同单色光源的同时成像。由于不同波长的单色光经

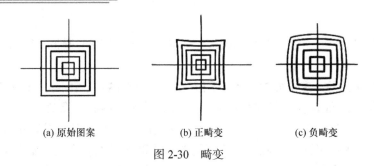

(a) 原始图案　　　　　(b) 正畸变　　　　　(c) 负畸变

图 2-30　畸变

过透明介质时具有不同的折射率,因此每种单色光都有上述的单色像差,其数值也不相同。在白光被光学系统的第一表面折射后,白光被分离为一组单色光,经过光路传播后,导致不同的单色光在成像位置和大小上有误差,产生不同的单色像差(C 光: 656.3nm, D 光: 589.3nm, F 光: 486.1nm)。

1) 位置色差

不同色光的成像点的位置差异称为位置色差。

波长越短,折射率越高,所以同一个镜头对不同颜色的光有不同的焦距。如果镜头在拍摄点与被摄体相距 l,由于焦距不同,根据高斯公式,每种色光可以确定不同的 l' 值。其结果是像点按照色光的波长从短到长、由近到远排列在光轴上,不能形成白色像点,而是彩色弥散斑,如图 2-31 所示。

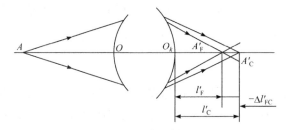

图 2-31　位置色差

通常用 F 光和 C 光的像平面之间的距离表示位置色差。若 l'_F 和 l'_C 分别表示 F 光(蓝光)和 C 光(红光)的高斯像距,则位置色差 $\delta l'_{FC}$ 为

$$\delta l'_{FC} = l'_F - l'_C \tag{2-101}$$

在校正光学系统的位置色差后,从轴上某一点发出的两道单色光通过该系统,并在光轴上的同一点相交,这样两种色光的像面就被认为是重合的。

2) 倍率色差

由于不同色光的焦距不一样,偏心点的垂轴放大率也不一样,所以成像高度不同。光学系统对垂轴上不同色光放大倍率的差异称为倍率色差,用 F 光和 C 光在同一像平面(一般为 D 光的理想像平面)上像高之差表示。若 y'_F 和 y'_C 分别表示 F 光和 C 光的主光线在 D 光(黄绿光)理想像平面的交点高度,则倍率色差 $\delta y'_{FC}$ 为

$$\delta y'_{FC} = y'_F + y'_C \tag{2-102}$$

倍率色差是在高斯像面上测量的,因此是一种垂轴色差。当倍率色差过大时,物体

的成像会有彩色的边缘，导致白色图像模糊不清，即不同颜色的光的离轴点不一致，破坏了轴外点的清晰度。具有大视场的光学系统必须对倍率色差进行校正。倍率色差校正是指在一个特定的视场中，使得两种特定的单色光的倍率色差为零，一般通过不同玻璃的正负透镜的组合来消除色差[1]。

6. 畸变的评价方法

1) 像差曲线

物体上的点根据成像情况可分为轴上点和轴外点，轴上点成像情况较轴外点简单。单色光像差只有球差，白光成像时还有位置色差、二级光谱和色球差。因此，在高斯像面上，轴上点成像为一个圆的彩色弥散斑。轴外点成像仅需要考虑光束的子午截面和弧矢截面内的像差，称为子午像差和弧矢像差，如与视场和孔径有关的彗差、宽光束的场曲、与视场有关的细光束场曲和畸变、宽光束像散，以及只和视场有关的细光束像散。

单色像差主要分为球差、彗差、像散、场曲和畸变。多色像差分为位置色差和倍率色差。按光学系统使用条件对上述像差有不同的要求。因此，在描述光学系统的像差情况时，往往还要给出表达这些像差的像差曲线。

为绘制像差曲线，需要计算一系列的像差值。为了减少计算工作量，必须了解最少要计算哪些光线方可较准确地把曲线绘出。绘制与孔径有关的像差曲线，只要计算三条光线就可以把曲线形状大体上定下来，即最大孔径(h_m 或 U_m)的光线、近轴光线、像差最大值对应的光线，如球差应作 $0.707h_m$ 或 $0.707\sin U_m$ 处的带光计算。对于与视场有关的像差和上述类似，通常只计算全视场和带视场的光线即可，零视场的不必计算，一般是零。

2) 波像差

对图像质量要求较高的光学系统，仅用几何像差来评价图像质量是不够的，还必须使用光学系统的波前变形(波像差)来评价系统的成像质量。

在一个完美的成像系统中，光学系统的几何像差为零，所有从同一物体点发出的光线都会聚在理想像点上。光线和面之间的对应关系如下：光线是波前的法线，而波前是一个垂直于所有光线的表面。因此，在理想成像的情况下，波前必须是一个球体，其中心是理想图像的点，即理想波前。如果光学系统不能产生理想的图像，并且有几何像差，那么相应的波前也不是以理想图像点为中心的球体。实际波前和理想波前之间光学范围的差异可以作为衡量该图像点的质量，被称为波像差，如图 2-32 所示。

由于波前和光是相互垂直的，所以几何像差和波像差之间有某种对应关系。根据这种关系，可以从波像差得到相应的几何像差，且波

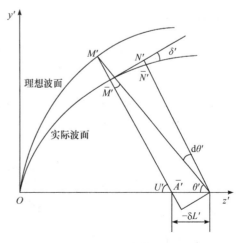

图 2-32 波像差

像差也可以由几何像差得到。与几何像差相比，波像差能够更好地衡量系统成像质量。如果最大的波像差小于四分之一个波长，那么所设计的光学系统接近理想光学系统的成像质量。利用波像差评价高质量光学系统的经验标准，就是瑞利准则[1]。

2.3 现代光学系统

1. 激光光学系统

激光发明以来，由于其具有高亮度、单色性和指向性而被应用于激光加工、精密测量和定位、全息技术、模式识别与光通信等众多工业领域。激光束在不同介质中的传输理论和实用的光学系统设计方法是激光技术能够成熟应用的重要基础[1]。

1)高斯光束的特性

传统光学系统中，一般假设从一个点源发出的球面波的光强度在所有方向都是一样的，也就是说光束的振幅在波前的所有点上都是一样的。然而激光的光强在整个光束中的分布是不均匀的，激光束的振幅在波前的每一点都不相等，它的振幅 A 取决于光束截面的半径 r，函数关系如下：

$$A = A_0 \mathrm{e}^{-\frac{r^2}{\omega^2}} \tag{2-103}$$

式中，A_0 是光束截面中心的振幅；ω 是与光束截面半径有关的参数；r 是光束截面的半径。

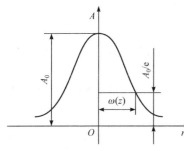

图 2-33 高斯光束横截面

从公式(2-103)中可以看出，光束波面的振幅是以高斯函数分布的，这就是为什么激光束也称为高斯光束。如图 2-33 所示，高斯光束在无限远处的光斑振幅在光束截面的中心是最大的，并且随着 r 的增加而变小。因此，光斑振幅：

$$A = \frac{A_0}{\mathrm{e}} \tag{2-104}$$

所对应的标称截面半径为 $\omega(z)$ [1]。

2) 高斯光束的传播

根据激光谐振腔衍射理论可知，沿 z 轴在均匀透明的介质中传播的高斯光束的光场分布可表述为如下形式：

$$E = \frac{c}{\omega(z)} \mathrm{e}^{-\frac{r^2}{\omega^2(z)}} \mathrm{e}^{-\mathrm{i}\left[k\left(z+\frac{r^2}{2R(z)}\right)\right]+\Phi(z)} \tag{2-105}$$

式中，c 为常数因子；$r^2 = x^2 + y^2$；$k = \dfrac{2\pi}{\lambda}$ 为波数；$\omega(z)$ 为截面半径；$R(z)$ 为波面曲率半径；$\Phi(z)$ 为位相因子。

高斯光束截面半径可表示为

$$\omega(z) = \omega_0 \left[1 + \left(\frac{\lambda z}{\pi \omega_0^2} \right)^2 \right]^{\frac{1}{2}} \tag{2-106}$$

由公式(2-106)可看出，$\omega(z)$ 与光速的传播距离 z、波长 λ 和 ω_0 有关，轨迹为一对曲线，如图 2-34 所示，也称为高斯光束的束腰[1]。

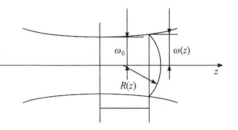

图 2-34　高斯光束传播

3) 高斯光束的聚焦和准直

(1) 高斯光束的聚焦。

由于一般在工程应用中，要求激光束的光斑必须很小，本节介绍了一种激光束聚焦系统。当束腰远离透镜 $(z \to \infty)$ 时，出射光束的束腰半径 $\omega_0' \to \infty$，且聚焦光点位于透镜像方焦平面内。当 $z' \gg f'$ 时，可得

$$\frac{1}{\omega_0'^2} = \frac{z^2}{f'^2 \omega_0^2} + \frac{\left(\frac{\pi \omega_0}{\lambda} \right)^2}{f'^2} = \frac{\pi^2}{f'^2 \lambda^2} \omega_0^2 \left[1 + \left(\frac{\lambda z}{\pi \omega_0^2} \right)^2 \right] = \frac{\pi^2}{f'^2 \lambda^2} \omega^2(z) \tag{2-107}$$

所以

$$\omega_0' = \frac{\lambda}{\pi \omega(z)} f' \tag{2-108}$$

因此，ω_0' 除与 z 有关外，还与 f' 有关。通常使用短焦距的透镜，以获得良好的聚焦效果。

(2) 高斯光束的准直。

激光测距仪和激光雷达系统通常需要一个小发散角激光光源，所以必须对高斯光束进行准直。高斯光束的发散角 θ 可近似表示为

$$\theta = \frac{\lambda}{\pi \omega_0}$$

经透镜变换后，其光束发散角为

$$\theta' = \frac{\lambda}{\pi \omega_0'}$$

把高斯光束的束腰半径公式代入上式得

$$\theta' = \frac{\lambda}{\pi} \sqrt{\frac{1}{\omega_0'} \left(1 + \frac{z}{f'} \right)^2 + \frac{1}{f'^2} \left(\frac{\pi \omega_0}{\lambda} \right)^2} \tag{2-109}$$

由公式(2-109)可看出，不管 z 和 f' 取任何值，$\theta' \neq 0$，一次透镜变换后，高斯光束不是平面波，且当 $z = -f'$ 时，发散角最小，有

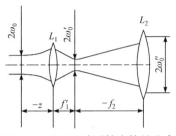

图 2-35 基于二次透镜变换的准直
系统原理图

$$\theta' = \frac{\omega_0}{f'} \qquad (2\text{-}110)$$

为进一步获得更小的 θ'，必须减小 ω_0 和加大 f'。因此，采用二次透镜变换的方法：第一次透镜变换使用焦距较短的透镜，压缩高斯光束的束腰半径 ω_0；第二次透镜变换使用焦距较长的透镜，减小高斯光束的发散角 θ'。基于二次透镜变换的准直系统原理图如图 2-35 所示[1]。

2. 红外光学系统

电磁波按波长分为可见光(0.4～0.76μm)、红外光(0.76～1000μm)、紫外光(0.01～0.4μm)等波段。红外波段通常分为近红外(0.76～3μm)、中波红外(3～8μm)、长波红外(8～14μm)和远红外(14～1000μm)。红外波段只能被红外探测器接收到，人眼无法识别。

用于红外探测的红外系统一般由光学接收器、光学探测器、信号处理和显示器组成。本章简要讨论红外光学系统及相关内容。

1) 红外光学系统的功能和特点

(1) 红外光学系统的功能。

红外光学系统的主要功能是接收红外辐射，并将其传送到光电探测器，产生电信号。在需要人眼观察红外辐射的系统中，会将电信号进一步处理到显像管中观察。

(2) 红外光学系统的特点。

① 红外光学系统一般是一个具有大相对孔径的系统。由于红外系统的成像目标通常与红外光学系统间距较大，因此目标的辐射能量在经过大气传输后衰弱很多，所以红外光学系统必须是大孔径系统，以收集更多的红外辐射。

② 红外光学系统的部件必须使用特殊光学材料。对于中波红外、远红外区域，必须使用特殊光学材料，如二氧化锆(ZrO_2)、氧化镧(La_2O_3)、锗酸盐玻璃、蓝宝石(主要成分为 Al_2O_3)、石英(主要成分为 SiO_2)、热压多晶、红外透明陶瓷和 TPX 塑料等。

③ 红外光学系统的成像质量评价方法主要包括点扩散函数法和红外光学传递函数法。红外光学系统的最终图像质量不能简单地由光学系统的分辨率决定，而要考虑探测器的灵敏度、信噪比等特性[1]。

2) 典型红外光学系统

红外光学系统按其功能可分为：

① 探测和测量系统，确定辐射通量和测量光谱辐射；

② 搜索和跟踪系统，定位红外目标，并跟踪和测量；

③ 热成像系统，接收来自红外目标的辐射，产生图像供人眼观察；

④ 红外目标和通信系统。

在下面的章节中，将从结构功能等方面介绍几种典型的红外光学系统。

(1) 红外测温光学系统。

红外辐射的特性和物体的表面温度具有一定对应关系，因此可以通过确定物体的红外特性测算出物体的表面温度。红外温度测量根据测量原理分为全辐射温度测量、亮度温度测量、双波段测量等。图 2-36 就是一个红外测温光学系统的示意图。

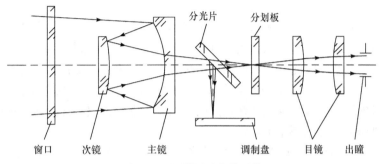

图 2-36　红外测温光学系统

目标光线通过双反射系统主镜、次镜的反射后，经分光片分成两路，反射红外光通过调制盘成像在硫化铅器件上，透射可见光成像在分划板上。人眼通过目镜进行观察瞄准。主镜与次镜的间隔可在 $-74.71 \sim -55 \mathrm{mm}$ 调节，以保证距离在 $500 \sim 5000 \mathrm{mm}$ 的目标能被精确瞄准与测温。系统成像质量要求不高，所以主光学系统采用双反射球面系统，有利于降低成本[1]。

(2) 红外跟踪光学系统。

红外跟踪光学系统是一种接收遥远目标的红外辐射信号和位置信号的系统。系统中主要通过调制盘和多元探测器测算目标相对于参考轴的位置误差信号，并利用位置误差信号驱动伺服系统来控制姿态角。此系统主要用于军事目的，如导弹和飞行器制导。

下面给出一个双反射主系统和光锥、浸没透镜组合的红外跟踪光学系统的实例。

如图 2-37 所示，主系统采用卡塞格林系统，主镜为抛物面、次镜为双曲面。主系统焦平面位于主镜之后，光线先经主镜反射，再经次镜反射，最后从主镜中间的洞中穿出到达焦平面。焦面上安置可绕 AA' 轴旋转的调制盘。该系统采用硫化铅器件，工作波

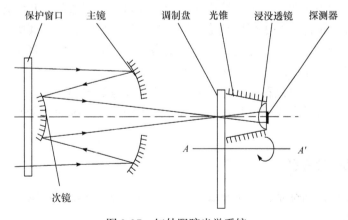

图 2-37　红外跟踪光学系统

长为 1~3μm，中心波长为 1.8μm，相对孔径为 1:1.45，视场 $2\omega' = \pm1.5°$。主系统焦距 $f' = 334$mm。由于相对孔径很大，焦平面尺寸也较大，为了使光线聚焦到尺寸较小的探测器表面上，该系统采用了空心光锥和浸没透镜，硫化铅器件用高折射率胶直接胶接在浸没透镜后表面中心。浸没透镜采用锗材料，保护窗口采用 HWC21 红外玻璃材料。

(3) 红外热成像光学系统。

红外热成像光学系统收集来自目标上的多点红外辐射，通过阵列红外光电探测器获得二维形式的红外辐射图像，与可见光成像结果非常相似，反映了目标不同部位的热分布和各部分的反射率。因此，可以根据红外热成像图像来分析目标物的情况。

热像仪根据其应用场景不同可分为采用 InSb 探测器的工业热像仪和采用 HgCdTe 探测器的医用热像仪，其成像原理是相同的，只是工业热像仪的热分辨率一般较低。

3) 红外光学系统的无热化设计

许多红外光学系统(如弹载和机载红外光学系统)的工作温度范围很大。在不同的温度条件下，材料具有的热效应会导致红外光学系统的参数发生变化，系统的最佳像面出现偏离，成像质量下降。在设计这类温度敏感红外光学系统时，需要采用无热化设计来消除或减少温度变化对红外光学系统的影响[1]。

无热化设计的流程大致分成三个步骤：

(1) 设计一个在常温条件下具有良好成像质量的系统；

(2) 在保证性能的前提下，在一定的温度范围内取多个温度控制点，分析红外光学系统像质变化情况；

(3) 通过使用无热化技术对红外光学系统进行优化，使其在所有受控温度条件下的成像质量都满足设计要求。

2.4　光学系统像质评价

忽略衍射效应影响，光学系统的像质主要取决于系统的像差。在这种情况下，可以根据几何光学方法，通过光路跟踪计算或观察点状物体的实际成像效果来评估成像质量。然而，由于衍射现象，光学系统成像的能量分布不能用通常的几何光学方法完全描述。因此，也提出了许多基于衍射理论的评价方法。各种方法都有其优点、缺点和适用范围，针对某一光学系统，往往需要综合使用多种评价方法，才能客观、全面地反映其实际性能。本节主要介绍三种像质评价方法。

在任何光学系统中总是存在残余像差，而残余像差的大小直接关系到系统的成像质量，所以在设计中必须考虑像差校正。本节介绍不同光学系统的残余像差值和像差容许范围[1]。

2.4.1　瑞利判据与波前图

瑞利判据与波前图都是根据实际成像的波前与理想波前之间差值的大小来确定光学系统的成像质量。

瑞利判据的定义是当实际成像的波面和参考球面波之间的最大波像差 $W<\lambda/4$ 时，此波面被认为是无缺陷的。该判断提出了最大波像差容许范围。

瑞利判据的优点是判断简单、便于计算，缺点是判断结果不够准确。

只要用几何光学中的光路计算出几何像差曲线，再对曲线图进行积分就可以很容易地得到波像差，从而根据得到的波像差判断出光学系统的成像质量。但由于瑞利判据只考虑了波像差的最大允许公差，对超过公差的区域占波面的比例没有考虑。因此，光学系统中可能会出现气泡或表面划痕使得一小部分区域存在较大的波像差，但由于占比极小，即使不满足瑞利判据，对成像质量影响极小。

由于瑞利判据采用的是一个相对严格的评价指标，因此常用于对像差要求极高的光学系统，如望远镜、显微物镜等[1]。

2.4.2 分辨率

分辨率是评价光学系统能够分辨最小物体尺寸的指标。非理想的光学系统中，几何物点通过衍射成像为一个弥散斑，弥散斑越大，该系统的分辨率越差，这一分辨率降低过程可用点扩散函数来描述。

瑞利判据中分辨率的定义为两个等亮度点经过衍射后形成的艾里斑的第一暗环重合时，这两个等亮度点刚好能被分辨的距离，如图 2-38(b)所示。若两个等亮度点更靠近，如图 2-38(c)所示，则光电系统就无法分辨出两点了。

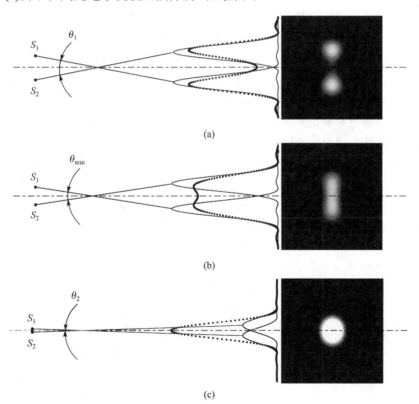

图 2-38 瑞利分辨极限

理想光学系统对无限远的目标进行衍射后，在像面上形成的衍射图案的第一暗环半径相对于形成的光瞳中心的张角定义为最小分辨角 $\Delta\theta$，表示为

$$\Delta\theta = \frac{1.22\lambda}{D} \qquad (2\text{-}111)$$

式中，D 为入瞳直径；λ 为波长。

分辨率作为像质的评价指标并不完善：

(1) 只适用于评价大像差系统。小像差系统的分辨率仅与相对孔径有关。

(2) 不能运用于评价实际的成像场景中的像质。一般利用条纹标定分辨率，但显然与实际成像中的目标有很大差别，且标定结果受标定环境和设备限制。

(3) 反映了分辨率的水平，但不反映成像质量。在相同的分辨率下，有些光学系统有更高的对比度和更多的层次，仅靠分辨率是不能反映这一成像特点的。

(4) 存在伪分辨的现象。当光学系统对分辨率板中某一组条纹已经不可分辨时，但对更密的一组条纹却可分辨，发生了对比度反转，这一现象降低了分辨率评价的可信度。

由于分辨率指标单一、测量方便，即使评价结果并不可靠，其仍然是成像质量检测中的重要指标[1]。

2.4.3 调制传递函数

前面介绍的描述图像质量评估方法都是通过观测成像过程中光学系统中像素的波像差或点弥散。光学传递函数则认为物体发出的光是由不同频率组成的频谱来评估光学系统的成像质量，即把物体的光场分布函数扩展为傅里叶级数或傅里叶积分的形式，而光学系统则被等效为线性不变的空间频率滤波器。因此，当一个物体经由光学系统成像时，其对比度和相位与频率具有一定的变化关系，也就是光学传递函数。由于光学传递函数与光学系统的像差和衍射效应都相关，因此能够完整地评价光学系统的成像质量，是一种具有普适性的评价方式[1]。

从光学传递函数的构造方式可以看出，传递函数反映了光学系统传输物体的不同频率成分的能力。在物体内的不同频率中，高频信号表示细节，中频信号表示层次，低频信号表示亮度和轮廓。调制传递函数(modulation transfer function，MTF)仅考虑物体频率经光学系统传递后，其对比度的降低情况。随着频率的增加，对比度逐渐降低，即像面上高频信息的振幅发生衰减。如果对比度下降到零，这意味着在某一频率下，光强分布中不再有任何亮度变化，即该频率被截止了[1]。

在利用 MTF 曲线评价光学系统时，需要考虑具体的成像需求来评价设计方案。

举例说明：设有两个光学系统(Ⅰ和Ⅱ)的设计结果，其 MTF 曲线如图 2-39 所示。曲线Ⅰ的截止频率较曲线Ⅱ小，但曲线Ⅰ在低频部分的值较曲线Ⅱ大得多。当对比度到人眼的对比度阈值为 0.03 时，曲线Ⅱ的频

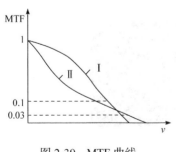

图 2-39 MTF 曲线

率高于曲线 I 。说明当作为目视光学系统时，光学系统 II 较 I 有较高的分辨率。MTF
曲线对比度为感光器件对比度阈值为 0.1 时，曲线 I 的频率高于曲线 II，说明当作为
摄影光学系统时，光学系统 I 较 II 有较高的分辨率[1]。

2.5　辐射与光源

2.5.1　光度学

1. 接收器的光谱响应

接收器对所能感受的波长是有选择性的。一种类型的接收器只能感受一定的波长范
围，且对各种波长的响应程度(反应灵敏度)也不相同。例如，有的光电接收器对蓝光的
感受能力比绿光强，却不能感受波长为 0.6μm 以上的红光。这说明接收器对不同波长的
感知是有选择性的。

接收器对不同波长电磁辐射的反应程度称为光谱响应度或光谱灵敏度，对人眼来说
有一个专门术语，称为光谱光视效率(spectral luminous efficiency)，又译为"视见函数"。

由实验测得人眼对不同波长的光谱光视效率 $V(\lambda)$ 相对值见表 2-1。视场较亮时，测
得的光谱光视效率称为明视觉光谱光视效率。

表 2-1　实验测得人眼对不同波长的光谱光视效率 $V(\lambda)$ 相对值

光的颜色	$\lambda/\mu m$	$V(\lambda)$相对值	光的颜色	$\lambda/\mu m$	$V(\lambda)$相对值
紫	0.360	0.00000	黄	0.580	0.87000
	0.370	0.00001		0.590	0.75700
	0.380	0.00004	橙	0.600	0.63100
	0.390	0.00012		0.610	0.50300
	0.400	0.00040		0.620	0.38100
	0.410	0.00121		0.630	0.26500
	0.420	0.00400		0.640	0.17500
	0.430	0.01160		0.650	0.10700
蓝	0.440	0.02300	红	0.660	0.06100
	0.450	0.03800		0.670	0.03200
	0.460	0.06000		0.680	0.01700
青	0.470	0.09098		0.690	0.00821
	0.480	0.13902		0.700	0.00410
	0.490	0.20802		0.710	0.00209
绿	0.500	0.32300		0.720	0.00105
	0.510	0.50300		0.730	0.00052
	0.520	0.71000		0.740	0.00025
	0.530	0.86200		0.750	0.00012
黄	0.540	0.95400		0.760	0.00006
	0.550	0.99495		0.770	0.00003
	0.555	1.00000		0.780	0.00001
	0.560	0.99500		0.796	0.00000
	0.570	0.95200			

光谱光视效率的意义说明人眼对各种波长辐射的响应程度是不等的。实验表明，在同等辐射功率的情况下，频率为 5.4×10^{14}Hz 的单色辐射(空气中波长为 0.555μm 的黄光)对人眼造成的光刺激强度最大，光感最强，取其相对刺激强度为 1，其余波长的 $V(\lambda)$ 均小于 1。例如，波长为 0.660μm 的红光，$V(\lambda)=0.06100$，需要有比黄光大 $1/0.061\approx16$ 倍的功率才能对人眼造成同样的视觉刺激。或者说，在相同功率下，0.555μm 的黄光对人眼的刺激是最大的。当人眼看到一束黄光比一束红光亮时，实际上，红光的功率可能比黄光的功率还大[1]。

2. 光通量

本节主要讨论可见光的辐射能量，但涉及的原理、名词、定义等同样也适用于不可见光的辐射能量。为了区别，在有关可见光的名词前冠以"光"字，如"光通量"和"辐射通量"相对应，前者用于可见光，后者用于其他辐射能。

如前可见光定义所述，辐射通量中只有可见光范围内 0.4～0.76μm 的光辐射才能引起人眼的光刺激，且光刺激的强弱不仅取决于辐射体辐射通量的绝对值，还取决于人眼的光谱光视效率 $V(\lambda)$。定义辐射能中能被人眼感受的那一部分能量为光能。辐射能中由 $V(\lambda)$ 折算到能引起人眼刺激的那一部分辐射通量称为光通量，用 Φ 表示。

在全部波段范围内，总光通量为

$$\Phi = \int P_\lambda V(\lambda)\mathrm{d}\lambda \tag{2-112}$$

如果某光敏元件的光谱灵敏度 $G(\lambda)$ 相当于人眼的光谱光视效率，则作用到该元件上能引起电信号的有效辐射通量可表示为

$$P_d = \int P_\lambda G(\lambda)\mathrm{d}\lambda \tag{2-113}$$

辐射通量和光通量同为功率，单位都是瓦特(W)，但是在有关可见光能的问题中，光通量 Φ 的通用单位为流明(lm)[1]。

3. 光通量和辐射通量之间的换算

由理论和实验可知，1W 的频率为 5.4×10^{14}Hz 的单色辐射的辐射通量等于 683lm 的光通量，或 1lm 的频率为 5.4×10^{14}Hz 的单色光通量等于 1/683W 的辐射通量。对其他波长的单色光，1W 辐射通量引起的光刺激都小于 683lm，它们的数值关系就是光谱光视效率，即对于其他波长的单色光：1W 辐射通量等于 $683V(\lambda)$lm，代入公式(2-112)中得总光通量为

$$\Phi = 683\int P_\lambda V(\lambda)\mathrm{d}\lambda \tag{2-114}$$

公式(2-112)和公式(2-114)的差别在于单位由 W 换算成了 lm。

以电为能源的光源，往往用实验方法测出每瓦特电功率所产生的总光通量(lm 数)作为该类光源的发光效率，即

$$1\text{W电功率的发光效率} = \frac{\text{该光源的总光通量(lm)}}{\text{该光源的耗电功率(W)}}$$

例如，一个 100W 钨丝灯发出的总光通量为 1400lm，则发光效率为 1400/100 = 14lm/W；40W 白色荧光灯发出的总光通量为 2000lm，其发光效率为 50lm/W。荧光灯的发光效率约为钨丝灯的 4 倍[1]。

4. 发光强度

发光强度的符号为 I，多数光源在不同方向辐射的光通量是不相等的。例如，常用的 220V，100W 钨丝白炽灯泡向四周的发光状况绕灯泡纵轴(0°～180°)对称，总光通量 Φ 的点光源在一个较大立体角 ω 范围内均匀辐射，则此立体角范围内的平均发光强度 I_0 为

$$I_0 = \Phi / \omega \tag{2-115}$$

发光强度 I 的单位为坎德拉，单位符号为 cd。坎德拉是光度学中最基本的单位，其他单位都由这一基本单位导出。坎德拉的定义为频率为 $5.4 \times 10^{14}\text{Hz}$ 的单色辐射光源，若在给定方向上的辐射强度为 1/683W/sr，则该光源在该方向的发光强度为 1cd[1]。

5. 光源发光强度和光通量之间的关系

点光源的光通量和发光强度之间的关系已由公式(2-114)和公式(2-115)给出。对各向发光不均匀的点光源，有

$$\mathrm{d}\Phi = I\mathrm{d}\omega \tag{2-116}$$

式中，发光强度 I 是空间方位角 i 和 φ 的函数。因此，总光通量为

$$\Phi = \int I \mathrm{d}\omega = \int_0^\varphi \int_0^i I\sin i \mathrm{d}i \mathrm{d}\varphi \tag{2-117}$$

各项均匀发光的点光源在立体角 ω 内的总光通量为

$$\Phi = I_0 \omega \tag{2-118}$$

式中，I_0 是平均发光强度。点光源发向四周整个空间的总光通量为

$$\Phi = 4\pi I_0 \tag{2-119}$$

把平面孔径角 U 和立体角 ω 的换算关系式 $\omega = 4\pi \sin^2(U/2)$ 代入公式(2-119)，可得各向均匀发光的点光源在孔径角 U 范围内发出的光通量为

$$\Phi = 4\pi I_0 \sin^2(U/2) \tag{2-120}$$

即光通量正比于平均发光强度 I_0 和孔径角 $U/2$ 正弦的平方[1]。

6. 光照度

光照度用符号 E 表示，它的定义是照射到物体表面一个面元上的光通量 $\mathrm{d}\Phi$ 除以该面元的面积 $\mathrm{d}S$，即单位面积上所接受的光通量。光照度可表示为

$$E = \mathrm{d}\Phi / \mathrm{d}S \tag{2-121}$$

式中，dS 为被照明物体表面面元的面积；$d\Phi$ 为 dS 上所接收的光通量。如果大面积的表面被均匀照明，则投射到其上的光通量 Φ 除以面积 S 称为该表面的平均光照度 E_0，表示为

$$E_0 = \Phi / S \qquad (2\text{-}122)$$

光照度的单位为勒克斯，符号为 lx。1lx 表示 1lm 的光通量均匀照射到 $1m^2$ 的面积上所产生的光照度[1]。

典型环境中的光照度值如表 2-2 所示。

表 2-2　典型环境中的光照度值

场合	E/lx	场合	E/lx
观看仪器的示值	30～50	明朗夏天采光良好的室内	100～500
一般阅读和书写	50～75	太阳直照时的地面照度	10000
精细工作(修表等)	100～200	满月在天顶时的地面照度	0.2
摄影场内拍摄电影	1000	夜间无月时天光在地面产生的照度	3×10^{-4}

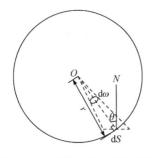

图 2-40　点光源直接照射面元图

7. 点光源直接照射平面时产生的光照度

直接照射是指未经过任何光学系统的照射。图 2-40 中，点光源 O 的平均发光强度为 I_0，面元的面积 dS 所在面积距离 O 为 r，对点 O 所张的立体角为 $d\omega$，dS 的法线和 $d\omega$ 的轴线夹角为 θ。由立体角的定义可得

$$d\omega = dS\cos\theta / r^2 \qquad (2\text{-}123)$$

由公式(2-121)可知，面元的面积 dS 上的光照度为

$$E = d\Phi / dS = I\cos\theta / r^2 \qquad (2\text{-}124)$$

8. 光出射度

光出射度 M 的定义是点光源照射面元的面积 dS 离开表面一点处的面元的光通量 $d\Phi$ 与面元的面积 dS 的比值。光出射度 M 和光照度 E 是一对相对意义的物理量，前者是发出光通量，后者是接收光通量。对于非均匀辐射的发光表面有

$$M = d\Phi / dS \qquad (2\text{-}125)$$

在较大面积上均匀辐射的发光表面，其平均光出射度为

$$M_0 = \Phi / S \qquad (2\text{-}126)$$

发光表面有很多类型：自体发光、照射发光、实际发光体的发光像面等。

若一个本身不发光的反射表面 S 受光照度为 E 的入射光源照射，一部分入射光被吸收，另一部分入射光被反射。设表面的反射率为 ρ，ρ 是反射光通量 Φ' 和入射光通量 Φ 之比，即 $\rho = \Phi' / \Phi$，一般以百分数表示，则表面反射的光出射度为

$$\begin{cases} \Phi'/S = \rho\Phi/S \\ M = \rho E \end{cases} \tag{2-127}$$

图 2-41(a)为有选择反射表面的示意图，受白光照射时，若表面对红光的反射能力较强，蓝、绿、黄等色光被吸收，则这种物体被人眼观察时表现为红色。图 2-41(b)为有选择反射表面的反射率随波长 λ 变化的曲线。

白体是所有波长的反射率 $\rho=1$ 的物体，如图 2-42 中的直线 1。氧化镁、硫酸钡的 ρ 值大于 95%，近似于白体。黑体是所有波长的反射率 $\rho=0$ 的物体。黑体是一种能够吸收所有辐射能的热辐射体。同时，在给定温度下，它对所有波长都具有最大的光谱辐射出射度，因此黑体又称为全辐射体。如图 2-42 中的直线 2(黑碳粉)的 ρ 值小于 1%，近似于黑体。当上述两种表面获得相同照度时，两者的光出射度相差 95%以上。通常来说，完全的白体和黑体是不存在的，大部分物体的反射率在 $0 < \rho < 1$，并且对光的反射有选择性(对不同波长 λ 的光，有不同的反射率 ρ)。图 2-42 中，曲线 3 代表灰色反射表面；曲线 4 代表蓝青色反射表面。表 2-3 列出了一些物体的反射率[1]。

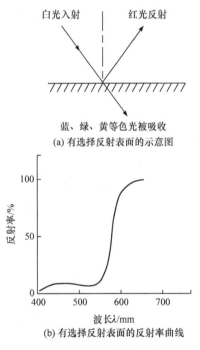

(b) 有选择反射表面的反射率曲线

图 2-41 有选择反射表面特征

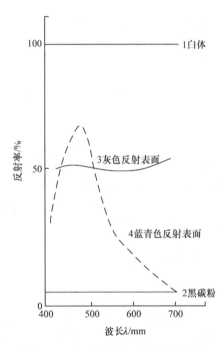

图 2-42 典型反射表面的反射率曲线

表 2-3 一些物体的反射率

物体名称	反射率 ρ	物体名称	反射率 ρ
氧化镁	0.97	白纸	0.7～0.8
石灰	0.95	淡灰色	0.49
雪	0.93	黑丝绒	0.001～0.002

9. 光亮度

光出射度 M 虽能表征发光表面单位面积上发出的光通量值,但并未计入辐射的方向,不能全面地表征发光表面在不同方向上的辐射特性,为此须引入另一物理量——光亮度,用符号 L 表示。

一般光学系统会通过光亮度评价视频画面质量。光亮度表示考虑了观测环境、人眼性能和光源本身一些影响因素之后,人眼主观上感觉到的明亮程度。光亮度简称亮度 L,L 定义如图 2-43 所示。

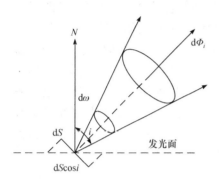

图 2-43　光亮度定义示意图

设与表面法线 N 夹角为 i 方向的立体角 $\mathrm{d}\omega$ 内发出的光的光通量为 $\mathrm{d}\Phi_i$,则由前可知,i 方向的发光强度 $I_i = \mathrm{d}\Phi_i / \mathrm{d}\omega$。

在发光表面上取一块面元,其面积为 $\mathrm{d}S$,在 i 方向的光亮度 L_i 的定义是微面积在 i 方向的发光强度 I_i 与此面元在垂直于该方向亮度的平面上的投影面积 $\mathrm{d}S\cos i$ 之比,即

$$L_i = \frac{I_i}{\mathrm{d}S\cos i} \qquad (2\text{-}128)$$

或把 $I_i = \mathrm{d}\Phi_i / \mathrm{d}\omega$ 代入公式(2-128),得

$$L_i = \frac{\mathrm{d}\Phi_i}{\cos i \, \mathrm{d}S \mathrm{d}\omega} \qquad (2\text{-}129)$$

由公式(2-128)可见,i 方向的光亮度 L_i 是投影到 i 方向的发光强度,或者按公式(2-129),它就是投影到 i 方向的单位面积、单位立体角内的光通量大小。

光亮度 L_i 的单位是坎德拉每平方米(cd/m²),1cd/m² 表示 1m² 的均匀发光表面在垂直方向($I=0$)的发光强度为 1cd[1]。

2.5.2　光源与光辐射

1. 自然光源

在自然界中,太阳、月亮、星星、地面、云层等均是自然光源。太阳、地球、行星是宇宙空间中的点源,由于其方位通过测定是已知的,因此可用于宇宙飞船的定向。太阳和地球的红外辐射可用来确定卫星表面的受热温度。此外自然光源的辐射可能会干扰卫星上的探测仪器,因此需要测定干扰光源的强度和光谱,以消除辐射干扰。

1) 太阳辐射

太阳是自然环境中红外辐射最强的辐射源,其辐射强度高达 6200W/cm²。若已知太阳半径和它离地球的距离,可以由斯特藩-玻尔兹曼定律计算出太阳表面辐射的等效黑体温度(5770K)。太阳等效黑体温度也与波长有关,随波长的增加,太阳等效黑体温度呈下降趋势。例如,在 0.48μm 处,太阳等效黑体温度最高为 6040K;在 4μm 处,太阳

等效黑体温度下降到 5626K；在 11μm 处，太阳等效黑体温度为 5036K。

2) 月球辐射

月球辐射的来源主要是反射的太阳光和月球自身的辐射。夜间的月球辐射主要是反射太阳光，因此月光的光谱分布几乎与日光的光谱分布相同。

月光对地球表面的照射受月相、地球和月球之间的距离，月球表面反射率，月球在地平线上的角度和大气状态的影响，这些因素会导致月球辐射迅速变化且变化尺度大。

3) 星球辐射

星球辐射与时间和天空位置有关。在晴朗的夜晚，星光对地球表面的照度约为 $2.2×10^{-4}$lx。

星星的明暗程度在天文学中一般用星等来表示。以在地球大气层外的星照度来衡量，五星等之间的照度相差 100 倍，所以相邻 2 等星的照度比是

$$\sqrt[5]{100} \approx 2.512$$

即相邻 2 等星的照度相差约 2.512 倍。1 等星的照度恰好等于 6 等星的 100 倍。星体星等数字越小，照度越大。0 等星的照度规定为 $2.65 × 10^{-6}$lx。比 0 等星亮的星等是负的，且星等不一定是整数。不同辐射源的星等及其照度见表 2-4。

表 2-4　不同辐射源的星等及其照度

辐射源	星等	照度/lx
太阳	−26.73	$1.3×10^5$
点光源(位于 1m 处)	−13.9	1.00
满月	−12.5	$2.67×10^{-1}$
金星(最亮时)	−4.3	$1.39×10^{-4}$
天狼星	−1.42	$9.8×10^{-6}$
0 等星	0	$2.65×10^{-6}$
1 等星	1	$1.05×10^{-6}$
6 等星	6	$1.05×10^{-8}$

4) 大气辉光

地球上空的大气辉光占无月夜天光的 40%，是夜天光的重要组成部分。大气辉光是由原子钠、原子氢、分子氧和氢氧根离子等在 70～100km 的大气层高度上发射的连续辐射。夜间辐射的次要辐射源是极光和黄道光，它们是由空间粒子对太阳光的散射产生的。

综合上述可知，由于在有月时，月光是夜天光的主要来源；在无月时，星光和大气辉光是夜天光的主要来源，因此夜天光在有月和无月情况下的光谱分布并不相同。满月光的强度约比星光强 100 倍，此外由于月光是反射日光所产生的，所以在有月时，夜天光的光谱分布与日光相似。

5) 地面照度与景物亮度

夜天光的照度在不同的天气条件下有很大差异,表 2-5 中列出了不同天气情况下地面景物的照度。

表 2-5　不同天气情况下地面景物的照度

天气情况	景物照度/lx	天气情况	景物照度/lx
晴天	10^4	满月浓云	$2 \times 10^{-2} \sim 8 \times 10^{-2}$
阴天	10^3	半月晴朗	1×10^{-1}
黄昏	10^2	1/4 月晴朗	1×10^{-2}
黎明	10	无月晴朗	1×10^{-3}
微明	1	无月中等云	5×10^{-4}
满月晴朗	2×10^{-1}	无月有云	2×10^{-1}
满月薄云	$7 \times 10^{-2} \sim 15 \times 10^{-2}$		

2. 人造光源

1) 黑体

角度特性和光谱特性接近理想黑体特性的辐射源称为黑体。黑体总辐射出度和其温度的四次方成正比。

2) 白炽灯

白炽灯具有发射光光谱连续、发光特性稳定、使用寿命长等特点,因此经常作为各种辐射度量和光度量实验中的标准光源。

3) 气体放电光源

利用气体放电原理制成的光源称为气体放电光源。气体放电光源具有发光效率高、结构紧凑、使用寿命长等特点。

在瓦数一样的情况下,气体放电光源比白炽灯的发光效率高,说明在相同发光亮度下,气体放电光源所需的功率更小,能够节省电量。气体放电光源内部没有实物发光体,结构不受发光结构,如灯丝等限制,因此其结构牢固紧凑、耐震、抗冲击。一般气体放电光源比白炽灯寿命长 2~10 倍。

气体放电光源有很强的市场竞争力,发展迅猛,在光电测量和照明工程中得到广泛应用[1]。

4) 激光光源

激光是 20 世纪人类历史上的一项重大发明,从发明至今 60 多年的时间里,无论是激光技术本身,还是与其相关的应用技术,都取得了长足的进步。在科学研究、军事技术、能源开发、工农业生产、信息产业和医疗卫生等方面,激光都在发挥巨大的作用。当今激光及其相关技术已经成为一个与人类社会息息相关、不可或缺的庞大产业。激光具有以下几个特点:亮度高、单色性(时间相干性)好、方向性(空间相干性)强。亮度是指单位面积光源在单位立体角内的发射功率,普通光源以太阳和脉冲氙灯的光最强,但是一台红宝石巨脉冲激光器的发光亮度可达到 $10^{15}\mathrm{W/(sr \cdot cm^2)}$，这几乎是脉冲氙灯发光亮度的 37 亿倍。单色性是指光的光谱线宽度窄，在普通光源中氪同位素($\mathrm{Kr^{86}}$)灯发出的光波长 $\lambda = 605.7\mathrm{nm}$，其单色性为最好，在低温条件下，其光谱线宽度 $\Delta\lambda = 4.7\times10^{-3}\mathrm{nm}$。与之相比，单模单频的氦氖激光器(输出波长 $\lambda = 632.8\mathrm{nm}$)的光谱线宽度 $\Delta\lambda < 10^{-8}\mathrm{nm}$。不同激光器的单色性也有差异，从高到低的排序：气体激光器>固体激光器>染料激光器。激光的方向性是由光束的束散角表示的，用来衡量激光器的发射能量在空间方向上的集中性。普通光源的束散角等于 4π，除了半导体激光器以外，其他激光器的束散角均为几毫弧度[1]。

军用激光技术是早期激光开发的最活跃领域，最早的激光军用产品就是激光测距机和激光指向器(激光目标指示器)。据称，早期军用激光器投入使用后，部队战斗力提高了一个等级。军用激光技术已从单一的激光测距和目标指示向更高级的多功能激光雷达方向发展。高精度激光制导武器、激光目标自动识别系统、目标自动跟踪系统和远距离目标杀伤评估系统正在逐渐完善。激光的军事应用大致包括了如下几个方面：激光测距、目标指示、激光雷达技术、激光通信和激光武器。当然，除了军事应用以外，民用激光技术的应用也越来越广泛，而且许多军用激光技术本身就可直接转化为民用激光产品。应该说，在 21 世纪，激光在军用和民用领域都将会有更大的发展。

1961 年，我国的第一台红宝石激光器由中国科学院长春光学精密机械与物理研究所研制成功。我国已成功研制了多个波段的激光测距机、目标指示器、激光雷达系统、激光制导武器和火控与光电对抗设备等。

市面现有的激光器高达数百种，其输出波长和输出功率覆盖范围极广。激光器按工作物质不同可分为气体激光器、固体激光器、染料激光器和半导体激光器等。

(1) 气体激光器采用的工作物质多样，常用的气体激光器有氦氖激光器、氩离子激光器和二氧化碳激光器。

① 氦氖激光器是一种原子气体激光器，采用氦气和氖气组成的混合气体作为工作物质。其主要的输出的波长有 632.8nm、1.15μm、3.39μm，功率一般为数毫瓦，波长的稳定度为 10^{-6} 左右。因为其制造方便、较便宜、可靠且相干性好，可用于精密计量、全息术、准直测量等领域。

② 氩离子激光器将惰性气体氩气作为工作物质，在低气压大直流电的条件下使得氩原子被电离并激发产生激光。氩离子激光器输出的谱线属于离子光谱线，主要输出波长有 452.9nm、476.5nm、496.5nm、488.0nm、514.5nm，其中 488.0nm 和 514.5nm 两条谱线为最强，约占总输出功率的 80%。氩离子激光器具有输出功率高、光束质量极佳等特点，主要的应用场景为激光显示、信息处理激光光谱研究、医学治疗、全息照相、光谱分析和医疗及工业加工等。

③ 二氧化碳激光器将掺入少量 $\mathrm{N_2}$ 和 He 等气体的二氧化碳气体作为工作物质，典型的二氧化碳激光器的输出波长分布在 9～11μm 红外区域，典型波长为 10.6μm。

(2) 固体激光器将特殊的光学玻璃或光学晶体作为基质材料，掺以激活离子或其他激活物质作为工作物质。固体激光器有红宝石激光器、钕玻璃激光器和钇铝石榴石激光器等，其中红宝石激光器是发现最早、用途最广的晶体激光器之一。固体激光器具有体积小、使用方便、输出功率大的特点。但由于工作介质的制备较复杂，所以价格较贵。

(3) 染料激光器以染料为工作物质。染料激光器通过将染料溶解于某种有机溶液中，使得染料分子在特定波长光的激发下，能发射一定带宽的荧光。由于染料激光器可以通过在其谐振腔内放入色散元件，调谐色散元件的色散范围，获得不同的输出波长，因此称为可调谐染料激光器。

(4) 半导体激光器的工作物质是半导体材料。它的原理与前面讨论过的发光二极管类似，利用 PN 结作为激活介质，当 PN 结内注入正向电流时，则可激发激光。

半导体激光器体积小、质量轻、效率高、寿命长，因此其能够被广泛应用于光通信、光学测量、自动控制等工业领域，是最有前途的人造辐射源之一。

3. 大气衰减

在大气中应用光电探测系统时，不可避免地受到大气的种种影响，其中大气衰减的影响是光电探测系统增加作用距离的制约因素之一。

1) 指数衰减定律

对均匀大气层，光辐射的衰减符合指数衰减定律，又称朗伯定律，表示如下：

$$\Phi_\lambda = \Phi_{0\lambda} e^{-kj} \tag{2-130}$$

式中，Φ_λ 是通过大气层的光谱辐射通量；$\Phi_{0\lambda}$ 是入射大气层的光谱辐射通量；k 是光谱衰减系数，可表示为

$$k = \alpha + \beta \tag{2-131}$$

式中，α 是吸收系数；β 是散射系数。

2) 大气吸收

大气中的水蒸气(H_2O)和二氧化碳(CO_2)，还有 O_3、N_2O、CH_4 和 CO 等对光辐射都有吸收作用。大气对某些波段的光辐射吸收作用很小，相对应的光辐射"透射比"很高，称为"大气窗口"。主要的大气窗口有 0.4～1.3μm、3～5μm、8～14μm。可见光探测系统利用 0.4～1.3μm 的大气窗口工作，红外探测系统利用 3～5μm、8～14μm 的大气窗口工作。

3) 大气散射

光辐射在大气中传输时会在大气分子、气溶胶粒子和空气湍流分布不均匀处发生散射，散射与大气中的粒子特性、数量、大小和入射波长有关。大气散射按照不同的散射方式分为瑞利散射、米氏散射、几何散射。

4) 能见度

大气透明度指的是光沿铅直方向由大气外界传播至某一高度的过程中，透过的光强占入射光强的比率。能见度是反映大气透明度的一个指标。能见度的定义是在一定大气透明度的条件下，人眼能够发现以地平天空为背景的视角大于 30′ 的黑色目标的最大距离，见表 2-6。

表 2-6 不同大气条件下的大气透明度和能见度

大气条件	大气透明度	能见度/km
绝对透明	0.990	400
透明度特别高	0.970	200
很透明	0.960	100
良好透明度	0.920	50
中等透明度	0.810	20
空气少许浑浊	0.660	10
空气浑浊	0.360	4
空气很浑浊	0.120	2
薄雾	0.015	1
雾	$8\times10^{-10}\sim2\times10^{-4}$	$0.2\sim0.5$
浓雾	$10^{-34}\sim10^{-9}$	$0.05\sim0.2$

5) 大气衰减对光电探测系统性能的影响

光电探测系统是在自然照明的条件下工作的。自然光在大气传输过程中，大气的散射作用使得目标物反射的光能量减少，从而导致成像通量衰减。此外，背景反射的光通量也通过散射作用进入探测系统中，改变了光电探测器处的投射亮度，即表观亮度，导致目标物与背景之间的光亮度差减小，降低了目标与背景的固有对比度，使探测系统探测和识别目标的概率大幅降低。

2.5.3 光学系统中光能量和光能损失计算

像面照度公式中包含的透过率 $k<1$ ，这是因为实际光学系统存在光能损失，本小节将分析在光学系统中造成光能损失的原因，给出透过率的计算方法[1]。

1. 透射面的反射损失

当光线从一个介质透射进入另一个介质时，在抛光界面处必然有反射损失。假设一个介质的反射光通量与入射光通量之比称为反射系数 ρ_1 ，则由光的电磁理论可以导出反射系统可表示为

$$\rho_1 = \frac{1}{2}\left[\frac{\sin^2(I-I')}{\sin^2(I+I')} + \frac{tg^2(I-I')}{tg^2(I+I')}\right] \tag{2-132}$$

式中，I、I' 分别为入射角和折射角。

当光线入射角很小时，公式(2-132)可简化为

$$\rho_1 = \frac{n'-n}{n'+n} \tag{2-133}$$

式中，n 和 n' 分别为界面两边物方介质折射率和像方介质折射率。

公式(2-133)表明，光线近似于垂直入射到界面上时，反射光能损失和界面两边介质折射率有关。折射率差越大，反射系数 ρ_1 就越大。放在空气中的单块玻璃零件 $n=1$，当 $n'=1.5$ 时，表面反射率 $\rho_1=0.04$；当 $n'=1.65$ 时，$\rho_1=0.06$。对一个已知反射系数 ρ_1 的透射面，其透过率为 $1-\rho_1$。若考虑透射面的反射损失，假设光学系统共有 N_1 个透射面，则光学材料的透过率为

$$k_1 = \left(1-\rho_1\right)^{N_1} \tag{2-134}$$

在光学材料加工中，为了减少反射损失，常用的处理办法是在光学零件的表面镀一层增透膜。镀增透膜后光学材料的反射损失系数可降到 0.01～0.02。

2. 光学材料的吸收损失

由于光学材料的透过率不可能达到100%，因此会吸收部分光能，引起光能损失。

材料的光吸收系数 α 用白光通过 1cm 厚度光学材料时的透过率 k 的自然对数的负值表示，即 $\alpha=-\ln k$ 或 $k=\mathrm{e}^{-\alpha}$。

光学玻璃的光吸收系数分六类，最小为 0.001，最大 0.03，相当于通过 1cm 厚度光学材料时的透过率为最大 0.999，最小 0.97，其平均值为 0.985。

考虑光学材料的吸收损失，当光束通过 N_2 厚度光学材料时，其透过率为

$$k_2 = \mathrm{e}^{-\alpha N_2} \tag{2-135}$$

3. 金属镀层的反射面的吸收损失

金属镀层的反射面不能把入射光通量全部反射，而要吸收其中一小部分。设每一个反射面的反射率为 ρ_3，光学系统中共有 N_3 个金属镀层的反射面，若不考虑其他原因的光能损失，则通过系统出射的光通量的透过率为

$$k_3 = \rho_3^{N_3} \tag{2-136}$$

反射率随不同的金属镀层而异，银镀层的反射率约为 0.95，铝镀层的反射率约为 0.85。反射棱镜的全反射面抛光质量良好时，可认为反射率等于 1。

综上所述，光学系统中光能损失是由三方面的原因造成：

(1)透射面的部分反射造成的损失，透射面透过率为 $\left(1-\rho_1\right)^{N_1}$；

(2)光学材料对部分光吸收造成的损失，光学材料透过率为 $\mathrm{e}^{-\alpha N_2}$；

(3)反射面对部分光吸收造成的损失，反射面的反射率为 $\rho_3^{N_3}$。

光学系统的总透过率 k 由这三部分连乘而得

$$k = k_1 k_2 k_3 = \left(1-\rho_1\right)^{N_1} \cdot \mathrm{e}^{-\alpha N_2} \cdot \rho_3^{N_3} \tag{2-137}$$

式中，N_1 为空气和材料的透射面数；N_2 为光学材料中心厚度总和(单位为 cm)；N_3 为金属镀层的反射面数目；ρ_1 为透射界面的反射系数；α 为光学材料的吸收系数；ρ_3 为金属镀层反射面的反射率。

若光学系统中包含既反射又透射的分光零件，则还需计入分光膜层的损失。镀增透膜后，光学系统的透过率大大提高，因此，目前几乎所有的光学零件表面都要镀增透膜，以减少表面的反射损失。

2.5.4　黑体辐射定律

1. 比辐射率和基尔霍夫定律

黑体就是能够完全吸收全部谱段的入射辐射的物体，其具有最好的吸收能力，必然也是最好的辐射体。因此，可将黑体作为物体辐射能力衡量的一个标准。

物体比辐射率的严格物理定义为物体自身的辐射通量密度与具有同一温度的黑体辐射通量密度 W_B 之比，通常用符号 ε 表示。其数学公式表示如下：

$$\varepsilon = \frac{W}{W_B} \tag{2-138}$$

在引入了黑体之后，基尔霍夫定律可以用数学公式表示为

$$\frac{W_{A_1}}{\alpha_{A_1}} = \frac{W_{A_2}}{\alpha_{A_2}} = \cdots = W_B = f(T) \tag{2-139}$$

式中，W_{A_1} 和 W_{A_2} 分别为两种不同的物体在其热力学温度为 T 时的辐射通量密度；α_{A_1} 和 α_{A_2} 分别为两种不同的物体在其热力学温度为 T 时的吸收率；W_B 为黑体(吸收率 $\alpha_B = 1$)在其热力学温度 T 时的辐射通量密度；$f(T)$ 为一个仅与温度相关的函数。

基尔霍夫定律可以理解为在任意给定的温度下，物体的辐射通量密度与其吸收系数之比，恒等于该温度下黑体的辐射通量密度，此比值的大小仅与给定的温度 T 有关。

将比辐射率的定义公式(2-138)代入基尔霍夫定律的表达公式(2-139)，可以得出如下关系式：

$$\varepsilon = \frac{W}{W_B} = \frac{\alpha W_B}{W_B} = \alpha \tag{2-140}$$

从公式(2-140)中可以看出，在给定温度下，任何材料的比辐射率与在该温度下的吸收率相等，即物体的辐射通量密度和吸收率之间存在一定的比例关系[1]。

2. 黑体辐射公式

在基尔霍夫定律的基础上，要获取目标辐射能量的光谱分布情况，关键是建立作为辐射标准的黑体的辐射能量光谱分布情况。

从十九世纪末到二十世纪初，维恩、瑞利和普朗克等先后结合科学家对不同波长处黑体的辐射能量实验得到的离散测量数据，分别从经典电磁理论和量子物理出发给出了三种不同的计算黑体辐射能量的光谱分布曲线，如图 2-44 所示[1]。

(1) 维恩公式：

$$W_{\lambda b} = \frac{2\pi h c^2}{\lambda^5} \cdot e^{\frac{-hc}{\lambda kT}} \tag{2-141}$$

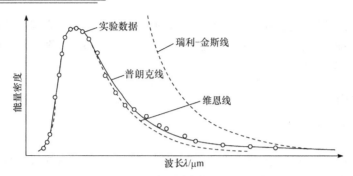

图 2-44　黑体辐射能量的光谱分布曲线

式中，$W_{\lambda b}$ 为黑体的光谱辐射通量密度；$h = (6.6256 \pm 0.0005) \times 10^{-4}(\mathrm{W} \cdot \mathrm{s}^2)$，为普朗克常数；$k = (1.38054 \pm 0.00018) \times 10^{-2}(\mathrm{W} \cdot \mathrm{s/K})$，为玻尔兹曼常数；$c = (2.997925 \pm 0.000003) \times 10^8(\mathrm{m/s})$，为真空中的光速；$T$ 为黑体的热力学温度；λ 为波长。

维恩公式在短波部分与实验数据吻合得很好，但是在长波部分则与实验数据差别较大，如图 2-44 所示。

(2) 瑞利-金斯公式：

$$W_{\lambda b} = 2\pi k c T \lambda^{-4} \qquad (2\text{-}142)$$

如图 2-44 所示，瑞利-金斯公式在长波部分与实验数据吻合得很好，但是在短波部分明显与实际情况不符。当波长趋于零时，黑体光谱辐射通量密度将趋于无穷大，显然不符合物理规律，这在历史上被称为"紫外灾难"。

(3) 普朗克公式：

$$W_{\lambda b} = \frac{2\pi h c^2}{\lambda^5} \cdot \frac{1}{\mathrm{e}^{hc/\lambda kT} - 1} = \frac{c_1}{\lambda^5} \cdot \frac{1}{\mathrm{e}^{c_2/\lambda T} - 1} \qquad (2\text{-}143)$$

式中，$c_1 = 2\pi h c^2$，为第一辐射常数，$c_2 = hc / k$，为第二辐射常数。

如图 2-44 所示，普朗克公式在整个电磁波谱段内都与实验数据吻合得很好。

对普朗克公式进行不同条件下的简化会得到维恩公式和瑞利-金斯公式：

(1) 在短波部分，当 $c_2 / (\lambda T) \gg 1$，即 $hc / \lambda \gg kT$ 时，对应短波或低温情况，普朗克公式中的指数项远大于 1，可以把分母中的 1 忽略掉，此时普朗克公式转换为

$$W_{\lambda b} = \frac{c_1}{\lambda^5} \cdot \mathrm{e}^{\frac{-c_2}{\lambda T}} \qquad (2\text{-}144)$$

这就是前面给出的维恩公式，公式(2-144)仅适用于黑体辐射的短波部分。

(2) 在长波部分，当 $c_2 / (\lambda T) \ll 1$，即 $hc / \lambda \ll kT$ 时，对应长波或高温情况，将普朗克公式中的指数项展成级数，即 $\mathrm{e}^{\frac{c_2}{\lambda T}} = 1 + c_2 / (\lambda T) + \cdots$，仅取其前两项，则普朗克公式转换为

$$W_{\lambda b} = \frac{c_1}{c_2} \cdot \frac{T}{\lambda^4} \qquad (2\text{-}145)$$

这就是前面给出的瑞利-金斯公式，公式(2-145)仅适用于黑体辐射的长波部分[1]。

3. 维恩位移定律

从图 2-44 的黑体辐射能量的光谱分布测量数据和普朗克曲线可以看出，物体在一定温度下的辐射能量在整个光谱范围内的分布是不均匀的，且存在一个最大值λ_m。为了求解 λ_m 和黑体热力学温度 T 之间的关系，将普朗克公式对波长 λ 求偏微分，并令其微分值等于零，求解结果如下，这就是维恩位移定律：

$$\lambda_m T = b \tag{2-146}$$

式中，常数 $b = (2897.8 \pm 0.4)\mu m \cdot K^2$。

维恩位移定律表明，黑体光谱辐射的峰值对应的波长 λ_m 与黑体的热力学温度 T 成反比[1]。

4. 斯特藩-玻尔兹曼定律

斯特藩-玻尔兹曼定律表明，黑体在整个电磁波谱段内辐射的总能量与黑体热力学温度 T 的 4 次方成正比，其数学表达式为

$$W = \int_0^\infty W_\lambda d\lambda = \frac{2\pi^5 k^4}{15c^2 h^3} T^4 = \sigma T^4 \tag{2-147}$$

式中，$\sigma = \dfrac{2\pi^5 k^4}{15c^2 h^3}$，为斯特藩-玻尔兹曼常数，$\sigma = 5.6697 \times 10^{-8}[W/(m^2 \cdot K^4)]$ [1]。

2.5.5 典型光学系统

光电探测系统中光学成像系统的作用是将被探测的对象通过光学方法以一定的放大倍率成像在图像传感器上。因此，这种系统通常可以根据物像位置、物像大小等成像条件归纳为显微、望远、摄影和投影等典型光学系统，其成像质量各有一定特殊要求[1,4]。

1. 眼睛

许多光学仪器要用眼睛来观察，人眼则作为目视光学系统的光能接收器。因此，在目视仪器的设计和使用中，都必然要涉及眼睛，应当对其特性有所了解。

1) 眼睛的结构

人眼本身与一个摄影系统类似，外表大体呈球形，直径约为 25mm，眼球的结构如图 2-45 所示。

眼睛作为一个光学系统，其有关参数可由专门的仪器测出。根据大量的医学临床测量结果，得出了眼睛内各个结构的各项光学常数，包括角膜、水状液、玻璃液和水晶体的折射率，各光学

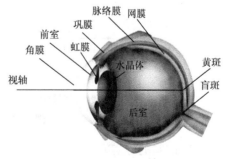

图 2-45 眼球的结构

表面的曲率半径及各有关距离。满足这些光学常数值的眼睛一般被认为是标准眼[1]。

为了计算方便，可把标准眼近似简化为一个折射球面的模型，称为简约眼。简约眼的有关参数如下：

(1) 折射面的曲率半径为 5.56mm；

(2) 像方介质的折射率为 4/3 ≈ 1.333；

(3) 网膜的曲率半径为 9.7mm。

可算得简约眼的物方焦距为–16.70mm，像方焦距为22.26mm，光焦度为59.88D。

2) 眼睛的调节和适应

眼睛有两类调节功能：视度调节和适应调节。眼睛周围的肌肉可以改变水晶体的曲率，从而保证焦点位于视网膜，使得不同远近的物体都能清晰地成像在视网膜上，这一过程称为眼睛的视度调节。眼睛也可以通过控制瞳孔大小来控制光通量，使得眼睛对不同的亮度条件有适应的能力，这种能力称为眼睛的适应调节。

3) 眼睛的缺陷及矫正

正常人眼能够看清无限远处的物体，晶体的像方焦点与视网膜重合，如图 2-46(a)所示，若晶体变形导致不符合这一条件的就是非正常的眼睛，或称为视力不正常。非正常的眼睛有好几种，最常见的是近视眼和远视眼。

近视眼是其远点变近，像方焦点在视网膜之前，无法看清无限远的物体，见图 2-46(b)。

远视眼是其远点在眼睛后面，像方焦点在视网膜之后，无法对近距离物体成像，如图 2-46(c)所示。

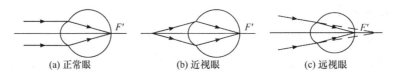

(a) 正常眼　　　　(b) 近视眼　　　　(c) 远视眼

图 2-46　正常眼和非正常眼

弥补眼睛缺陷的方法是戴眼镜，近视眼佩戴一块负透镜，将无限远处的光线发散，使其正好成像在眼睛的远点上，如图 2-47(a)所示；远视眼佩戴一块正透镜，将无限远处的光线会聚，使其正好成像在眼睛的远点上，如图 2-47(b)所示。

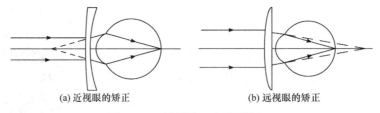

(a) 近视眼的矫正　　　　(b) 远视眼的矫正

图 2-47　近视眼与远视眼的矫正

4) 眼睛的分辨率

人眼分辨两个靠近点的距离，称为眼睛的分辨率。根据瑞利判据可知，刚好能够分辨开的两点相对于人眼的角度，称为人眼的极限角分辨率，极限角分辨率可表示为

$$\varepsilon = \frac{1.22\lambda}{D} \tag{2-148}$$

对眼睛而言,公式(2-148)中的 D 就是瞳孔的直径。根据大量的统计,对波长为 550nm 的光线而言,在良好的照明下,一般可以认为人眼的极限角分辨率 $\varepsilon=60''=1'$。由于人眼角分辨率的限制,当设计目视光学仪器时,必须考虑眼睛的极限角分辨率,以便光学仪器进入人眼的像能被眼睛分辨。否则,光学仪器的分辨率就被眼睛的分辨率所限制,而不能充分利用光学仪器的分辨率[1]。

2. 显微光学系统

在各类光学仪器中,放大镜、显微镜、望远镜等目视光学仪器能够提高人们观察物体的能力,即目视光学仪器都有助视的功能,所以先讨论对各类目视光学仪器的共同要求。

1) 第一个共同要求:扩大视角

由于眼睛的分辨率有一定的限制,如果物体的视角小于眼睛的极限角分辨率,那么就要扩大物体的视角。因此,需要利用人眼进行观测的目视光学仪器也需要扩大视角,便于观测。

视放大率 Γ 表示仪器扩大视角的能力。Γ 等于在观测同一目标时,仪器的视场角 ω' 和人眼直接观察时的视场角 ω 的正切之比,即

$$\Gamma = \frac{\tan\omega'}{\tan\omega} \tag{2-149}$$

2) 第二个共同要求:成像在无限远

为了使人眼在观察物体时不至于疲劳,目标通过仪器之后一般应成像在无限远,或者出射平行光。这是对目视光学仪器的第二个共同要求[1]。

(1) 放大镜。人眼需要将物体放大才能够直接观察微小物体,而放大镜是一种可以帮助眼睛观察细微物体或细节的光学仪器,凸透镜是一个最简单的放大镜。

图 2-48 是放大镜成像的光路图。为了将物体反射的光通过透镜的折射得到放大的像,物体应位于放大镜第一焦点 F 的焦平面附近。实际应用过程中,由于正常眼正好能把入射的平行光束聚焦于网膜上,因此在使用放大镜时应使物位于物方焦面上,于是有

$$\Gamma = \frac{250}{f'} \tag{2-150}$$

由公式(2-150)可见,放大镜的放大率仅由焦距决定,焦距越短,则放大率越大。

(2) 显微镜的成像原理。显微镜的成像原理如图 2-49 所示。显微镜的光学系统由物镜和目镜两个部分组成。为便于理解,图中将物镜 L_1 和目镜 L_2 均表示为单透镜,在实际中可能是两组透镜组分别作为目镜和物镜的光学系统。人眼在目镜后面的一定位置上,物体 AB 位于物镜前方,与物镜的距离大于物镜焦距,但小于两倍的物镜焦距处。因此,它经过物镜以后,形成一个放大倒立的实像 $A'B'$,使 $A'B'$ 恰好位于目镜的物方焦点 F_2 处的焦平面上,或者在其附近的位置上,再经过目镜放大为虚像 $A''B''$ 后便于人眼

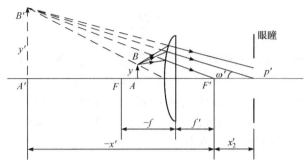

图 2-48 放大镜成像的光路图

分辨。虚像 $A''B''$ 的位置取决于 F_2 和 $A'B'$ 之间的距离，可以在无限远处，也可以在观察者的明视距离处。

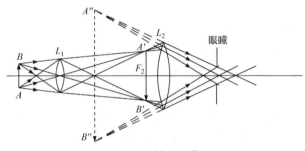

图 2-49 显微镜的成像原理

由于物体的像经过物镜和目镜两次放大，所以显微镜总的放大率 Γ 是物镜放大率 Γ_1 和目镜放大率 Γ_2 的乘积。物体被物镜放大后所成的像 $A'B'$ 一般位于目镜的物方焦平面上，所以此像相对于物镜像方焦点的距离 $x'=\Delta$，Δ 为物镜和目镜的光学间隔，在显微镜中，Δ 表示光学筒长[1]。

(3) 显微镜的分辨率和有效放大率。显微镜的分辨率以它所能分辨的两点间最小距离来表示。由于衍射的影响，一个点的衍射图案是一种明暗相间的环带(瑞利斑)。根据瑞利判据可知，当一个点的衍射像中心正好与另一个点的衍射像的第一暗环重合时，光学系统刚好能分辨开这两个点，两个发光亮点的最小距离 σ_1，即分辨率的表示式为

$$\sigma_1 = \frac{0.61\lambda}{\text{NA}} \tag{2-151}$$

式中，λ 为照明光的波长；NA 为物镜的数值孔径。

为了充分利用物镜的分辨率，使已被显微镜物镜分辨出来的目标细节能够通过目镜被眼睛看清。因此要求显微镜必须有恰当的放大率，以便把被测物体放大到足以被人眼所分辨的程度，最恰当的目镜的分辨率为显微镜的有效放大率。显微镜的实际放大率取决于物镜的分辨率或数值孔径。需要避免当实际分辨率小于有效放大率时，不能看清物镜已经分辨出的某些细节；或当实际分辨率大于有效放大率时，无法获得更好的成像效果[1]。

3. 望远光学系统

望远镜是观察远处物体的目视光学仪器。由于远处物体对人眼的张角小于人眼分辨

率，通过望远镜观察物体时，可以使所成的像对眼睛的张角大于物体本身对眼睛的直观张角，也就是满足目视光学系统的第一个扩大视角的要求。另外，为了满足第二个出射平行光的要求，望远镜还需使无限远物体成像在无限远处，平行光射入望远系统后，仍以平行光出射，所以望远镜是一个无焦系统。

1) 望远镜的一般特性

几何光学意义上的望远镜光路是指入射光和出射光均为平行光的光学系统，如图 2-50(a)所示，它主要用于目视观测，许多天文科普望远镜属于望远镜系统；大型科研用天文望远镜不用目视观测，主要用仪器观测，如用 CCD 光谱仪、光度计等来记录观测信息，实际上只是一种对无穷远目标观测的成像光路，如图 2-50(b)所示。两者的共同指标是通光口径和有效视场：通光口径越大，则分辨率越高、光能量越强，有效视场越大，则观测的天空区域越大。两者的不同在于：前者强调"视觉放大率"，这与其内部两镜组的焦距之比有关；后者强调"底片比例尺"，这与焦距有关。

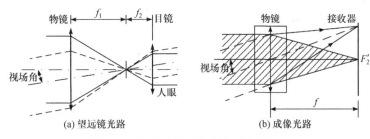

图 2-50　望远镜光路和成像光路的不同

望远镜的光学系统大体上分为折射系统、反射系统和折反射系统三类[1]。

2) 折射系统

小型目视科普望远镜多用折射系统，大体上分伽利略望远镜和开普勒望远镜两类，两者特征如表 2-7 所示。伽利略望远镜和开普勒望远镜具有透镜为单透镜、口径较小、镜筒较长、结构架设简单、无转动轴系等特点。

表 2-7　伽利略望远镜和开普勒望远镜特征

望远镜光路	特征		
伽利略望远镜	目镜为凹透镜，在物镜焦点前，正像	无实焦面	出瞳在内，部分光不能进入眼瞳
开普勒望远镜	目镜为凸透镜，在物镜焦点后，倒像	有实焦面可放置分划板	出瞳在外，可与眼瞳匹配

3) 常用反射系统

(1) 主焦点系统。主焦点系统多采用抛物面面形，相对口径为 1/5～1/2.5，视场角为 2°，若加像场改正镜，视场可增大到 0.5°～1°。如图 2-51 所示，主焦点系统只能消除轴上球差，因而视场很小，适用于 CCD 照相等强光力、小比例尺工作，另外存在接收器挡光的问题。

(2) 牛顿望远镜。如图 2-52 所示，牛顿望远镜的光学性能同主焦点系统，但其采用一块 45°反射镜将焦点置于镜筒之外，便于放置接收器。

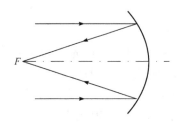

图 2-51　主焦点系统

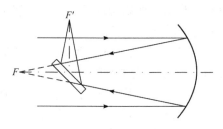

图 2-52　牛顿望远镜

(3) 卡塞格林望远镜。卡塞格林系统是最常用的天文望远镜光学系统之一，其特点是焦距较长，底片比例尺较大。另外，可以放置较大的接收器，而且不挡光。广义的卡塞格林系统有三种设计，其系统及其性能见图 2-53 和表 2-8。

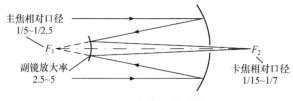

图 2-53　卡塞格林系统

表 2-8　卡塞格林系统性能

名称	主镜	副镜	性能
经典系统	抛物面	双曲面	消球差
R-C 系统	近似双曲面	近似双曲面	消球差、彗差
主镜球面系统	球面	近似扁球面	消球差、彗差

4) 望远系统的放大率

以开普勒望远镜为例介绍望远镜的一般特性，图 2-54 是开普勒望远系统光路图。为了便于理解，图中的物镜和目镜均用单透镜表示(在实际的开普勒望远系统中可能是透镜组)。开普勒望远系统的孔径光阑与入射光瞳和物镜框相等。出射光瞳位于目镜像方焦距之外，观察者就在此处观察物体的成像情况。一般目镜的焦距不得小于 6mm，使系统保持一定的出瞳距，以免眼睛碰到目镜表面。系统的视场光阑设在物镜的像平面处[1]。

望远镜一般可理想认为物体在无限远处，所以目标对人眼的张角和望远镜的物方视场角是相等的。从图 2-54 可以看到，通过望远系统之后，物体的像与人眼的张角就是系统的像方视场角 ω'，所以望远系统的视放大率为

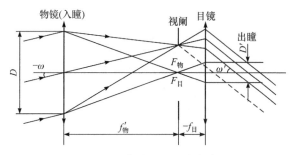

图 2-54　开普勒望远系统光路图

$$\Gamma = \frac{\tan \omega'}{\tan \omega} = -\frac{f'_{物}}{f'_{目}} = -\frac{D}{D'} \tag{2-152}$$

式中，$f'_{物}$ 和 $f'_{目}$ 分别是物镜和目镜的焦距；D 和 D' 分别是入瞳直径和出瞳直径。可见系统的视放大率仅仅取决于望远镜系统的结构参数，其值等于物镜和目镜的焦距之比，也等于入瞳直径与出瞳直径之比。

若望远镜极限分辨角 Φ 的单位为 s，入瞳直径 D 的单位为 mm，根据圆孔衍射规律，望远镜的极限分辨角为

$$\Phi = 1.22 \frac{\lambda}{D} \tag{2-153}$$

对波长为 550nm 的光线而言：

$$\Phi = \frac{671}{D} \tag{2-154}$$

望远镜一般由物镜和目镜组合而成，因此望远镜成像系统的光学参数与目镜和物镜的选取有很大关系。望远镜的物方视场角 2ω 是由物镜的视场角决定的，像方视场角 $2\omega'$ 是由目镜的视场角决定的。因此一般在设计望远镜光学系统时，需要预先根据所需的望远镜参数确定对物镜和目镜的要求[1]。

(1) 望远镜物镜。物镜的光学特性主要有三个：焦距 f'、相对孔径 D / f' 和视场角 2ω。一般物镜的焦距和相对孔径相对较大，这是为保证分辨率和主观亮度所必需的；此外，为了便于矫正望远镜的像质，一般望远镜物镜的视场角较小，仅需要矫正球差、色差和正弦差等轴上点相差。例如，大地测量仪器中的望远镜，视场角仅有 1°～2°；天文望远镜的视场角是分量级的；低倍的观察用望远镜，视场角在 10° 以下。望远镜物镜可认为是一个长焦距、小视场角、中等相对孔径系统[1]。

(2) 望远镜目镜。望远镜目镜的功能与放大镜类似，通过把物镜所成的像放大后成像在无穷远处(人眼远点)，便于观察。因此为了保证放大效果，一般要求物镜的像平面与目镜的物方焦平面重合。望远镜目镜的光学参数主要有像方视场角 $2\omega'$、相对出瞳距离 $l'x / f'_{目}$ 和工作距离 s[1]。

参 考 文 献

[1] 郁道银, 谈恒英. 工程光学[M]. 4 版. 北京: 机械工业出版社, 2016.

[2] 石顺祥, 王学恩, 马琳. 物理光学与应用光学[M]. 西安: 西安电子科技大学出版社, 2010.

[3] 刘力. 傅里叶变换透镜的设计[D]. 重庆: 重庆大学, 2003.

[4] 叶玉堂. 光学教程[M]. 北京: 清华大学出版社, 2005.

第 3 章

光电探测系统

长期以来，人们都是用自己的眼睛作为探测器来观察世界、探测图像、测量物体，其起到非常重要的作用。但是，随着科技的高速发展，人们在扩展光谱范围、视见灵敏度和时空限制方面，必须借助于各种光电探测系统，才能发现目标和拍摄图像。光电探测器的主要作用是将各种波段的光子转换成电子或电荷，经过放大、处理和分析，变成人们所需要的图像和数据。

3.1 光电探测系统的一般结构

光电探测系统一般由若干个子系统构成，每个子系统完成不同的功能。光电探测系统的功能框图如图 3-1 所示，光电探测系统被分为四个子系统：光学系统、扫描器、探测器和制冷器、图像处理和分析。光学系统用以接收景物及背景的光辐射。扫描器可以控制探测器的瞬时视场(instantaneous field of view，IFOV)在成像系统的视场(field of view，FOV)中移动，从而将总视场按照确定的顺序进行分解，并产生与局部景物辐射强度成比例的输出。从安装位置上，扫描器可以在光学系统内部，也可以在光学系统外部。

图 3-1 光电探测系统的功能框图

探测器是光电探测系统的核心，因为它将物体发出的辐射转换为可测量的电信号，将从光学系统传输到设备光敏表面的二维图像转换为一维时序电信号，对信号进行放大和处理，产生二维电气图像，电气图像的物理特性由所用的光电系统决定。电气图像的物理量在二维的分布与光学图像中的光强分布相对应。构成图像的最小单位称为像素。像素单位的大小，即图像中包含的像素数，决定了图像的清晰度。在红外成像系统中，需要制冷器使探测器在低温环境中工作[1]。

1. 光学系统

光学系统的具体设计取决于性能要求和使用空间，可以借助专门的软件辅助完成。在光电探测系统整体设计中，为了分析的便利，把光学系统看成是具有等效焦距、等效光瞳的单个元件，通光孔径限制了到达探测器上的景物的辐射量[1]。

光学系统与图像质量有关。在选择光学系统时，有三个主要因素需要考虑：相对孔径、焦距和视场。

1) 相对孔径

相对孔径定义为物镜直径 D 与焦距 f 之比，其倒数 f/D 称为光学系统的 F 数。相对孔径的大小决定光学系统的集光能力或像平面照度，即相对孔径越大，像平面照度越高。

2) 焦距

一般情况下，焦距的长短决定了光学系统垂轴放大率的大小，即焦距越长，垂轴放大率越大。因而像高与焦距成正比，与物距成反比。因此，若需要看清景物细节，焦距 f 应尽量大些，特别对于远距离成像，f 值往往取得很大。

3) 视场

视场代表光学系统能够观察到的最大范围，通常以视场角表示。视场角越大，观测范围越大。

2. 扫描器

光束扫描由使光束定向的装置——扫描器实现，实现光路在空间上的选通功能[1]。扫描器的功能是按顺序并且完全地分解图像。也就是说，扫描器以与监视器的要求相一致的方法使探测器的瞬时视场在系统视场中移动。对一个扫描系统来说，它在有效扫描时间内探测器的输出值可产生图像，而在无效时间内扫描探测器的输出图像是无效的。无效时间指为扫描器提供必要的时间，使之回到适当位置，以进行下一帧或行扫描。扫描的主要方式有光机扫描、固体自扫描和利用仪器平台运动扫描三种[1]。

3. 探测器和制冷器

探测器将光学图像转换为电子图像，一般必须具备光电转换、电荷存储和扫描读取三个功能，方能将其输入面上的光学图像转换为时序视频信号，以供进一步处理和末端显示。不同类型的成像探测器实现的方式并不相同。

按照是否需要制冷，一般把探测器分为制冷和非制冷两类。

制冷探测器通常工作在长波红外波段，必须在 100K 以下的环境温度下工作，典型温度为 77K，只有用机械装置或液氮才能达到这个温度。有许多中波红外波段探测器可以工作在 200K，用热电制冷器就可以达到这个温度，并且可以长时间使用，而机械制冷装置使用时间较长后性能会降低。热探测器可以在室温下工作，因此也称为非制冷探测器，但热探测器仍需制冷装置来稳定探测器的温度，通常使用热电制冷器[1]。

4. 图像处理和分析

数字化以后的图像信号可以进行更为复杂的处理以达到某种特定的目的，主要有图像预处理、特征提取及图像分析、图像重建等。

图像预处理包括常用的滤波、增强、去噪等，目标是改进图像的质量；特征提取是从图像中提取符号化特征，而图像分析是从图像中提取关注信息；图像重建属于图像处理，利用各种算法实现高分辨率图像的重建，或实现二维或三维图像构造，突出目标成像的效果[1]。

3.2　光　学　器　件

3.2.1　常规光电仪器光学器件

1. 成像与导光元件

1) 反射镜

在光学玻璃的背面镀一层金属银(或铝)薄膜，使入射光反射的光学元件称为反射镜。反射镜可将 90%以上的光能量反射回去，使用时应减少能量吸收并防止产生色差。根据反射面形状的不同，分为平面镜、球面镜、抛物面镜。

2) 透镜

透镜根据其形状的不同具有会聚光线或分散光线的功能。透镜是依据两个光学表面的曲度来分类，双凸透镜(或是凸透镜)的两面都是凸起的，还有双凹面镜(凹面镜)、平凸透镜、平凹透镜和凸凹透镜等[1]。

3) 光纤

光纤具有利用全反射规律引导光线沿弯曲路径传播的功能。光纤可以运用于各种领域，如激光通信、远距离光信号传输等。光纤的截面构造图如图 3-2 所示，实际的光纤在包层之外还有保护层。

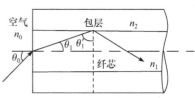

图 3-2　光纤的截面构造图

图 3-2 中，为了保证光在纤芯和包层的界面上发生全反射，透过率需要满足 $\sin\theta_1' \geqslant n_2/n_1$。在纤芯内有 $\sin\theta_1' = \cos\theta_1$，因为 $\cos^2\theta_1 = 1 - \sin^2\theta_1$，故在光纤内部发生全反射的条件可写成

$$1 - \sin^2\theta_1 \geqslant (n_2/n_1) \text{ 或} n_1\sin\theta_1 \leqslant (n_1^2 - n_2^2)^{1/2} \tag{3-1}$$

考虑到入射角 θ_0 和 θ_1 的关系服从 Snell 定律，即 $n_1\sin\theta_1 = n_0\sin\theta_0$，于是，公式(3-1)改写为

$$n_0\sin\theta_0 \leqslant (n_1^2 - n_2^2)^{1/2} \tag{3-2}$$

根据公式(3-2)求出最大入射角 θ_c。若入射角 θ_0 大于 θ_c，则会在界面发生部分反射，不满足全反射条件的光线穿出光纤。因此根据最大入射角 θ_c 定义光纤可接收的光锥尺寸为数值孔径，符号为 NA，有

$$NA = n_0\sin\theta_c = (n_1^2 - n_2^2)^{1/2} \tag{3-3}$$

光纤是一种封闭的光路器件，它可制成光束分束器、光束分路器和光束合路器，其本身的柔软性使得光线可以通过曲线途径传播。因此，光纤能够在很长距离上对光进行传播，可以把比较精密的元件(如检测器、单色仪、信号处理电路)放在远离危险环境的地方[1]。

2. 滤光与分光器件

1) 滤光片

滤光片根据其过滤特性分为长波通、短波通、带通和带阻。长波通滤波器和短波通滤波器统称为截止滤波器,其性能是以最大透过率和截止波长评估。带通滤波器和带阻滤波器的性能是由最大透过率、中心波长和带宽评价。

各个指标定义如下:

(1) 截止波长对应于半最大透过率的波长。

(2) 中心波长对应于最大透过率的波长。

(3) 带宽对应于半最大透过率的两个波长之间的差值。

2) 棱镜

棱镜是由透光材料制成的具有分光功能的多面透镜。以等边三棱镜为例,如果平行的入射光由 λ_1、λ_2、λ_3 三色光组成,且 $\lambda_1 < \lambda_2 < \lambda_3$,通过棱镜后,由于波长不同,所以偏向角不同,因此一束白光就被分成多束单色光,如图 3-3 所示,$\delta_1 < \delta_2 < \delta_3$,这就是棱镜的分光(色散)作用[2]。

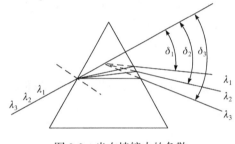

图 3-3 光在棱镜中的色散

3) 光栅

光栅通常被定义为一种使入射光的振幅或相位受到周期性空间调制的光学元件。只能使光受到振幅或相位调制的光栅,分别称为振幅光栅或相位光栅。根据光的方向,光栅可分为透射光栅和反射光栅;根据调制原理有衍射光栅、声光效应晶体折射率光栅等[2]。

4) 分光器

分光器是一种无源器件,它们不需要外部能量,只要有输入光即可。分光器由出射狭缝、反射镜和色散元件组成。分光器的关键部件是色散元件,商品仪器大都使用光栅。

分光器有两种类型:一种是用于空域的可以分离光路的分光器,如 1×2、1×3 等;另一种是用于频域的可以分离波长的分光器,如在原子吸收光谱仪中利用分光器分辨 279.5nm 和 279.8nm 波长的光束[2]。

3.2.2 单色仪、多色仪和干涉仪

1. 单色仪

单色仪具有从复合光中获取单色光的功能,通常包括滤光片单色仪、棱镜单色仪、光栅单色仪、全息光栅单色仪和其他组件单色仪。棱镜单色仪和光栅单色仪较为常用[1]。

1) 棱镜单色仪

棱镜单色仪示意图如图 3-4 所示。

2) 光栅单色仪

在单色仪中,反射光栅也可以作为色散元件使用。反射光栅由一系列平行的、等距的狭缝组成,这些狭缝被蚀刻在一个磨平的金属表面。光栅收到的辐射被每个狭缝反射,反

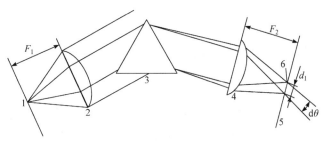

图 3-4 棱镜单色仪示意图

1-入射狭缝；2-准直透镜；3-色散元件；4-聚焦透镜；5-焦面；6-出射狭缝

射光线之间的干涉导致色散。

如图 3-5(a)所示，辐射与光栅法线的夹角为入射角 α，衍射角 β，d 为刻槽间距，则干涉的极大值为

$$m\lambda = d(\sin\alpha + \sin\beta) \tag{3-4}$$

式中，m 为衍射级数，$m = 0,1,2,\cdots$。

定义 φ 为入射光线与衍射光线夹角的一半，即 $\varphi = (\alpha - \beta)/2$；$\theta$ 为相对零级光谱位置的光栅角，即 $\theta = (\alpha + \beta)/2$，得到更简单的光栅方程：

$$m\lambda = 2d\cos\varphi\sin\theta \tag{3-5}$$

有几组波长 λ 与级次 m 可满足公式(3-5)，如 600nm 的一级辐射、300nm 的二级辐射和 200nm 的三级辐射均有相同的衍射角 β。

简易光栅单色仪结构如图 3-5(b)所示。一束白光进入单色仪的入射狭缝，先通过光学准直镜准直，再通过衍射光栅色散，白光被色散为多组单色光。利用衍射角不同的特性，聚焦反射镜使得单色光出射狭缝，可精确地控制出射波长[1]。

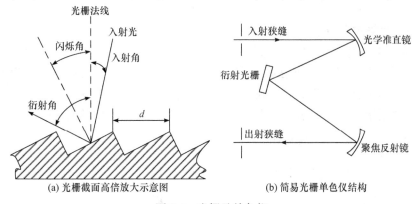

(a) 光栅截面高倍放大示意图   (b) 简易光栅单色仪结构

图 3-5 光栅及单色仪

2. 多色仪

多色仪在单色仪的基础上改用多组出射狭缝，所以各个波长带可以被分开。常见的多色仪有罗兰圆多色仪、阶梯光栅多色仪等[1]。

3. 干涉仪

干涉仪种类较多，其中典型的有迈克耳孙干涉仪、马赫–曾德尔干涉仪、法布里–珀罗干涉仪等。

1) 迈克耳孙干涉仪

迈克耳孙干涉仪的原理图如图 3-6 所示。光源 S 发出的光束射到分光板 G_1 上，被分成等光强且垂直的两束光①、②。①、②分别射向两个平面反射镜 M_1 和 M_2，经反射后又射入 G_1，并投射到光屏 E 处。由于存在光程差 Δl，因此光屏 E 发生干涉。补偿板 G_2 的存在主要是为了补偿 G_1 导致的光程差，保证光线①、②的光程差不受 G_1 影响[1]。

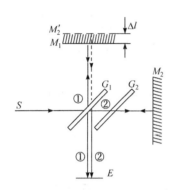

图 3-6　迈克耳孙干涉仪的原理图

①、②相干光的相位差为

$$\Delta \varphi = 2\Delta l k_0 \tag{3-6}$$

式中，k_0 是空气中的光传播常数；$2\Delta l$ 是光程差。由公式(3-6)和图 3-6 可知，平面反射镜 M_1 位移 $\Delta l = \lambda / 2$ 长度，干涉条纹就会发生明-暗-明的一次周期交替。

用迈克耳孙干涉仪可以观察各种类型的条纹，干涉分类如表 3-1 所示。

表 3-1　干涉分类

种类		光源	条纹位置	观察方式
非定域干涉		点光源	任意处	屏
定域干涉	等倾干涉	扩展光源	无穷远	凸透镜+屏(焦平面处)或眼睛
	等厚干涉		膜附近	屏

2) 马赫–曾德尔干涉仪

马赫–曾德尔干涉仪的原理图如图 3-7 所示。从激光器分出的两束光由可移动反射镜的位移导致产生相位差，并在探测器上产生干涉条纹。因为几乎没有光返回到激光器，所以激光器不稳定噪声的影响较小，而且由于两束光之间距离较远，光与光之间的影响较小，适用于空气动力学中关于气流折射率或密度分布变化的研究[1]。

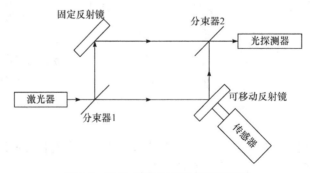

图 3-7　马赫–曾德尔干涉仪的原理图

3) 法布里-珀罗干涉仪

法布里-珀罗干涉仪的原理图如图 3-8 所示，G_1 和 G_2 两块小角度间距固定的楔形镜构成了一组标准具。入射光在 G_1 和 G_2 上通过透射和反射后产生一组相干光束，然后通过透镜 L_2 聚焦后，在焦面上形成等倾圆环状干涉条纹。干涉强度分布公式为

$$I = I_0 \left/ \left[1 + \frac{4R}{(1-R)^2} \cdot \sin^2 \left(\frac{\varphi}{2} \right) \right] \right. \tag{3-7}$$

式中，R 是反射镜的反射率；φ 是相邻光束间的相位差。

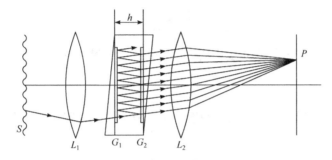

图 3-8　法布里-珀罗干涉仪的原理图

当 $\varphi = 2n\pi$ 时，$I_{\max} = I_0$；当 $\varphi = (2n+1)\pi$ 时，$I_{\min} = \left(\frac{1-R}{1+R} \right)^2 I_0$。干涉光中 $\frac{I_{\min}}{I_{\max}} = \left(\frac{1-R}{1+R} \right)^2$。当反射率 R 提高时，光强的起伏越大，分辨率越高。由于法布里-珀罗干涉仪有极高的光谱分辨率，常用于光谱的精细结构和超精细结构研究[1]。

3.3　光电探测器

3.3.1　光电探测器的特性

1. 灵敏度

光照射在光电器件上，就会发生能量转换，从而产生输出。定量描述探测器输入、输出关系的曲线称为探测器的光照特性图或光照特性曲线。

灵敏度是光照特性曲线的微分，对应光照特性曲线线性段的斜率，反映了一定条件下探测器的转换效率。如果探测器是电流输出型的，则灵敏度的单位可以是 A/lm 或 A/lx，称为流明灵敏度或勒克斯灵敏度。测量紫外线或放射性物质时，常用辐射通量灵敏度，单位为 A/W[1-3]。

1) 光谱灵敏度与峰值波长

光谱灵敏度定义为探测器对不同波长光的反应程度，可由探测器对单色光的出射与入射的辐射通量之比算出，即

$$S(\lambda) = \frac{U(\lambda)}{\Phi(\lambda)} \tag{3-8}$$

式中，$\Phi(\lambda)$ 为入射的单色辐射通量；$U(\lambda)$ 为单色光的出射辐射通量。

$S(\lambda)$ 会随波长 λ 的变化而变化，而且在峰值波长 λ_{m} 时，灵敏度为最大值 $S(\lambda_{\mathrm{m}})$[1-2]。

2) 相对光谱灵敏度

为了获得无量纲评价标准，将光谱灵敏度 $S(\lambda)$ 与最大光谱灵敏度 $S(\lambda_{\mathrm{m}})$ 之比称为相对光谱灵敏度或光谱特性 $S_r(\lambda)$，即

$$S_r(\lambda) = \frac{S(\lambda)}{S(\lambda_{\mathrm{m}})} \tag{3-9}$$

不同敏感材料的光谱特性曲线不同，可以依据光谱特性曲线选择针对特定波长光源的光敏感器件[1]。

3) 积分灵敏度

光电器件对连续辐射通量的反应程度称为积分灵敏度，定义为输出电压 U 与入射的辐射通量 Φ 之比，即

$$S = U / \Phi \tag{3-10}$$

当输出为光电流时，积分灵敏度就是辐射灵敏度。光电设备说明书中给出的积分灵敏度是基于不同型号的光电设备中使用的标准辐射源的辐射[1-3]。

4) 量子效率

量子效率是在某一特定波长上，每秒钟内产生的光电子数与入射光量子数之比。量子效率是一个微观参数，越高越好，实际上 $\eta \leqslant 1$。

量子效率与响应率存在如下关系：

$$\eta(\lambda) = \frac{I / q}{P / (h\nu)} = \frac{S(\lambda)}{q} h\nu \tag{3-11}$$

式中，I / q 为每秒产生的光子数；$P / (h\nu)$ 为每秒入射的光子数[1-3]。

2. 噪声特性

1) 各种噪声来源

光电成像的主要噪声来源有光电转换过程的量子噪声(光电发射的散粒噪声、光电导的产生-复合噪声、热电效应的温度噪声)、热噪声、电流噪声、介质损耗噪声、电荷耦合器件的转移噪声等。下面分别讨论[1,3]。

(1) 散粒噪声。具有泊松分布律的量子涨落噪声，统称为散粒噪声。在各类光电成像器件中属于散粒噪声的因素有光电发射的量子噪声、扫描电子束的热发射量子噪声、载流子穿越势垒的量子噪声等。

理论分析表明，当平均电流为 $\overline{I}$ 时，在通频带宽 Δf 内所产生的电流涨落方差为 $2e\overline{I}\Delta f$。电流涨落的标准差(均方差)即为有效带宽内的散粒噪声电流值为

$$\Delta I_{\Delta f} = \sqrt{2e\overline{I}\Delta f} \tag{3-12}$$

公式(3-12)就是散粒噪声等效电流的通用表达式,它适用于光电发射、热发射和载流子穿越 PN 结势垒等过程。

由于具有泊松分布律的散粒噪声属于平稳随机过程,并符合各态历经性,所以可知这种散粒噪声电流是白噪声[1]。

(2) 产生-复合噪声。光敏面接受入射光子的能量产生载流子的过程是一个随机过程,即在稳定入射的激发条件下,每瞬间产生的载流子数并不一致,只是在很长时间内累计的平均值是确定的。同时载流子的复合过程及被停获的过程也是随机过程。由于载流子的产生及复合都具有随机性,所引起的数量涨落,就形成了噪声,称为产生-复合噪声。其功率谱一般与频率有关,不再是白噪声[1]。

(3) 温度噪声。在热电效应的器件中,因温度的随机涨落而形成的噪声称为温度噪声。任何物体的受热和散热过程,都伴随有温度的随机涨落,这是由于热交换具有量子性,即在稳定条件下,每瞬间交换的辐射量子数并不是一个确定值,而是围绕一个确定的平均值有微小变化的随机变量。因此,在瞬间考查物体的温度值是在平均温度附近上下波动的变化量,这种温度的涨落称为温度噪声。对于以热电转换为机理的光电成像器件,温度噪声会成为限制其灵敏阈的主要噪声。在低频域温度噪声具有白色谱[1]。

(4) 热噪声。光电导与电阻性元件都产生热噪声,它是导电体内电子无规则热运动所形成的瞬间电流。热噪声又称为约翰逊(Johnson)噪声[1]。

在任何导电体中,由于电子不停地热振荡并发生碰撞,其每次行程都产生电荷位移。由此所构成的瞬时微电流,其方向是随机的。虽然瞬时微电流的总和在长时间内的平均值必然为零,但在每一瞬间却是一个随机涨落的电流值,这一涨落的电流可转换为一个随机涨落的电压。由于该噪声电压起源于电子热运动,而电子热运动的速率又与绝对温度成正比,所以把这一噪声定义为热噪声。热噪声的等效电压值 $\Delta V_{\Delta f}$ 和等效电流值 $\Delta I_{\Delta f}$ 分别为[4]

$$\Delta V_{\Delta f} = \sqrt{4kTR\Delta f} \tag{3-13}$$

$$\Delta I_{\Delta f} = \sqrt{4kT\Delta f} \tag{3-14}$$

(5) 电流噪声(1/f 噪声)。通过实测表明,半导体器件在有电流时会产生电流噪声,这种噪声的产生机理尚未完全弄清楚,因此它的名称仍未统一。例如,实验证明,在光子探测器和半导体管中,电流噪声的等效电压值与偏流值有明显的依赖关系。这表明电流噪声是材料的电导率起伏引起的,这种起伏使偏流受到调制,因此称为闪烁噪声。又如在点接触的 PN 结上,电流噪声与接触势垒或表面状态有关,因此又称为接触噪声。虽然在各种情况下,电流噪声的起因具有不同的解释,但是都服从一个共同的规律,即电流噪声的等效电流值近似地与频率倒数成正比。因此根据这一特点,通常把这种噪声称为 1/f 噪声。由此可知,电流噪声是低频域内需要考虑的噪声[1]。

(6) 介质损耗噪声。热释电体属于电介质材料,其工作机理不同于光电导体,它是通过电偶极子的极化过程来产生信号电荷。由于电偶极子的极化过程有弛豫现象,使流过的交流电消耗能量,因而在热电体中产生噪声。这是所有电介质材料中都存在的物理现象,故称为介质损耗噪声,它是热释电体的一项主要噪声[1]。

(7) 电荷耦合器件的转移噪声。电荷耦合器件是以电荷包转移来形成自扫描信号输出的。在电荷包转移过程中会产生转移损失和界面态俘获损失，这两项损失就构成了电荷耦合器件的转移噪声。电荷耦合器件的转移噪声具有积累性和相关性[1]。

2) 信噪比

根据前面几项噪声的分析，可知噪声的取值与信号相关，即随着信号的增大而上升。因此为定量评价这一特性，采用信号与噪声的比值来描述，简称为信噪比。

在工程应用上，光电成像器件的信噪比通过实测来确定。

直视型光电成像器件的全部噪声最终反映在输出像点的闪烁上，信号表现为输出像点的平均亮度值。因此，通过测定输出像点的平均亮度与闪烁值，即可获得其信噪比。为了使测试结果统一，通常采用国际上规定的测试条件。取像点的直径为 0.2mm，输入照度为 1.24×10^{-5}lx，测试系统(包括被测器件)的等效通频带宽为 10Hz。如果所用的像点面积为 A，输入照度为 E，系统通频带宽为 Δf 时，其信噪比 S/N 的值为

$$\frac{S}{N} = \frac{S - S_0}{\sqrt{N^2 - N_0^2}} \sqrt{\frac{1.24 \times 10^{-5}}{E} \frac{\pi \times 10^{-8}}{A} \frac{\Delta f}{10}} \tag{3-15}$$

式中，S 和 S_0 分别是有输入照度 E(lx)和无输入照度时的输出像点平均亮度信号值；N 和 N_0 分别是相应的输出像点闪烁的均方根值。

非直视型光电成像器件的输出信噪比通常以前置放大器输出端的视频信号与噪声之比来表示。这是因为前置放大器已具有较大的功率增益，所以可略去后继的各级放大器噪声，这一输出信噪比称为视频信噪比。但是视频信噪比并未与人眼的视觉性能联系起来。电视摄像的最终目的是为人眼提供可观察的图像，因此为判定电视摄像的实际性能，必须考虑人眼接收的效能，为此又定义了显示信噪比。电视摄像的显示信噪比是取人眼的时间常数作为有效积分时间的信噪比值。由于人眼视觉的有效积分时间约为 0.02s，刚好等于电视的场频周期，这一时间远大于扫描像元的时间，因此显示信噪比远大于视频信噪比[1,4]。

3) 噪声等效功率与探测率

噪声等效功率表示红外探测器的最小可探测功率值，它的定义是当红外辐射被探测器接收时，由这一辐射功率所产生的电输出信号的均方根值正好等于探测器本身的噪声均方根值，则这一辐射功率均方根值就称为噪声等效功率，通常简称为 NEP。

由于探测器本身的噪声与调制频率和带宽有关，同时入射辐射也具有不同的谱分布，为了使 NEP 的取值统一条件，则规定：噪声等效功率应注明辐射黑体的温度 T，辐射的调制频率 f，测试带宽 Δf。噪声等效功率为

$$P_{\text{NEP}}(T, f, \Delta f) = \frac{EA}{V_S / V_N} \tag{3-16}$$

式中，E 是探测器接收的辐照度；A 是探测器的有效工作面积；V_S 和 V_N 分别是探测器的信号与噪声的均方根值。

在工程应用上，人们又规定了探测率的指标。这是因为噪声等效功率用来表示探测器性能，但是其值越大，性能越差，这与通常人们习惯的表示方式相反，所以取噪声等

效功率的倒数来表示探测性能，从而定义了探测率。探测率 D 的表达式为

$$D = \frac{1}{P_{NEP}} = \frac{V_S}{V_N E A} \tag{3-17}$$

在工程应用上又考虑到探测器的信噪比与其有效面积 A 的平方根成正比，与有效带宽 Δf 的平方根成反比。为便于定量比较不同工作状态下探测器的性能，又规定了比探测率(有时也直接称为探测率) D^*。它定义为

$$D^* = D(A \cdot \Delta f)^{1/2} = \frac{V_S}{V_N E} \sqrt{\frac{\Delta f}{A}} \tag{3-18}$$

以黑体为辐射源测得的 D^* 称为黑体探测率，表示为 $D^*(T, f, 1)$，其中 T 是黑体的绝对温度，通常取 500K；数字 1 表示单位带宽。

以单色辐射源测得的 D^* 称为单色探测率，表示为 $D^*(\lambda, f, 1)$，其中 λ 是单色辐射波长。在响应峰值波长 λ_p 测得的 $D^*_{\lambda P}(f)$ 称为峰值波长探测率。

对于直视型光电成像器件，则采用等效背景输入照度来表示探测率[1,4]。

3. 跟踪入射信号的能力

探测器跟踪入射信号的能力可以从两方面来描述：一是上升(下降)时间；二是光电器件的频率特性。

1) 上升(下降)时间

当入射的辐射通量非常小时，光电设备具有很强的线性特征，入射辐射通量和输出电压之间的关系可以描述为

$$\tau \frac{dU}{dt} + U(t) = S_0 \Phi(t) \tag{3-19}$$

对于阶跃函数型入射辐射通量，微分方程的解为(假定 $t = 0$ 时，$U(t) = 0$)

$$U(t) = S_0 \left(1 - e^{-\frac{t}{\tau}}\right) \tag{3-20}$$

光电器件的转换特性如图 3-9 所示。

光电器件输出端电压达到最大值的 0.63 倍对应的时间称为光电器件的响应时间 τ，类似地可定义下降时间[1]。

2) 光电器件的频率特性

光电器件的频率特性为相对光谱灵敏度与入射辐射的调制频率之间的关系。在一定幅度的正弦调制光照射下，由于光电器件的跟踪能力有限，因此当频率增高时，灵敏度就会逐渐降低。多数光电器件的频率特性可以表示为

$$S_r(f) = \frac{S_{r0}}{\sqrt{1 + 4\pi^2 f^2 \tau^2}} \tag{3-21}$$

式中，S_{r0} 为调制频率 $f = 0$ 时的灵敏度；f 为调制频率；τ 为响应时间。

当 $f \ll 1/(2\pi\tau)$ 时，响应率和频率无关；当 $f \gg 1/(2\pi\tau)$ 时，响应率和频率成反比，如图 3-10 所示。

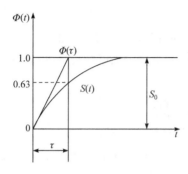

图 3-9　光电器件的转换特性

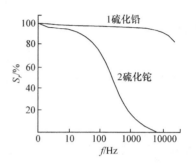

图 3-10　光电器件的频率特性

设计探测系统时，必须使探测器的响应率在整个带宽上不受频率影响。由于光子探测器的时间常数范围大于热探测器，所以光子探测器的频率响应平坦的范围大于热探测器[1,4]。

4. 伏安特性

伏安特性是入射光频谱成分一定时，光电器件的电压与电流之间的关系。伏安特性与光电探测器的驱动能力有关，它是传感器设计时选择电参数的依据[1]。

5. 温度特性

温度特性是光电器件的灵敏度、暗电流或光电流等特性与温度之间的关系，一般用特性随温度变化曲线表示。温度系数是表示温度变化 1℃时特性的平均增量，此外温度还对光谱特性有较大的影响。光电探测器在工作温度下能够达到最佳性能，在高精度检测时，需要尽量设计好温度控制系统保证在工作温度下工作[1]。

3.3.2　光电探测器的分类

光电探测器可以按照不同的标准进行分类。按图像传感器的光谱响应波段分类，可分为 X 射线、紫外光、可见光、红外光、微波、超声波探测器等；按光电子成像系统的工作模式分类，可分为直视成像系统和电视摄录成像系统；按成像系统结构类型分类，可分为扫描型与非扫描型，图 3-11 为光电探测器的分类。

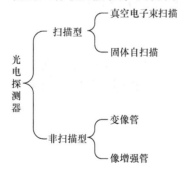

图 3-11　光电探测器的分类

扫描型光电探测器又称为摄像器件。物体通过光电转换，在设备的感光表面形成二维信号，然后通过真空电子束扫描或固体自扫描转换成一维的时序信号，也称为视频信号。经过一个前面过程的逆过程，可将视频图像信号在监视器中显示(重构)出来，这就是电视技术的主要环节[1,4]。

在非扫描型光电成像器件中，变像管和像增强管的结构类似，变像管的光敏材料对红外光或紫外光敏感，像增强管则对微弱的可见光敏感。

3.3.3　典型光电探测器

1. 光子探测器

按照光谱划分，光电探测器可分为红外光探测器、可见光探测器、紫外光探测器等。

根据能量转换方式，光电探测器可分为光子探测器和热探测器。光子探测器的响应与吸收的光子数量成正比，波长选择性好，响应时间快。热探测器的响应与吸收的能量成正比，波长选择性差，响应时间慢。

光子探测器分为外光电效应器件和内光电效应器件两种。

1) 外光电效应器件

光照物体表面后，电子逸出物体表面的现象称为外光电效应。

要使一个电子从物体表面逸出，必须使照射光子能量 ε 大于该物体的表面逸出功 A。由于各种不同的材料具有不同的表面逸出功 A，因此对应不同的频率限 ν_0，称其为"红限"。仅当入射频率高于 ν_0 时会激发电子，且响应时间不超过 10^{-9}s，而光强仅与被激发电子的数目有关[1]。红限波长为

$$\lambda_0 = hc / A \tag{3-22}$$

式中，h 为普朗克常数；c 为真空中的光速。

光电管和光电倍增管都是基于外光电效应工作的。

(1) 光电管。光电管结构与符号如图 3-12 所示，其结构是一个装有光电阴极和光电阳极的真空玻璃管。如果在玻璃管内充入惰性气体(如氩气、氖气等)，即构成充气光电管，可增强光电变换的灵敏度。光电管广泛应用于光功率测量、光信号记录、电影、电视和自动控制等诸多方面。此外，光电管多用于紫外-可见分光光度计[1]。

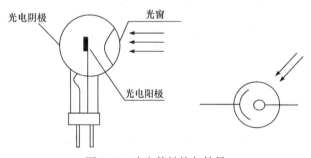

图 3-12　光电管结构与符号

(2) 光电倍增管。光电倍增管(PMT)结构图如图 3-13(a)所示。在玻璃管内装有光电阴极、光电阳极和多个倍增管，倍增管具有在受到电子轰击时发射出更多电子的功能。然后通过电压加速电子使得电子能够轰击光电倍增管。一个光子在阴极上的平均电子数为阴极灵敏度，在阳极上产生的平均电子数为总灵敏度[1]。

设共 n 级光电倍增管的倍增率为 δ，则光电倍增率为 $n\delta$，光电倍增管的转换效率在众多的光电探测器件中居于首位，灵敏度比一般的光电管高 200 倍[1]。

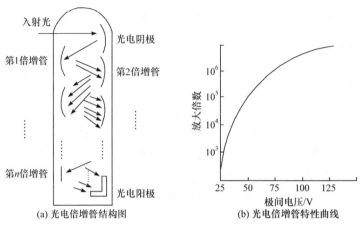

(a) 光电倍增管结构图   (b) 光电倍增管特性曲线

图 3-13 光电倍增管及其特性曲线

2) 内光电效应器件

内光电效应指的是当光照射在半导体材料上，位于价带的电子通过吸收大于禁带宽度 ΔE_g 的光子能量穿越禁带跃迁入导带，激发产生电子-空穴对，并产生电效应。内光电效应根据不同的原理可分为光电导效应和光生伏特效应[1]。

(1) 光电导效应。光电导效应定义：由于光照情况下，半导体会产生电子-空穴对，使半导体的导电性能增强，光线越强，电子-空穴对越多，因此电阻值降低，电导率升高。光电导效应常用于光敏电阻制造。

光敏电阻是阻性元件，工作原理与符号如图 3-14 所示。根据光电导效应可知光敏电阻的电导率会随光照增大[1]。

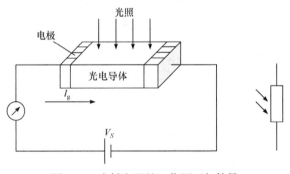

图 3-14 光敏电阻的工作原理与符号

在光敏电阻两端加入电压，当无光照时，光敏电阻阻值很大，暗电流很小；当有光照时，光生载流子迅速增多，光敏电阻阻值急剧减小，光电流增大。亮电流与暗电流之差为光电流，可表示为

$$I_g = S_g E^\gamma U^\alpha \tag{3-23}$$

式中，S_g 为光电导灵敏度，单位为 S/lx；E 为光照度；γ 为光照指数；U 为电压；α 为电压指数。

(2) 光生伏特效应。光生伏特效应是指当半导体 PN 结或金属半导体触点暴露在光线下时，在 PN 结或金属半导体触点的两侧产生电势。在 PN 结中产生的电势分为势垒效应和侧向光电效应。

① 势垒效应。在结型半导体或 PN 结中，PN 结两端没有外加电场时，在 PN 结势垒区内仍然存在内建结电场，其方向是从 N 区指向 P 区。当光照射到结区时，设光子能量大于禁带宽度 E_g，使价带中的电子跃迁到导带，产生电子-空穴对，在结电场作用下，电子推向 N 区，空穴推向 P 区；电子在 N 区积累，空穴在 P 区积累，使 PN 结两边的电位发生变化，PN 结两端出现一个因光照而产生的电动势，这一现象称为势垒效应。基于势垒效应的光电器件有光电二极管和光电池[1]。

② 侧向光电效应。当一个半导体光伏设备暴露在非均匀的光线下时，会导致不均匀的载流子浓度，从而形成光电势。位置敏感器件(position sensitive device，PSD)的工作原理就是侧向光电效应。

PSD 依次按照 P 层、高阻层(I 层)、N 层排列，形成 P-I-N 结构，具有比普通 PN 结光电二极管的响应速度快的特点。

PSD 设备是由同一芯片上的两个或四个性能一致的探测器通过沟道隔开后组成，称为双象限探测器或四象限探测器。目标发出的辐射量随着物体位置不同，在各象限之间变化，然后通过象限确定目标方位。PSD 设备在制导、跟踪等领域均有使用[1]。

2. 热探测器

热探测器的换能过程包括热阻效应、热伏效应和热释电效应。热阻效应将温度变化转换为电阻变化；热伏效应将温度变化转换为电压变化；热释电效应将温度变化转换为晶体表面电极化强度变化[1]。

1) 热阻效应

热阻传感器分为金属式的热电阻和半导体式的热敏电阻。

(1) 热电阻由金属或金属合金制成，适宜制作热电阻的材料有铂、铂铑合金、铜、镍、铁等。

(2) 热敏电阻由半导体材料制成，根据阻值系数与温度的变化关系分为正温度系数热敏电阻和负温度系数热敏电阻。

2) 热伏效应

热伏效应器件主要包括热电偶传感器[1]。由于热电偶传感器具有结构简单、易于制造、温度测量范围广、热惯性低、精度高、输出信号易于远程传输等优点，因此被广泛用于温度测量。

热电偶是基于热电效应工作的。热电效应为将具有不同性质的导体 A、B 组成如图 3-15 所示的闭合回路，当①、②结点处温度 $T \neq T_0$ 时，①、②结点处会产生电动势，从而在回路中产生电流[1]。

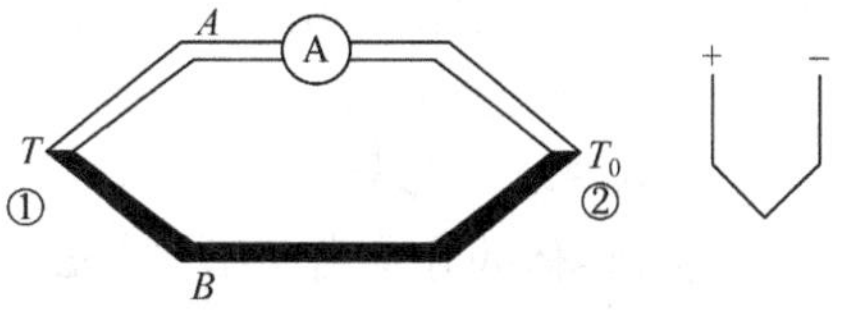

图 3-15　热电效应示意图及热电偶的符号

3) 热释电效应

热释电传感器是基于热释电效应工作的。热释电效应原理：利用极化后"铁电体"的极化强度 P_s 随温度 T 的变化而表现出的"铁电体"电偶释放的现象，即为热释电效应，其中温度 T 不应超过"居里温度"，防止极化消失。

热释电传感器具有以下几个优点：较宽的频率响应、高探测率、可以制造大面积均匀的敏感面、不用外置电压、温度特性稳定、强度高、可靠性好、制造工艺简单。其常用于制作红外探测器、热电激光量热计、夜视仪及各种光谱仪接收器等[1]。

3. 电荷耦合器件

这里以线阵 CCD 为例，介绍 CCD 的结构和工作原理。

CCD 是由紧密排列的多个 MOS 电容器元件组成的。MOS 电容器截面如图 3-16(a)所示，在 P 型 Si 衬底上氧化一层 SiO₂，再在表面蒸镀多晶硅金属层。给 MOS 电容器加偏置电压，当光子穿过电极及氧化层后，最终进入 P 型 Si 衬底。根据前述理论可知，当光子能量足够可以使得衬底中价带的电子跃入导带，形成电子-空穴对，然后在偏置电压的作用下，形成信号电荷，并存储在"势阱"中，如图 3-16(b)所示[1]。

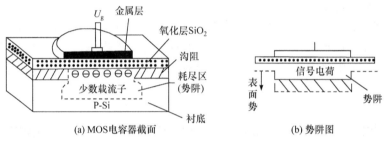

图 3-16　CCD 单元结构

MOS 电容器存储的电荷存储量可表示为

$$Q = C_{ox} \cdot U_g \cdot A \tag{3-24}$$

式中，Q 是电荷存储量；C_{ox} 是单位面积氧化层的电容；U_g 是外加偏置电压；A 是 MOS 电容栅的面积。由此可见，光敏元面积越大，其光电灵敏度越高。

除了产生信号电荷，CCD 还必须完成信号输入、电荷转移和信号输出，它们是 CCD 工作过程的三个主要组成部分[1]。

1) 输入部分

输入部分的功能是将信号电荷引入第一个转移栅下的势阱中，具体的引入方法分为电注入和光注入。电注入通过一个输入二极管给一个或几个输入栅极施加电压后引入信号电荷，一般应用于滤波、延迟线和存储器。光注入用光敏元件代替了电注入中的输入二极管，一般应用于摄像[1]。

2) 电荷转移部分

电荷转移部分是由一串 MOS 电容器组成。其利用了最小电位能原理控制电荷的移动方向，当转移前方电极上的电压高，电极下的势阱深，电荷就会不断地向前运动。类似于大坝中船只经过船闸的过程。一般是将频率、波形、相位不变的多相位时钟脉冲依次加在电荷转移部分的电极上，形成一系列势阱，使信号电荷按序传输。图 3-17 给出了三相 CCD 电荷转移过程的示例[1]。

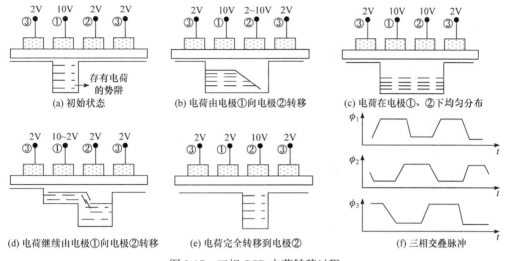

图 3-17　三相 CCD 电荷转移过程

3) 输出部分

输出部分由输出二极管、输出栅和输出耦合电路这三部分组成,从最后一个转移栅势阱中获取信号电荷[1]。

输出部分和输入部分同时决定 CCD 的信噪比和动态范围。电荷输出部分有多种形式,如"电流输出"结构、"浮置扩散输出"结构和"浮置栅输出"结构。其中"浮置扩散输出"结构最为常用[1]。

4. 电荷传输器件简介

按照几何特征,CCD 器件分为线阵、面阵两大类。

1) 线阵 CCD 与光电二极管阵列

(1) 线阵 CCD 可分为光敏元件旁只有一列移位寄存器的单沟道与两边有 CCD 移位寄存器的双沟道两种结构,如图 3-18 所示。

线阵 CCD 根据沟道的位置也可分为转移沟道在界面的表面沟道 CCD(surface channel CCD,SCCD)和用离子注入法改变沟道结构使得沟道在衬底内部的体内沟道 CCD(bulk or buried channel CCD,BCCD)。BCCD 避免了表面态的影响,因此转移效率高达 99.999% 以上,工作频率高达 100MHz,且能做成大规模器件,具有良好的应用前景[1]。

(2) 光电二极管阵列探测器最主要的结构是由蚀刻在硅片上的光敏二极管组成的二极管阵列元件。光电二极管阵列结构示意图如图 3-19 所示。当光照射到二极管阵列上时,二极管中产生光电流,由于并联的电容器已通过控制转换开关充满,光电流导致电容放电。在交替的充放电过程中,光越强,则光电流越大,电容器电压越低,充电电流越大[1]。

2) 面阵 CCD

将线阵 CCD 根据一定规律排成二维阵列,即为如图 3-20 所示的面阵 CCD 结构。由于排列方式不同,面阵 CCD 常有帧转移、隔列转移和线转移三种[1]。

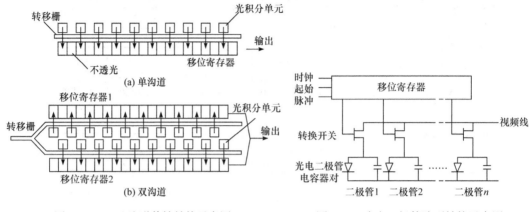

图 3-18 CCD 沟道传输结构示意图   图 3-19 光电二极管阵列结构示意图

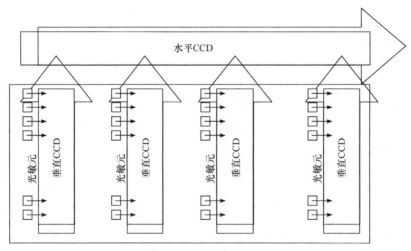

图 3-20 面阵 CCD 结构示意图

3) 彩色 CCD

彩色 CCD 主要分为三片式和单片式两种。

三片式采用一个分光棱镜和三个面阵 CCD,利用前文中介绍的分光原理,将三色光分开,分别在三片 CCD 上成像,最终合并成彩色图像。三片式方案具有非常好的成像效果,但由于 CCD 数目较多,价格昂贵。

单片式是在 CCD 表面使用含三色的马赛克滤镜模板(拜耳滤镜),成像后经过三色信号处理,就能用一个 CCD 同样得到彩色照片[1]。

4) 互补金属氧化物半导体器件

互补金属氧化物半导体(complementary metal-oxide-semiconductor,CMOS)也是一种应用范围极广的光敏元件[1]。

CMOS 与 CCD 技术相比,有以下几方面特点十分突出[1]:

(1) 低耗电量使电池使用时间增长;

(2) 低热量可增长曝光时间,同时可使电子组件损耗减低;

(3) 内置感测快门可处理动态影像；

(4) 摄取速度较 CCD 快。

5. 热释电摄像管

在使用电子束扫描方式的红外热成像系统中，热释电摄像系统的研究与应用最为广泛。热释电摄像管工作原理及结构类似于视像管，它们之间的差别有两点：其一，靶面材料不同；其二，温度辐射须在交变状态下工作。

热释电原理已在前述章节简述过，本节主要描述热释电摄像管的工作原理。

1) 热释电摄像管的结构

典型的热释电摄像管的结构如图 3-21 所示。灯丝加热阴极，电子从阴极表面发射，控制极调节电子束电流的大小；加速极对电子束产生加速电场，并与控制极形成电子透镜，对电子束初步聚焦；聚焦极使电子束进一步聚焦，通常将电子束变为直径为 0.01mm 左右的细束；筛网电位高于聚焦极一二十伏，产生均匀电场，使电子束垂直上靶，偏转线圈使电子束做光栅扫描，窗口一般用锗或三硫化砷等材料制造，以透过 2μm 以上的红外辐射；靶环作为信号的引出线；靶面是用热释电材料制成的单晶片，厚度在 30μm 左右，有效直径为 16～18mm。在靶的前表面蒸涂上金黑层作为信号电极和红外辐射吸收层[1]。

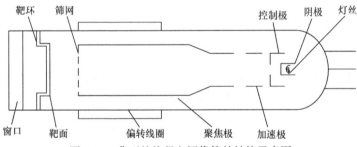

图 3-21　典型的热释电摄像管的结构示意图

2) 热释电摄像管的工作原理

热释电摄像管与其他类型的电子束扫描摄像管的一个共同机理是以扫描电子束同靶面的相互作用来产生视频信号。热释电靶面的等效电路如图 3-22 所示。热释电靶面可视为一系列小单元电路的并联，每个单元对应于靶面上的一个小面元(分辨元)。其中 V_s 是极化强度 P_s 所产生束缚电荷的等效电压量，电容为小面元的等效电容，电容上的电压是靶面上自由电荷的等效电压量。电子束对靶面的扫描可等效为具有非线性电阻 R_C 的转换开关，依次与各个小单元电路接通。每个小单元电路的接通时间为 Δt，相邻两次接通的

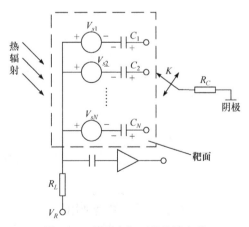

图 3-22　热释电靶面的等效电路

时间间隔为 T_f，在电子束与小面元接触的 Δt 时间中，电子束将电子沉积在小面元上，等效为电子对电容的充电，使电容的右端(扫描面)电位下降。该电位下降到阴极电位时，电子就不能到达靶面，电子束中的剩余电子受筛网加速返回到阴极[1]。

6. 其他成像探测器

各类光电探测器虽然在原理和结构上存在差异，但主要由光电转换器、信号电荷积累和存储部分、信号电流数据处理、信号放大级等组成。

1) 视像管

视像管是利用内光电效应的一种摄像器件。它有较高的光电转换效率、结构简单、体积小、调节使用方便，因而得到了广泛应用。图 3-23 为氧化铅视像管的结构。

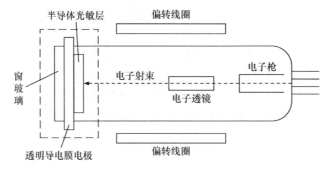

图 3-23　氧化铅视像管的结构示意图

2) 硅靶摄像管

硅靶摄像管也是利用内光电效应的一种摄像器件，但它的靶面不像视像管是一层均匀介质，而是由大量分立的微小光电二极管构成。硅靶摄像管的结构如图 3-24 所示[1]。

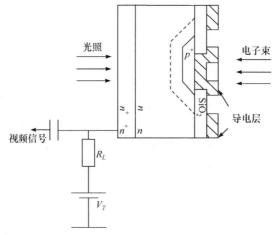

图 3-24　硅靶摄像管的结构示意图

3) 光电发射式摄像管

光电发射式摄像管是利用外光电效应的一种摄像器件，由移像部分和扫描部分两部分组成。光阴极完成图像的光电转换任务，硅靶进行信号存储，仍以电子束扫描拾取信号。光电发射式摄像管包括增强型硅靶摄像管和二次电子电导摄像管。光电发射式摄像管的结构如图 3-25 所示[1]。

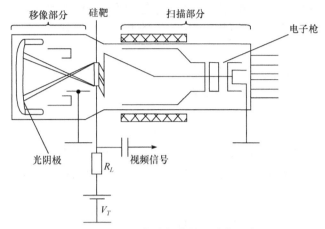

图 3-25　光电发射式摄像管的结构示意图

4) 微光像增强器件

在军事领域，微光成像技术有很广泛的应用。微光光电成像系统的工作条件是环境照度低于 10^{-1}lx(满月在天顶时的地面照度大约是 0.2lx)。微光光电成像系统的核心是微光像增强器件，即增像管[1]。

增像管是真空直接成像器件，结构如图 3-26 所示。其一般由带光电阴极层(光敏面)的输入窗、带荧光分层(荧光屏)的输出窗、电子光学成像系统和管壳组成。

光电阴极首先将光学图像通过光电转换成为电子图像，其次在传递过程中控制电压，使得电子图像尺寸缩放后的电子图像传输到光纤面板上，最后经过电光转换形成可见光图像，便于人眼在低照度下直接观察[1]。

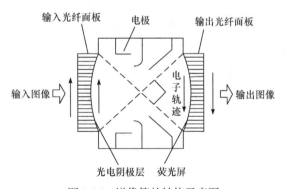

图 3-26　增像管的结构示意图

5) 微光摄像 CCD

(1) 带增像管的 CCD。传统的微光摄像(ICCD)系统是将光学图像聚焦在增像管的光电阴极上，通过光纤光锥直接耦合到 CCD 光敏面上，ICCD 的结构如图 3-27 所示。然而增像管内像经过多次光电转换会导致信噪比较低，而且光锥中光纤导致的信号损失会进一步降低信噪比，使得图像像质较差。ICCD 系统最低可对 10^{-6}lx 照度成像[1]。

(2) 薄型、背向照明 CCD。普通 CCD 的灵敏度和光谱响应主要取决于制作电极的多晶硅的特性。光从正面射入(称为前向照明 CCD),在到达光敏面前,器件正上方的多晶硅将几乎全部的短波长光子和大部分可见光光子吸收,此时量子效率不大于 35%,读出噪声约每个像元 100 个电子,最小可探测信号不大于每个像元 300 个电子,近似于环境照度为 10^{-1}lx。

为了提高 CCD 在微光下的成像质量,研制了薄型、背向照明 CCD,其结构如图 3-28 所示。光从背面摄入,避开了多晶硅的吸收,量子效率可以提高到 90%,可在 10^{-4}lx(靶面照度)下工作[1]。

(3)电子轰击型 CCD。电子轰击型 CCD 简化了光子转换过程,通过将有背向照明的 CCD 直接作为"阳极",使得光电子从"光阴极"发射的电子可以在 CCD 上成像,如图 3-29 所示。在保证体积、质量较小的情况下,其具有高信噪比、高可靠性、高分辨率等优点[1]。

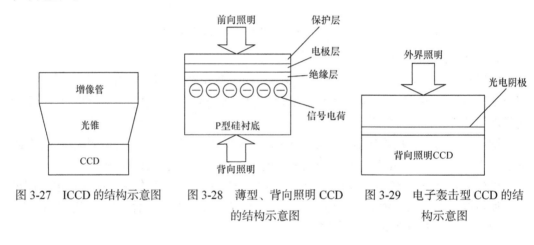

图 3-27 ICCD 的结构示意图　　图 3-28 薄型、背向照明 CCD　　图 3-29 电子轰击型 CCD 的结
　　　　　　　　　　　　　　　　的结构示意图　　　　　　　　构示意图

参 考 文 献

[1] 付小宁, 牛建军, 陈靖, 等. 光电探测技术与系统[M]. 北京: 电子工业出版社, 2010.

[2] 郁道银, 谈恒英. 工程光学[M]. 4 版. 北京: 机械工业出版社, 2016.

[3] 牛百齐, 董铭. 传感器与检测技术[M]. 北京: 机械工业出版社, 2021.

[4] 周世椿. 高级红外光电工程导论[M]. 北京: 科学出版社, 2014.

第 4 章

空天环境影响和空天目标红外特征及建模

4.1 空天环境影响

4.1.1 空间物理环境影响

当光电探测器搭载航天器处于空间环境中时，由于光电探测器一般暴露在空间中，所以需要考虑空间物理环境对探测器的影响。本章以近地空间环境为例，介绍探测器可能受到的环境影响。近地空间是指以地心为球心，半径分别为 1.015 个地球半径与 6.6 个地球半径的圆球包围形成的空间区域，即距地球海平面 100~36000 公里的球壳区域。航天器近地空间环境是指宇宙空间存在的且在近地空间范围内产生时空分布特性的物质、辐射和力场等环境，就其形成而言，主要是由太阳、地球、其他宇宙天体等在近地空间区域内综合作用的结果[1]。

1. 辐射环境

1) 太阳辐射

航天器的温度会受其表面材料对太阳能的吸收率影响。向阳部分在太阳的照射下温度会很高，而背阳部分的温度会很低，吸收热量与结构外形和涂层材料有关。航天器的热设计不当会使航天器的温度不均匀，运行受到影响。另外值得一提的是，航天器的温度不仅与太阳的直接辐照有关，也会受到因太阳辐照作用产生的二次辐照(地球反射)及一部分地球红外辐射的影响。航天器的材料性质会由于紫外线、X 射线等对有机材料的光化学腐蚀效应发生变化，影响电磁吸收率和反射率，进而影响航天器温度[1]。

某些光电探测器对温度变化十分敏感，运行时需要在一个温度稳定的环境中。因此为了避免太阳辐射造成的温度影响，一般载有温度敏感探测器的航天器会设置严格的温控系统。例如，詹姆斯韦布空间望远镜，由于其探测器的探测谱段为近红外波段，操作环境温度低于50K，星上载有五层的巨型遮阳装置，保证望远镜能获得冷静的观测环境。

2) 高能带电粒子环境

高能带电粒子流包含太阳宇宙线、地球辐射带和银河宇宙线[1]。太阳宇宙线产生于太阳活动，太阳爆发耀斑时会发射出高能带电粒子流，该粒子流的主要成分为质子，其次为氦核，还包含少量其他重核和电子，能量从 10MeV~150GeV 不等[1]。

地球辐射带是指近地空间中由能量大于 0.1MeV 的质子和电子构成的高能带电粒子区域，这些质子和电子被地磁场捕获，因此地球辐射带也称为地磁捕获辐射带或"范艾伦带"[1]。地球辐射带的带电粒子空间分布并不均匀，通常根据高度的不同将其分为内外两个辐射带，内辐射带指的是距离赤道上空 600～1000km 的区域，质子能量在 4～50MeV，电子能量在 0.5MeV 左右；外辐射带在赤道上空 20000km 以上的高度区域，质子和电子能量一般低于 1MeV。由于太阳风的影响，迎风一侧的辐射带相对较扁平，而背风一侧的辐射带被"吹"得细长。

银河宇宙线来源于太阳系以外的银河系，带电粒子流的通量很低，但能量很高，其中各种重离子能量在 10^2～10^{12}MeV，电子能量在 0.5～100GeV[1]。高能带电粒子流对光电探测器的效应主要体现在 3 个方面：①对探测器的材料、电子器件的辐射总剂量损伤效应；②对大规模集成电路的微电子器件的单粒子效应，包括单粒子翻转、单粒子锁定、单粒子烧毁、单粒子栅击穿事件等；③高能粒子的注入影响其他空间环境，如使等离子层电子密度增加，敏感电子仪器的失效，传感器背底噪声增加，对涉及光电探测的通信、测绘和导航系统造成严重干扰[1]。

2. 摄动环境

摄动环境会使航天器飞行轨道和姿态相对于理想状态产生偏差，近地空间的摄动环境主要包括高层大气、太阳光压、其他摄动。

1) 高层大气

作为航天器的运动场所，高层大气除了在一定程度上影响卫星的轨道和寿命外，还影响航天器的温度。在热层之上，大气分子的碰撞减少，它们的运动速度更快，温度可以超过 1000K。然而，由于该层以上的大气层很薄，大气分子的热传导和对流并不作用于航天器的热平衡，航天器的温度实际上比大气分子的温度低得多，其温度很大程度上取决于航天器的温度控制方式和辐射传热。对于约 1000 公里高度的轨道上的航天器，环境温度(背阳面)低于 173K(−100℃)，辐射带以上空间的航天器的环境温度低于 73K(−200℃)，而超深宇宙空间是寒冷和黑暗的黑体，温度为 3K(−270℃)。

在空间中，残余大气的密度越低，相应真空度越高，在航天器上会产生诸多效应，如压力差增大、真空放电、辐射传热、材料出气和真空泄漏等，光电探测系统的温度、电子设备和探测效率会受到这些效应的影响。在航天器表面增加一层氧化物通常可以减轻原子氧的剥蚀作用，这也是当前最常采用的比较有效的办法之一，但这层氧化物容易被空间碎片和微流星击穿，而失去对航天器的保护作用[1]。

2) 太阳光压

太阳射线辐照航天器时，具有能量和动量的光子会运动至航天器表面，根据动量定理，光子对航天器产生作用力，这就是太阳光压[1]。太阳光压主要对航天器的姿态和自旋速率产生影响，对光电探测系统影响较小。

3) 其他摄动

与太阳光压相似，第三体引力摄动和非球形摄动主要影响的是航天器的轨道和姿态，对光电探测系统的影响同样微弱。

3. 磁场和等离子体环境

地球附近空间充满磁场，这些磁场环境不仅会影响航天器轨道和姿态，还会影响航天器上磁性仪器的测试精度[1]。在太阳高能电磁辐射和宇宙线的作用下，稀薄大气会发生电离现象，形成一种由电子、正离子和中性粒子组成的混合物，即等离子体。高度在 600km 以下时，大气主要产生光致电离过程，因此这一区域也称为电离层；1500km 以上高空中，离子比例远高于中性粒子的比例，这部分区域称为磁层。与高能带电粒子不同，由低能带电粒子构成的广大区域均属于等离子层[1]。

航天器在磁层中运行时，会与等离子体产生相互作用，表面带电势：在宁静的磁层中，向阳面电位为正几伏，背阳面电位则为负几十伏；在磁层亚暴时，向阳面可以达到几百伏至几千伏的负电位，此时背阳面也可达几千伏至几万伏的负电位。航天器表面产生电势后，与等离子体相互作用，产生飞行阻力，影响航天器的飞行姿态。航天器表面电位差达到一定值时，便会放电，引起介质击穿、元件耗损、光敏表面被污染等现象。同时产生的电磁脉冲会干扰航天器内外的电子元件，产生间接危害[1]。

4. 微流星体及空间碎片环境

作为太阳系中自然存在的天体，几乎所有的微流星体都来自彗星和小行星。其中，轨道与母体一致并且形成通量较高的微流星体称为雨流，一些没有明显特征分布的随机流则称为偶发粒子。微流星体在太阳系轨道上的运动速度较快，一般在 3～90km/s；其数量随质量的增加而迅速减小，但质量没有明显的分界；一般认为其形状为球状，密度为 0.5～2.0g/cm³。空间碎片是人类太空活动的产物，常见的空间碎片有废弃的火箭平台、火箭碎片、卫星碎片及其他的硬件和发射物，这些碎片会对航天器的在轨运行产生巨大的危害。直径为 0.1mm 以下的微粒会腐蚀探测器和航天器表面，表面的热学、电学、光学特性也将发生变化。微粒直径大于 1mm 时，造成的损伤会更加严重。通常微流星体/碎片动能与航天器质量之比大于 40J/g 时，航天器会发生灾难性解体；小于 40J/g，则发生非灾难性解体[1]。

考虑到微流星体/碎片的威胁，对航天器采取保护性屏蔽措施十分重要。在系统无法屏蔽的情况下，需要对系统设置一些操作限制或设计相应的程序，最大限度地减小碎片的危害。此外，微流星体/碎片冲击具有高度的方向性，通过安排关键部件的位置，可以避开这些碎片冲击，从而将危险降到最低。

4.1.2　大气环境影响

对于大多数光电探测系统，要么探测的对象位于大气层内或穿行于大气层内外，要么探测系统本身位于大气层内，这样目标的辐射在进入探测系统之前都必须通过地球大气层的传输。大气层中各种气体分子的选择性吸收、气溶胶粒子的散射作用等都会造成红外辐射在大气传输过程中的能量损失；同时大气的温度、压强和成分的变化会导致大气折射率的改变，从而对在其中传输的红外辐射产生调制作用。这些都将改变目标红外辐射特性，因此为了研究光电探测技术和设计光电探测系统，有必要研究了解红外辐射等在大气中的传输特性[2]。

如图 4-1 所示，大气对辐射传输的影响主要表现在两个方面，即能量衰减和光学调制。能量衰减是通过各种物理、化学的作用，以吸收、散射的形式对大气中传输的辐射能量进行衰减，这也称为大气消光。光学调制是指由于大气层自身特性(如温度、压强、成分比例、密度等)的变化，改变在大气中传输的电磁波的传输方向、偏振状态、相位等，其中最为常见的是通过大气折射率的变化改变电磁波的传播方向，这也称为大气的蒙气差[2]。

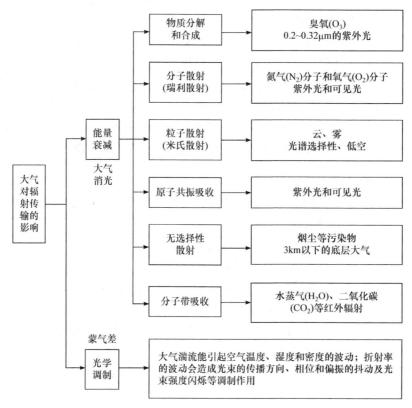

图 4-1　大气对辐射传输的影响

1. 大气消光

大气中造成辐射能量衰减的因素是多样的，如图 4-1 所示，主要有以下几种：

(1) 物质分解和合成。在 0.2～0.32μm 的紫外光谱区，光吸收与臭氧(O_3)的分解作用密切相关，而臭氧生成和分解的平衡程度，在光的衰减中起着决定性的作用。

(2) 分子散射或瑞利(Rayleigh)散射。这种散射是指散射粒子的半径远远小于被散射的电磁波波长的情况。大气中比较明显的瑞利散射是氮气(N_2)分子和氧气(O_2)分子对紫外光和可见光的散射，具有很强的光谱选择性。

(3) 粒子散射或米氏(Mie)散射。这种散射是指散射粒子的半径与被散射的电磁波波长相当的情况。大气中比较明显的米氏散射大都出现在云和雾中，由于这些特殊物质的微粒一般分布在低空中，高度到达一定程度时，这种散射现象就不明显了，因此这种现象在观察低空背景中十分重要。

(4) 原子共振吸收。原子的电子能级跃迁主要对应紫外光、可见光和近红外光谱，原子的共振吸收也主要发生在这些区域内。

(5) 无选择性散射。这种散射是指大气中的各种烟尘等污染物对电磁波的散射，其特点是散射强度与电磁波的波长无关，即没有光谱选择性，且散射主要发生在低空，这是因为烟尘等大气污染物主要集中在 3km 以下的底层大气中。

(6) 分子带吸收。红外光谱也称为分子振动-转动光谱，因此大气中气体分子的振动能级跃迁或转动能级跃迁都会对红外辐射产生较为强烈的吸收。这些分子包括水蒸气(H_2O)、二氧化碳(CO_2)、臭氧(O_3)、一氧化二氮(N_2O)、甲烷(CH_4)和一氧化碳(CO)等，其中水蒸气、二氧化碳和臭氧对红外辐射的吸收作用最强，这是因为它们具有的吸收带很强，并且在大气中的浓度高。一氧化碳、一氧化二氮和甲烷这一类的分子，只有辐射通过的路程相当长或通过很大浓度的空气时，才能表现出明显的吸收[2]。

在以上因素综合作用下，海平面上大气 2km 路程的大气光谱透过率曲线如图 4-2 所示。通常把大气透过率较高的光谱区域称为大气窗口。从图 4-2 可以看出，在红外谱段有如下几个大气窗口：$0.95 \sim 1.05\mu m$、$1.15 \sim 1.35\mu m$、$1.5 \sim 1.8\mu m$、$2.1 \sim 2.4\mu m$、$3.3 \sim 4.2\mu m$、$4.5 \sim 5.1\mu m$ 和 $8 \sim 13\mu m$。通常也习惯性地认为大气在红外谱段有三个大气窗口，即 $1 \sim 3\mu m$、$3 \sim 5\mu m$ 和 $8 \sim 14\mu m$[2]。

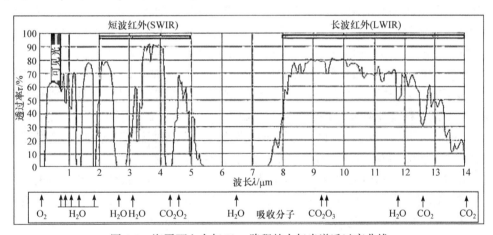

图 4-2　海平面上大气 2km 路程的大气光谱透过率曲线

2. 蒙气差

地球大气的不均匀分布导致其折射率会随着高度和位置的变化而改变，因此光线在其中的传播路径会发生偏折。这种光线在大气层中传输偏离直线传播路径的现象就为蒙气差。

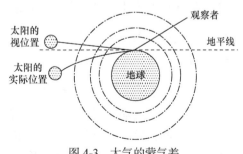

图 4-3　大气的蒙气差

如图 4-3 所示，受大气的蒙气差影响，光线在大气层中会偏离直线传播的路径，从而导致地面的人们看到的太阳位置并不是太阳实际所在的位置，也就是说太阳的视位置与其实际位置存在偏差。由于这个原因，人们看到太阳从地平线升起的时候，实际上太阳还在地平线以下，而人们看到夕阳日落的时候，可能太阳已经在地平线以下了。实际上在地平线附近，大气蒙气差影响最严重。计算表明，地平线附近蒙气差造成的可见光的偏折角约为 37′，按照地球自转 15°/h 计算，由于蒙气差的影响，实际的日出时间比理论值提前了约 2.5min，而日落时间则比理论值滞后了 2.5min。因此，地球上由于大气层的存在，白天的时间比理论值多了约 5min[2]。

3. 湍流效应

在可见区有湍流效应已是众所周知的，在中波红外谱区和长波红外谱区也得到证实，甚至当天气晴朗时，气溶胶也能导致长波红外谱区图像模糊。湍流来自大气折射率起伏，这种起伏的原因是大气压力和温度的随机变化，即使很小的变化也会引起光束到达角的变化，进而导致图像运动、畸变和模糊，而时间上的起伏则称为闪烁。地面上方数米内湍流最为严重，特别是中午时间的干燥土壤(如沙漠)上方，对其他地域或时间，湍流可能很小。当湍流靠近系统孔径时，像质的下降更明显。例如，地基观测者看飞机比空基观测者看地面图像显得更差，这称为显示幕帘效应。

场景辐射波散射到视线之外引起消光；非场景辐射波散射到视线之内则导致路径辐射。如果散射进入视线的辐射源自目标或它的瞬间背景，则将使图像模糊，这是由散射的入射角与未散射场景辐射的视线不同引起的。数学上，这种图像模糊用 MTF 讨论。

附加气溶胶的 MTF 和湍流的 MTF 最多是对这两种主要因素的粗略近似。由于湍流是动态的，因而它在每一时刻影响特定的图像性能；在任何一幅图像中，MTF 均与平均值明显不同；湍流效应并非空间对称，湍流使每幅图像畸变。由于人眼对图像是积分识别的，因此这种变化频率较快的畸变在人眼中无法感知，故显不出这种畸变，而是看到 MTF 的某种下降。MTF 理论只适用于稳态过程，所以对湍流确定的 MTF 代表一个平均值。大气湍流的 MTF 理论较为复杂，在本节不进行讲述。

尽管地球大气对辐射的衰减和光学调制对大多数光电探测系统来说是不利的，但是如果掌握了辐射在大气中传输特性的本质，还是可以对其加以利用的。例如，在地球大气中存在着一层稳定的二氧化碳气体，该层气体在 14~16μm 波段有很强吸收带，根据基尔霍夫定律，它也在 14~16μm 波段有很稳定的强辐射源。人造地球卫星上对姿态控制相当重要的红外地平仪的探测波段就选择在这一范围，该地平仪实际探测的是地球大气中稳定的二氧化碳的红外辐射，而不是地表的红外辐射。这样可以有效地消除地表辐射不均匀性对人造地球卫星姿态控制精度的影响[2]。

4.1.3 大气辐射模型

1. 大气吸收

从图 4-1 可以看出，大气对辐射的吸收包括了原子共振吸收和分子带吸收两种。已经了解到，原子的能级跃迁对应的是可见光和紫外光，甚至更短波长的电磁辐射，故而大气的原子共振吸收主要是对大气中传输的可见光和紫外光的吸收；分子的振动和转动能级跃迁对应的则是被称为振动-转动光谱的红外辐射，所以大气对红外辐射的吸收作用主要表现为分子带吸收[2]。

根据量子学说可知，能级跃迁并不是可以发生在任意两能级间，这种跃迁需要遵循一定的规律。大气中的气体分子要对红外辐射进行吸收，必须同时满足以下两个基本条件[2]：

(1) 分子振动或转动的频率等于红外光谱段内某一谱线的频率($E = hv$)；

(2) 对于红外光谱，分子振动/转动过程必须引起分子电偶极矩的变化，分子才能在两种能级间跃迁，进而吸收红外辐射。

下面先简要解释一下上面提到的一个新概念——分子电偶极矩。

任何物质的分子整体不显电性，即呈电中性，但构成分子的各原子的价电子得失难易程度不同，各原子表现出的电性也就不同，分子也会因此而显现不同的极性。通常分子极性的大小可以用分子的电偶极矩 μ 来描述：

$$\mu = q \cdot d \tag{4-1}$$

式中，q 为分子中正电性原子的电量总和或负电性原子的电量总和；d 为分子的正负电荷原子以电荷量为权重的重心间的距离，如图 4-4 所示。

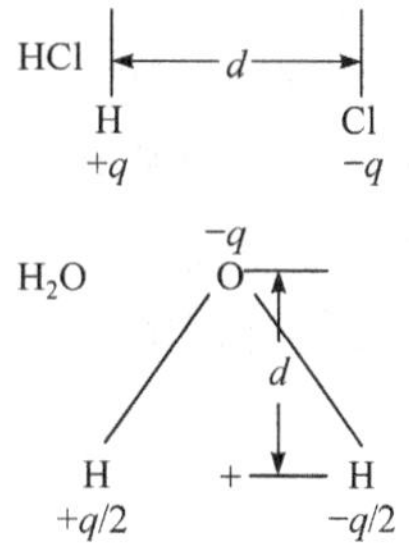

氮、氧气体分子在地球大气层中的含量最丰富，而这些分子都是对称的，根据电偶极矩的定义可以看出，它们的振动或转动不会引起电偶极矩的变化，也就不会吸收红外辐射。相比较而言，水蒸气、二氧化碳、臭氧、甲烷、氧化氯、一氧化碳等非对称分子在大气中含量较少，其某些形式的振动或转动会引起电偶极矩变化，从而对红外辐射产生强烈的吸收[2]。

图 4-4　分子电偶极矩示意图

本节将重点分析大气层中对光电探测系统影响最为严重的两种气体，即水蒸气(H_2O)和二氧化碳(CO_2)。

1) 水蒸气

水是唯一一种以固态、液态和气态三种形式共存于大气层中的成分。固态的水指的是大气中的雪花和微细的冰晶体等，而液态的水指的是大气中的云、雾和雨等，这些固态和液态的水在大气中对辐射传输主要起到散射的作用。对红外辐射产生吸收的主要是以气态形式存在的水，即水蒸气。如图 4-2 所示，水蒸气对电磁辐射的吸收主要集中在红外光谱区[2]。

大气层中水蒸气的含量随海拔和地理纬度区域及季节气候等在空间和时间上都存在很大的变化，因此在研究水蒸气对红外辐射的吸收时，必须掌握大气层中水蒸气含量的描述、水蒸气的分子带吸收模型、可凝结水量、水蒸气吸收的高度修正等相关理论。本节将系统地介绍这些基础理论[2]。

(1) 水蒸气含量的描述。通常大气中水蒸气的含量可以用表 4-1 所示的几个物理量描述。

表 4-1　水蒸气含量的描述

物理量	符号	定义	量纲
水蒸气压强	p_w	大气中水蒸气的分压强	Pa
绝对湿度	ρ_w	单位体积空气中所含有的水蒸气质量	g/m³

续表

物理量	符号	定义	量纲
饱和水蒸气压	p_s	在饱和空气中，水蒸气在某一温度下开始发生液化的压强	Pa
饱和水蒸气量	ρ_s	某一温度下，单位体积的空气所能容纳最大可能的水蒸气的质量	g/m³
相对湿度	RH	水蒸气的含量和同一温度下饱和水蒸气量的比值	—

这几个物理量之间的相互关系如下式所示：

$$RH = \frac{\rho_w}{\rho_s} = \frac{p_w}{p_s} \tag{4-2}$$

通常气象预报中给出的是大气的相对湿度，而大气在某一温度下的饱和水蒸气量 ρ_s 和饱和水蒸气压 p_s 可以通过查手册获得，于是可以利用公式(4-2)计算大气的绝对湿度 ρ_w 和水蒸气压强 p_w [2]。

(2) 水蒸气的分子带吸收模型。根据红外辐射的分子带吸收理论，在水蒸气的三原子分子的各种振动转动模态中，有三种振动会产生分子电偶极矩的变化，从而引起红外辐射的带吸收，如图 4-5 所示。其中，OH 基的对称伸缩和不对称伸缩振动造成的红外辐射吸收带都集中在 2.7μm 附近的短波红外，而 OH 基的剪切式振动造成的红外辐射吸收带集中在 6.3μm 附近的中长波红外[2]。

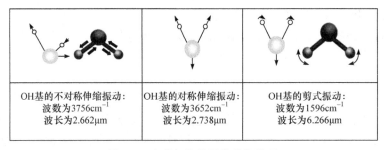

OH基的不对称伸缩振动： 波数为3756cm⁻¹ 波长为2.662μm	OH基的对称伸缩振动： 波数为3652cm⁻¹ 波长为2.738μm	OH基的剪式振动： 波数为1596cm⁻¹ 波长为6.266μm

图 4-5 水蒸气的分子带吸收模型

(3) 可凝结水量。由于水蒸气在大气层中的含量随着海拔和天气条件的变化都有很大的变化，在描述水蒸气的吸收衰减作用时，不能简单地用大气传播路径长度作为变量，但是辐射吸收是路程中吸收分子数目的函数，因此可以选择表示辐射传输路程上水蒸气分子数量的物理量作为特征量。这一物理量可以等效为可凝结水量，又称为可降水量，是沿辐射传播方向上的水蒸气在具有辐射传输相同截面积的容器内凝结成液态水的厚度[2]。

可凝结水量可以根据如下计算公式计算：

$$W = \frac{1}{\rho_{水}} \cdot \int_0^X \rho_w(x)dx \xrightarrow{\rho_{水}=1\times10^6 \text{g/m}^3} W = \int_0^X \rho_w(x)dx \tag{4-3}$$

式中，$\rho_{水}$ 为水的密度；$\rho_w(x)$ 为绝对湿度，即为水汽密度；X 为辐射传播路径长度。这里 $\rho_w(x)$ 的单位取为 g/m³，x 的单位为 km，则由公式(4-3)计算的可凝结水量的单位为 mm。

如果辐射传输路径内大气绝对湿度保持不变，则公式(4-3)可以简化为

$$W = \int_0^X \rho_w(x)\mathrm{d}x = \rho_w \cdot X \tag{4-4}$$

根据公式(4-4)可知，在均匀分布的大气传输路径内，单位长度的大气路径(1km)内的可凝结水量(mm)在数值上正好等于大气的绝对湿度(g/m^3)：

$$w = \rho_w \tag{4-5}$$

在获得了大气中辐射传输路径上的水蒸气含量之后，可以利用各种分子吸收理论模型计算其红外光谱吸收特性，由于分子吸收的理论模型涉及量子力学的相关理论，在本节中不要求大家掌握。

这里需要强调指出的是，不能将给定厚度的可凝结水量的吸收等同于相同厚度的液态水的吸收。事实上，10mm 厚的液态水层，在波长大于 1.5μm 的波段上，吸收率几乎达到了 100%，辐射完全不能透过；在任意大气窗口内，含有 10mm 可凝结水量的大气路径的透过率均大于 60%[2]。

(4)水蒸气吸收的高度修正。大气中含量最多的是氮、氧两种气体，虽然它们对红外辐射没有吸收作用，但是它们在大气中的比例最大，是构成大气压强的主要因素，所以它们会对其他组分红外吸收谱线宽度产生主要的影响。在地球附近，大气压强与高度变化相反，随着高度的增加，大气压强下降，大气分子带吸收的谱线宽度会变窄，通过相同的路径，大气吸收会减小。一般温度对透过率的影响在大气传输中属于次要因素，可以忽略不计。因此，对于大气传输特性的高度修正主要考虑大气压强的影响[2]。

假设高度为 h 的均匀大气传输路程为 x，且其对红外辐射的吸收率等效于海平面上路程长度等于 x_0 的大气的吸收率，则有

$$x_0 = x \cdot \left(\frac{p}{p_0}\right)^k \tag{4-6}$$

式中，p 为高度 h 处的大气压强；p_0 为海平面上的大气压强；k 为常数，对于水蒸气一般取值为 0.5。

2) 二氧化碳

根据前面大气成分的介绍可知，二氧化碳属于干燥大气的一种成分，作为大气中的固定组分之一，二氧化碳的浓度从海平面一直到 50km 左右的高度基本保持不变，是唯一在大气中近似均匀混合的气体，其在大气中的平均体积分数为 0.0322%。因此，二氧化碳的分布和大气压强一样，高度每增高 16km，其分压强就降低一个数量级。和水蒸气相比，二氧化碳含量随高度的减少比水蒸气慢得多。因此，在低层大气中水蒸气的吸收对红外辐射的衰减起着主要作用；在高层大气中二氧化碳的吸收对红外辐射的衰减起着主要作用[2]。

(1) 二氧化碳分子振动与红外吸收。根据红外辐射的分子带吸收理论，在二氧化碳的三原子分子的各种振动转动模式中，有两种振动会产生分子电偶极矩的变化，从而引起红外辐射的带吸收，如图 4-6 所示。其中二氧化碳分子的非对称伸缩振动造成的红外辐

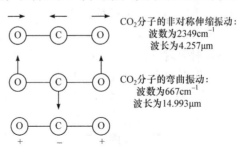

图 4-6　二氧化碳分子红外辐射的带吸收模型

射吸收带都集中在 4.3μm 附近的中波红外，而二氧化碳分子的弯曲振动造成的红外辐射吸收带集中在 15μm 附近的长波红外[2]。

(2) 二氧化碳大气厘米数。在描述传输路径上吸收气体分子数量时，与水蒸气采用可凝结水量这一物理量不同，由于二氧化碳在大气中是不会凝结成液态的，通常采用辐射传输路径上的二氧化碳大气厘米数(atm·cm)来表示。其定义如下：假想一个圆筒形大气，其长度为辐射在大气层中的传输距离 X，以 cm 为单位来表示，其截面积为 ΔS。把圆筒体内所有的二氧化碳分子都取出来置于一个底面积也是 ΔS 的圆筒形容器内，使其压强达到标准大气压，这时二氧化碳的厚度 D 就称为二氧化碳大气厘米数，单位为 atm·cm，可以采用如下公式计算：

$$D = \frac{1}{\rho_{0CO_2}} \cdot \int_0^X \rho_{CO_2}(x) \mathrm{d}x \tag{4-7}$$

式中，ρ_{0CO_2} 为标准状态下的二氧化碳密度；$\rho_{CO_2}(x)$ 为 x 点处的二氧化碳密度。

实际应用中，由于通常在考虑大气红外辐射吸收衰减的高度范围内，二氧化碳在大气中的体积分数基本保持不变，所以也可以直接采用辐射在大气中的传输路径长度来表征传输路径上二氧化碳气体分子的多少。只不过随着高度的变化，大气压强呈指数衰减，因此在考虑不同高度的大气传输路径上的二氧化碳吸收特性时，也需要引入高度修正因子。

与水蒸气吸收的高度修正因子计算公式(4-6)一样，二氧化碳吸收的高度修正因子也主要考虑大气压强的影响，因此其高度修正因子采用与公式(4-6)一样的形式，只不过对于二氧化碳而言，指数项的常数 k 一般取值为 1.5[2]。

2. 大气散射

大气对辐射传输的衰减(大气消光)除了本小节讲到的大气吸收外，大气中各种悬浮的粒子也会通过改变辐射传输方向的方式使辐射传输方向上的能量减弱，从而对辐射造成衰减，这就是大气散射。大气对辐射传输的散射类型及其对应的散射粒子如图 4-7 所示[2]。

当散射粒子的尺寸远小于入射辐射的波长时，就会发生瑞利散射。此时散射强度与入射辐射波长的四次方成反比，并且具有很强的光谱选择性。

当散射粒子的尺寸与入射辐射的波长相当时，就会发生米氏散射。此时散射强度与入射辐射波长的二次方成反比，因此米氏散射也具有光谱选择性，但其光谱选择性比瑞利散射小，同样入射辐射的波长越长，散射强度越小。

当散射粒子的尺寸远大于入射辐射的波长时，就会发生无选择性散射。此时散射强度与入射辐射波长无关，因此这种散射没有光谱选择性。

可以看出大气对入射辐射的散射类型取决于散射粒子与入射辐射波长的相对尺寸大小。可见光主要受气体分子和艾特肯(Aitken)核的瑞利散射作用；红外辐射则主要受气溶胶粒子的米氏散射作用。气体分子和艾特肯核对可见光有强烈的瑞利散射，对红外辐射没有明显的散射作用；气溶胶对可见光为无选择性散射，对红外辐射为较强的米氏散射；大气污染物对可见光和红外辐射均为无选择性散射[2]。

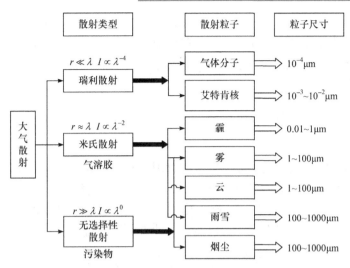

图 4-7　大气散射类型和散射粒子

仅考虑散射物质的大气光谱透过率为

$$\tau = \mathrm{e}^{-\gamma \cdot x} \tag{4-8}$$

式中，γ 为散射系数，由气体分子、霾和雾等散射物决定；x 为光程。

粒子的散射系数跟散射粒子的半径与入射辐射波长之比有关。假设每立方厘米大气中含 n 个散射粒子，每个散射粒子的半径为 r，则散射系数为

$$\gamma = \pi n K r^2 \tag{4-9}$$

式中，K 为散射面积比，反映散射效率，如图 4-8 所示[2]。

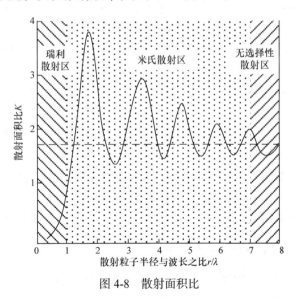

图 4-8　散射面积比

4.1.4　大气传输特性计算方法

计算辐射在大气中的传输特性主要利用低频谱分辨率传输(LOWTRAN)、快速大气

信息码(FASCODE)、中频谱分辨率传输(MODTRAN)和高频谱分辨率传输(HITRAN)等专业大气传输特性计算软件。除了采用这些商业软件计算外，工程上还通常采用一种近似计算方法，通过经验公式的理论计算，利用小哈得孙数据表格获取水蒸气和二氧化碳的光透过率数据[3]。

1. 大气传输特性计算软件

1) 低频谱分辨率传输

低频谱分辨率传输是美国地球物理研究管理局开发的大气效应计算分析软件，用于计算低频谱分辨率($20cm^{-1}$)系统特定大气路径下的平均透过率和辐射亮度。LOWTRAN7是最新型码，于1988年初完成，1989年由政府公布。它把LOWTRAN6的频谱扩充到近紫外到毫米波的范围。根据修正的模型和其他方面的改进，LOWTRAN7比1983年公布的LOWTRAN6更为完善[2]。

LOWTRAN7的主要优点是其计算速度快和灵活多变的结构。模型中主要包括了气体或分子在大气中的分布和大颗粒。由于LOWTRAN中使用了近似分子谱带模型的限制，40km以上大气区域的精确度受到严重限制。LOWTRAN主要作为补充分析工具，用于低层大气和近地面的战术系统[2]。

2) 快速大气信息码

快速大气信息码是一个实用、准确的代码集，其计算方法为逐行模拟计算任何类型的大气吸收线形状，其精确度比LOWTRAN高很多，但速度较慢，并且其利用的所有光谱线数据都存储在HITRAN数据库中。FASCODE可用于所有需要高分辨率预测的系统[2]。

3) 中频谱分辨率传输

中频谱分辨率传输包括的谱带范围与LOWTRAN一致，且有LOWTRAN的全部功能。与LOWTRAN7相同，MODTRAN包括一系列分子的谱带模型，精度可达$2cm^{-1}$。与FASCODE不同的是，MODTRAN拥有自己的光谱数据库。由于MODTRAN既包括了直接的太阳辐射亮度，也包括了散射的太阳辐射亮度，所以适合于低大气路径(从地表到30km高度)和中等大气路径，路径大于60km时，运用MODTRAN要谨慎[2]。

4) 高频谱分辨率传输

高频谱分辨率传输是国际公认的大陆大气吸收和辐射特性的计算标准和参考，其数据库包含了30种分子系列的谱参数及其各向同性变量，包括从毫米波到可见光的电磁波谱。除作为独立的数据库外，HITRAN还可用作FASCODE的直接输入及谱带模型码，如LOWTRAN和MODTRAN的间接输入。在解决输入的情况，分子谱带是以逐线模式计算，递降到谱带模型特定的分辨率，然后进行相应的参量化[2]。

2. 红外辐射大气传输特性工程计算方法

利用专业软件计算大气传输特性可以获得较高精度，但此类软件较为复杂，且难以在系统仿真软件中直接调用，可移植性较差，而且各专业软件均有其针对性的适用范围。例如，LOWTRAN受其近似分子谱带模型的限制，对40km以上的大气区域，精度严重下降；MODTRAN则适合于低大气路径(从地表到30km高度)和中等大气路径，而高于 60km 时，运用 MODTRAN 要谨慎。在系统仿真中使用 MODTRAN 时，不仅会增加仿真程序结构的复杂度，也会影响系统仿真的实时性，尤其对于天基红外探测平台，往往需要计算地表到太空的整个大气层的传输特性，采用专用计算软件往往会受到一定的限制。使用经验公式计算大气传输特性相对简单，与系统建模软件兼容性好，计算速度快[2]。

本节介绍一种采用经验公式计算大气中二氧化碳、水蒸气的带吸收和气溶胶散射，然后通过查表法分析大气传输特性的方法。该方法的关键是正确计算辐射在大气层中的等效传输路径长度，然后采用合适的插值计算方法，根据小哈得孙数据表格计算出实际的大气传输特性。在此方法中，水蒸气和二氧化碳的透过率可以根据计算出的等效可凝水量和等效传输路径，从小哈得孙数据表格中查询得到相应的数值；大气散射主要通过经验公式，利用大气中的气溶胶粒子浓度直接计算得到[2]。

1) 大气散射的工程计算方法

根据公式(4-8)，要分析计算大气散射情况，关键是获取散射系数这一参数。根据经验公式，气溶胶的散射系数 μ_s 一般可以用如下公式来描述：

$$\mu_s = A\lambda^{-q} + A_1\lambda^{-4} \tag{4-10}$$

式中，A、A_1、q 均为待定常数。

根据前面大气散射类型的学习可知，公式(4-10)等号右端的第二项表示的是瑞利散射(散射强度与波长的四次方成反比)，对于红外辐射，大气的瑞利散射影响很小，可以忽略不计。因此，对于红外辐射，气溶胶的散射系数可以描述为

$$\mu_s = A\lambda^{-q} \tag{4-11}$$

利用在可见光波长 λ_0 (通常为 0.55μm)处测得的气象视程(能见度)V，可以计算出公式(4-11)中的待定常数 A 和 q。

气象视程(能见度)V：把一个很亮的目标从 $x = 0$ 处移到距离观测点 $x = V$ 处时，如果目标在波长 λ_0 处的光谱辐射亮度降低为原来的 2%，则 V 就称为气象视程。

因此，根据气象视程的定义有

$$\tau_s(\lambda_0, V) = \frac{L_{\lambda_0 V}}{L_{\lambda_0 0}} = e^{-\mu_s(\lambda_0)\cdot V} = 0.02 \tag{4-12}$$

式中，$\tau_s(\lambda_0, V)$ 为气溶胶对波长 λ_0 的辐射在距离为 V 的传输路径上的透过率；$L_{\lambda_0 0}$ 和 $L_{\lambda_0 V}$ 分别为 $x = 0$ 和 $x = V$ 处的光谱辐射亮度；$\mu_s(\lambda_0)$ 为气溶胶对波长 λ_0 的辐射的散射系数。

对公式(4-12)等号两边取自然对数，并将公式(4-11)代入可得

$$\mu_s(\lambda_0)\cdot V = \ln\tau_s(\lambda_0, V) = \ln 0.02 \approx -3.91 = -A\cdot\lambda_0^{-q}\cdot V \tag{4-13}$$

整理后可以得出待定常数 A 的计算公式如下：

$$A = \frac{3.91}{V}\cdot\lambda_0^q \tag{4-14}$$

另一项待定常数，即指数衰减系数 q 可以根据经验按如下规则取值。

能见度 $V > 80\text{km}$：$q = 1.6$；

能见度 $V = 6 \sim 80\text{km}$：$q = 1.3$；

能见度 $V < 6\text{km}$：$q = 0.585V^{1/3}$。

将待定常数 A 和 q 代入公式(4-11)可得大气中气溶胶对红外辐射的散射系数为

$$\mu_{\text{s}} = \frac{3.91}{V} \cdot \left(\frac{\lambda_0}{\lambda}\right)^q \tag{4-15}$$

最后，根据公式(4-8)可得，大气中气溶胶散射衰减后的大气光谱透过率为

$$\tau_{\text{s}} = \exp\left[-\frac{3.91}{V} \cdot \left(\frac{\lambda_0}{\lambda}\right)^q \cdot X\right] \tag{4-16}$$

公式(4-16)适用于计算海平面均匀大气对红外辐射的散射影响，对于高空大气的散射分析，同样需要考虑高度修正因子。只不过大气散射强度不再受大气压强的影响，而是取决于大气中气溶胶的粒子数密度。在不同能见度情况下，大气中气溶胶粒子数密度随海拔的变化可以通过查表获得。大气对红外辐射的散射影响的高度修正因子可以用公式(4-17)描述：

$$x_0 = x \cdot \frac{n}{n_0} \tag{4-17}$$

式中，x 为高度 h 处的大气传输路径长度；n_0 为海平面上大气中的气溶胶粒子数密度；n 为高度 h 处的大气中的气溶胶粒子数密度；x_0 为具有相同散射衰减的海平面上的大气传输路径长度[2]。

2) 等效传输路径计算

对于不同海拔处的水平传输路径，可以通过前面给出的高度修正计算公式(4-6)和公式(4-17)，计算出等效的海平面上的大气传输路径。对于倾斜的传输路径，则需要对大气作分层处理，使每一层内的大气参数基本保持不变，从而可以对每一层内的大气传输路径采用水平传输路径的计算方法来处理。

本书中根据通常给定的大气参数随海拔的变化数据表格，将海平面到 100km 高度的大气层不等厚地划分为 33 层。在 100km 以上的大气已经极其稀薄，大气对红外辐射传输的影响可以忽略不计。

如图 4-9 所示，天基红外探测系统探测地球上空的目标时，在某一层均匀大气层(该层大气底部的高度为 h_1，顶部的高度为 h_2)内，其辐射传输路径长度为 l，设地球半径为 R_{e}，天基红外探测系统的轨道高度为 H，则通过几何运算可得

$$\begin{cases} \dfrac{\sin\alpha_1}{R_{\text{e}} + H} = \dfrac{\sin\theta}{R_{\text{e}} + h_1} \\ \dfrac{\sin\alpha_2}{R_{\text{e}} + H} = \dfrac{\sin\theta}{R_{\text{e}} + h_2} \Rightarrow 斜程\, l = \dfrac{(R_{\text{e}} + h_2) \cdot \sin\beta}{\sin\alpha_1} \\ \beta = \alpha_2 - \alpha_1 \end{cases} \tag{4-18}$$

式中，θ 为目标、卫星的连线与卫星、地心的连线之间的夹角，也称为目标的"视线角"。

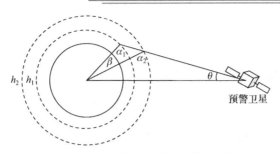

图 4-9　大气传输路径斜程计算示意图

利用公式(4-18)计算出每一层的斜程之后，需要采用公式(4-6)和公式(4-17)来计算每一层内的大气等效传输路径[2]。

3) 大气吸收计算的插值方法选择

在采用本节介绍的工程计算方法计算大气中二氧化碳和水蒸气对红外辐射的吸收时，需要利用本节前面介绍的公式计算二氧化碳的等效传输路径和水蒸气可凝结水量，然后通过查询小哈得孙数据表格，并采用插值方法计算。只有选择合适的插值计算方法，才能保证计算结果有足够的可信度，满足一定的计算精度。对于二氧化碳和水蒸气，由于其分子带吸收和含量描述模型不同，相应的插值方法也不同，下面分别介绍二氧化碳和水蒸气光谱透过率计算的插值方法。

(1) 二氧化碳光谱透过率计算的插值方法。由于二氧化碳在大气层中的体积分数比较固定，其吸收衰减可以直接用大气传输路径长度作为变量来衡量，且根据辐射吸收的一般表达式，设在某一均匀大气层内，二氧化碳对某一波长的红外辐射的吸收系数为 μ，则二氧化碳吸收后的大气透过率可用如下公式来计算：

$$\tau_{CO_2} = e^{-\mu \cdot x} \tag{4-19}$$

式中，x 为辐射在大气层内的等效传输路径长度。

在小哈得孙数据表格中，可以获得一些特定的等效传输路径长度 x 所对应的 τ_{CO_2} 数值，由于 τ_{CO_2} 与等效传输路径长度 x 并不满足简单的多项式关系，所以不能采用简单的插值运算直接求解 τ_{CO_2}，而应该将二氧化碳的吸收系数 μ 理解为等效传输路径长度 x 的函数，通过小哈得孙数据表格，计算出一些特定的等效传输路径长度 x_0 所对应的 μ 值，然后对 $x - \mu$ 采用插值方法计算大气等效传输路径长度 x 所对应的二氧化碳吸收系数 $\mu(x)$，再利用公式(4-19)求解 τ_{CO_2}[2]。

(2) 水蒸气光谱透过率计算的插值方法。由于水蒸气光谱透过率与相应的可凝水量之间并不满足简单多项式关系，也不满足通常的指数关系。因此不能采用直接的插值方法计算，而是如同二氧化碳那样采用吸收系数的插值方法计算。

庆幸的是，对于清洁的大气(只含有水蒸气而不含液态和固态杂质的大气，一般在距离地面超过 2km 的大气即可近似认为是清洁大气)，有人将实验测量结果转换为近似的解析表达式，描述了水蒸气的光谱透过率与可凝水量之间的近似解析关系，如公式(4-20)所示：

$$\tau_{H_2O} = C \lg W + t_0 \tag{4-20}$$

式中，W 为传输路径上的可凝水量；C 和 t_0 为常数，可以通过查小哈得孙数据表获得。

直接采用公式(4-20)计算大气层中水蒸气光谱透过率，计算精度有限，且有诸多的限制条件约束。例如，要求可凝水量 $W_0 \leqslant W \leqslant 200 \text{mm}$，仅适用于无霾的大气等。这里 W_0 是可以忽略水蒸气吸收的最大的可凝水量，即认为 $W < W_0$ 时，$\tau_{H_2O} = 1$。

虽然不能直接采用解析公式计算水蒸气光谱透过率，但是公式(4-20)提供了水蒸气光谱透过率与可凝水量之间的近似函数关系，只是需要把公式中的常数 C 和 t_0 理解为随大气条件而变化的参数。对于某一给定的大气条件下，可以通过小哈得孙数据表格，计算出 τ_{H_2O} 与 $\lg W$ 的对应关系，然后采用插值方法计算，求解 τ_{H_2O} [2]。

4.2　空天目标红外辐射特征及常用特征建模方法

4.2.1　典型目标的红外辐射特征

红外光电探测系统的目标是多种多样的，由于任何温度在绝对零度以上的物体都会发出红外辐射，因此理论上只要红外光电探测系统的灵敏度足够高，几乎可以用红外光电探测系统探测任何物体的红外辐射信号，故而任何物体都有可能成为某种特定红外光电探测系统的目标。本小节将重点介绍各类军事目标，如火箭、飞机、弹道导弹等。

1. 火箭

火箭的红外辐射来源主要有以下几种(图 4-10)：①高温部件表面的红外辐射(如发动机的尾喷管等)；②发动机喷气流的红外辐射(如尾焰/羽流)；③气动加热的飞行器表面的红外辐射(如火箭外表面)；④再入大气层时高速摩擦烧蚀形成的尾发动机的尾迹及冲击波层内的热空气的红外辐射。随着火箭的飞行方式和飞行阶段不同，这些辐射源的红外辐射信号的重要程度会发生变化，相应探测火箭需要采用的探测波段和探测方式也会不同[2]。

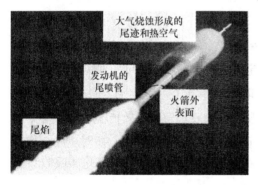

图 4-10　火箭的红外辐射来源示意图

这里简单介绍一下火箭尾焰的红外辐射特性。各种气体火焰(发动机、炉子燃烧室等)的红外辐射可以分为以下三种情况：

(1) 无光火焰辐射。其主要特点是具有光谱选择性，即红外辐射的光谱分布为线状谱或带状谱，主要是由燃烧产生的气体(如二氧化碳、水蒸气等)发出的。

(2) 发光火焰辐射。它主要是由燃烧产生的各种细微粒子(包括各种金属氧化物颗粒和不完全燃烧的产物等)发出的，这里粒子的温度与其所处的尾焰气体温度相近，这部分红外辐射的特点是红外辐射的光谱分布为连续谱。

(3) 尘流辐射。尘流是指承载悬浮固体粒子(尺寸大大超过辐射波长)的气流，烟气中含有灰尘粒子或煤灰的平均尺寸为 5～130μm，其辐射也主要是连续谱。

　　火箭的发动机通常进行富燃烧，也就是说其排出的尾流中还有相当一部分没有完全燃烧的物质，这些物质在被喷出后，与大气中的氧气混合会发生二次燃烧，从而在尾焰中形成一个后燃区。尤其是当火箭飞行高度较低、大气比较稠密时，这种二次燃烧现象特别明显，通常二次燃烧会使尾焰的温度增加 500K 左右。图 4-11 是一个典型的低空火箭尾焰的结构示意图[2]。

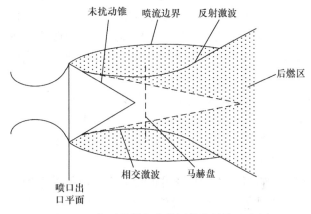

图 4-11　典型的低空火箭尾焰的结构示意图

　　需要指出的是，要确定尾焰红外辐射，需要精确计算尾流场中各点处的温度、压力、密度及各种组分的浓度分布情况等，这种计算是一个十分复杂的流体问题。

　　典型的火箭尾焰红外辐射光谱分布曲线如图 4-12 所示。火箭的红外辐射主要由两大部分组成：燃烧产生的各种气体的红外辐射和尾焰中各种粒子的红外辐射。其中燃气的红外辐射属于分子光谱，是离散的带状谱，也就是说燃气属于选择性辐射体，而粒子的红外辐射是连续谱。图 4-12 所示的火箭尾焰红外辐射信号在 2.7μm 和 4.3μm 附近有两个峰值，这主要是分别由燃气中的水蒸气和二氧化碳产生的[2]。

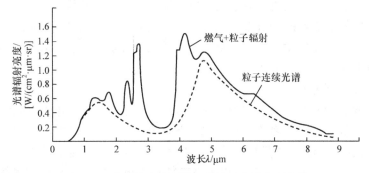

图 4-12　典型的火箭尾焰红外辐射光谱分布曲线

　　需要指出的是，随着火箭高度的变化，由于大气压强的减小，火箭尾焰的尺寸会大幅度增加，这也给火箭尾焰红外辐射信号的建模仿真分析带来了很大的难度。例如，休斯公司的一个通信卫星在其远地点(高度为 36280km)火箭发动机处的尾焰尺寸达 106km 长、53km 宽[2]。

2. 飞机

随着红外光电探测技术的不断发展，军事领域的各类飞机都不同程度地采用红外隐身技术。20 世纪 70 年代末到 80 年代中期为红外隐身技术研究的第一个高潮时期。20 世纪 80 年代中期以来，红外隐身的重要性越来越明显，主要是因为使用的探测系统中，红外探测系统约占 30%，因此红外信号不容忽视，并且在空战中，红外制导导弹是对飞机的最大威胁。在 80 年代的几次空战中，红外制导弹击落的飞机占被导弹击落飞机总数的 70%～80%。为了避免被红外光电导引头、红外热成像仪和红外告警器探测到，飞机尽量减少其红外特征。红外隐身是一种通过衰减或改变飞机的红外辐射特性，使其温度接近于环境温度，从而降低被探测的概率，它已成为现代电子战的一个重要组成部分[2]。

现役的红外制导导弹，主要探测发动机尾焰和尾喷管发出的中波红外 3～5μm 波段的红外辐射。因此各种隐身战机在红外隐身方面重点考虑了对发动机尾喷管和尾焰的红外隐身措施，主要手段是降温和遮挡，如 B-2A 和 F-22 都针对其发动机尾喷管和尾焰采取了相应的红外隐身措施[2]。

B-2A 的碳-碳复合材料排气管的特殊性能促使在静电场的帮助下减少离开燃烧室的气体对排气管的加热，这种静态电磁场就像一个"虚拟喷嘴"，使带电气体的流动发生偏转。这项技术早在 1969 年就已获得专利。红外特征的另一个来源是喷射火焰中的二氧化碳、氧化氮和水蒸气的红外辐射。使用以电离碳氢化合物为基础的气溶胶减少了二氧化碳和氮氧化物的红外特征。这种气溶胶还能防止高度稀释时水蒸气形成冰晶[2]。

F-22 的红外隐身技术包括采用二元喷管和对尾喷管的遮挡技术。在相同的横截面积下，二元喷管的壁面面积比轴对称喷管的壁面面积大，因此可以散发出更多的热量。喷出宽而薄的气溶胶火焰后，可以迅速散热，分散尾焰的动能，减少轴向长度，降低温度，从而显著降低尾焰的红外辐射。同时喷口处的吸热材料与喷焰的接触面积增大，吸热效果增强。F-22 的垂尾、平尾与尾撑向后延伸，可遮挡尾喷管的红外辐射[2]。

飞机的红外辐射信号主要来源于发动机尾焰、发动机尾喷管、飞机机身蒙皮的红外辐射以及飞机反射或散射的来自太阳光和地气系统的红外辐射。对于隐身飞机而言，红外隐身设计的重点是减少发动机尾喷管和尾焰的红外辐射特性，而机身蒙皮的红外特征则相对影响较小[2]。

1) 尾喷管的红外辐射

飞机的尾喷管可以认为是受高温气体加热的排气管。在红外辐射能量计算时，可以把尾喷管视为灰体，综合考虑管壁材料的比辐射率、尾喷管的 L/r 值(长度与开口半径之比)、管壁温度与尾气温度的差异性等因素，取尾喷管温度等于排出尾气的温度，则其有效比辐射率约为 0.9。于是可以根据普朗克黑体辐射公式计算尾喷管红外光谱辐射特性[2]：

$$N_{尾喷管} = \frac{\varepsilon}{\pi} \int_{\lambda_1}^{\lambda_2} W_\lambda(T) \mathrm{d}\lambda \tag{4-21}$$

$$J_{尾喷管} = N_{尾喷管} A \tag{4-22}$$

式中，ε 为尾喷管的比辐射率；T 为尾喷管的热力学温度；A 为尾喷管的辐射面积。

例如，对于采用涡轮喷气发动机的波音 707 飞机，其尾喷管的基本参数如下：

(1) 尾喷管的温度等于尾气温度，典型值为 758K(485℃，最大巡航推力状态下的温度)；

(2) 尾喷管的有效辐射面积取为 3600cm^2；

(3) 尾喷管的有效比辐射率 $\varepsilon = 0.9$。

根据公式(4-21)和公式(4-22)可以计算得出，单台发动机的尾喷管在 3.2～4.8μm 的中波红外波段的辐射亮度和辐射强度分别为 0.144W/(cm$^2 \cdot$ sr)和 518W/sr。

对于将飞机作为点目标进行探测的红外光电探测系统，飞机的四台发动机落在探测系统的同一个像元上，因此总的辐射强度可以直接取单台发动机的 4 倍[2]。

2) 尾焰的红外辐射

对于飞机而言，其发动机尾焰与火箭尾焰相比，具有飞行高度基本固定，尾焰形状尺寸相对固定的优点。飞机通常活动在平流层内，大气环境参数相对稳定，这就给飞机尾焰红外辐射的计算带来了近似简化的可能性，也使得对于飞机尾焰红外辐射特性的建模仿真比火箭尾焰要容易得多[2]。

通常在工程计算中，可以近似将飞机尾焰视为比辐射率为 0.5 的灰体，然后采用普朗克黑体辐射公式(类似于公式(4-21))可以很方便地计算出飞机尾焰的辐射亮度。

尾焰红外辐射计算的重点是确定尾焰的温度场分布情况，发动机尾喷管喷出的气流(尾焰)的温度场可以用如下的工程简化近似公式计算：

$$T_2 = T_1 \left(\frac{P_2}{P_1} \right)^{\frac{\gamma-1}{\gamma}} \tag{4-23}$$

式中，T_2 为通过尾喷管后膨胀的尾焰气体的温度；T_1 为尾喷管中的气体温度；P_2 为膨胀后的气体压强；P_1 为尾喷管内的气体压强；γ 为空气的定压热容量和定容热容量之比。

对于亚音速飞行的涡轮喷气式飞机，P_2 / P_1 的值约为 0.5，对于燃烧产物 $\gamma \approx 1.3$，飞机尾焰的温度可以用如下的工程近似公式计算：

$$T_2 = 0.85T_1 \tag{4-24}$$

可见，飞机尾焰的温度较低，对于以亚音速飞行的涡轮喷气飞机，尾喷管中的气体温度比排气膨胀到环境压力中的气体温度高 15%[2]。

3) 机身蒙皮的红外辐射

飞机机身蒙皮的红外辐射可以视为灰体辐射，计算其辐射强度的关键是获取机身蒙皮的温度、蒙皮材料的比辐射率和蒙皮的形状尺寸。飞机在平流层飞行时，其机身蒙皮会受到大气层的气动加热作用而导致其温度高于蒙皮的温度。气动加热造成的温度变化可以用如下公式计算：

$$T_s = T_0 \left[1 + k \left(\frac{\gamma-1}{2} \right) Ma^2 \right] \tag{4-25}$$

式中，T_s 为飞机蒙皮温度；T_0 为周围大气温度；k 为恢复系数，其值取决于飞机所处大气层的气流流场，层流取值约为 0.82，紊流取值约为 0.87；γ 为空气的定压热容量和定容热容量之比，通常取值约为 1.3；Ma 为以马赫数表示的飞机飞行速度，$1Ma$ 的速度即为声音在空气中的传播速度，约为 340m/s。

在典型的工程计算中，机身蒙皮的温度通常可以采用如下的经验公式来计算：

$$T_s = T_0(1 + 0.164Ma^2) \tag{4-26}$$

下面计算各种隐身飞机机身蒙皮的红外辐射特性。

表 4-2 显示了几种典型隐身飞机 F-22A、F-35、F-117A、B-2 和 T-50 的几何外形参数。图 4-13～图 4-15 是几种典型隐身飞机的三维模型。表 4-3 是这几种典型隐身飞机的动力参数和飞行参数。表 4-4 则是计算出的典型隐身飞机机身蒙皮在中波红外和长波红外波段的辐射强度。计算过程使用的参数如下：飞机飞行高度在 10～20km，位于对流层顶部和平流层底部，这层大气的环境温度约为 $T_0 = 230$K，机身蒙皮的比辐射率取值为 $\varepsilon = 0.45$，机身蒙皮的有效辐射面积按 5m² 计算[2]。

表 4-2　典型隐身飞机的几何外形参数

机型		机长/m	机高/m	翼展/m	备注
F-22A		18.92	5.08	13.56	机翼面积为 78.04m²
F-35	F-35A	15.47	4.57	10.70	机翼面积为 42.7m²
	F-35B	15.47	4.57	10.70	机翼面积为 42.7m²
	F-35C	15.62	4.72	13.26	机翼面积为 52.6m²
F-117A		20.08	3.78	13.20	机翼面积为 88.4m²
B-2		21.03	5.18	52.43	机翼后掠角为 33°
T-50		20.00	6.05	14.20	机翼面积为 78.8m²

图 4-13　F-117A(夜鹰)的三维模型示意图

图 4-14　F-22A(猛禽)的三维模型示意图

图 4-15　F-35 的三维模型示意图

表 4-3　典型隐身飞机的动力参数和飞行参数

机型	发动机型号	发动机台数	单台发动机		巡航速度马赫数 Ma	最大速度马赫数 Ma
			最大推力/kN	加力推力/kN		
F-22A	F119-PW-100	2	97.9	155.7	1.82	2.5
F-35	F-135-PW-100	2	133.3	177.8	0.6	1.38
F-117A	F404-GE-F1D2	2	48	—	—	0.84
B-2	F118-GE-110	4	84.5		0.8	—
T-50	AL-41F	2	96.04	175.91	1.13	2.11

表 4-4　典型隐身飞机的红外辐射特性分析

隐身飞机	飞行速度马赫数 Ma	机身蒙皮温度 T_s/K	辐射强度/(W/sr)	
			中波(3~5μm)	长波(8~12μm)
F-22A	最大 2.25	420.96	102.661	363.916
	巡航 1.82	354.94	20.057	186.353
F-35	最大 1.38	301.83	4.485	89.241
	巡航 0.6	243.58	0.349	28.130
F-117A	最大 0.84	256.62	0.679	38.038
B-2	巡航 0.8	254.14	0.601	35.998
T-50	最大 2.11	397.93	64.252	295.020
	巡航 1.13	278.16	1.794	59.014

从表 4-4 中可以看出，隐身飞机的机身蒙皮温度高于环境温度的 230K，对于 F-22A，这个温差在 124~191K，可以有效利用机身与环境的温度差异，采用红外光电探测系统实现对这类隐身飞行目标的探测；对于 F-35，则由于其处于亚声速巡航飞行，其机身蒙皮温度比环境温度 230K 仅高出 13K 左右，对其探测要求红外探测器的灵敏度更高。同时，注意到除 F-22A，其他机身的长波红外辐射强度比中波红外辐射强度高 1~2 个数量级[2]。

3. 弹道导弹

在不同的飞行阶段，弹道导弹的红外辐射信号来源各不相同。处于助推段飞行的弹道导弹，其红外辐射信号主要是发动机尾焰的红外辐射信号、发动机尾喷管的红外辐射信号、弹体的红外辐射信号和弹体散射的环境红外辐射信号。处于中段自由滑行的弹道导弹，其红外辐射信号主要是弹体的红外辐射信号和弹体散射的环境红外辐射信号。处于再入段飞行的弹道导弹，其红外辐射信号主要是高速飞行的弹头与大气气动加热形成的热辐射信号。

1) 助推段辐射特性

对于弹道导弹，其助推段的辐射主要是发动机尾焰的红外辐射，这与 4.2.1 小节介绍的火箭的辐射特性是一样的。

在助推段，弹道导弹喷射出强烈的尾焰，温度可达 2000～3000K，其辐射包含各种波长的可见光、短波、中波、红外光和紫外光信号，这些信号通常不能被掩盖，在离开大气层后很容易被地球静止导弹预警卫星发现。弹道导弹助推段的红外光谱辐射频谱如图 4-16 所示，导弹的尾焰频谱能量集中在 2.7μm 和 4.3μm 附近的短波和中波红外波段，正好处在大气的吸收区。通过助推段识别目标的主要优点：它是一个单一的目标，可用的识别特征明确，而且速度和姿态的缓慢变化有利于目标的识别。图 4-17 显示了飞行在特定高度的弹道导弹，其尾焰红外光谱辐射特性与地球和大气等背景红外光谱辐射特性的对比情况。可以看出，弹道导弹尾焰红外信号在 2.7μm 和 4.3μm 附近的短波和中波红外波段与环境背景存在最大的对比度[2]。

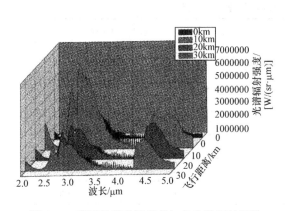

图 4-16　弹道导弹助推段的红外光谱辐射频谱　　图 4-17　助推段弹道导弹辐射特性与环境特性的对比分析

2) 中段辐射特性

中段是弹道导弹飞行时间最长，轨迹机动能力最弱，最适合作为弹道导弹预警探测和反导拦截的飞行阶段。

在弹道导弹中段，弹体与火箭脱离，自由滑行于外层空间，红外辐射信号主要是弹体自身的红外辐射，弹体温度在 200～300K，弹体表层一般被视为比辐射率为 0.8 的灰体。根据红外辐射基本理论，利用普朗克辐射计算公式可以比较容易获得中段弹道导弹的红外辐射信号，关键是获取中段弹道导弹的外形和尺寸数据[2]。

3) 再入段辐射特性

当导弹进入大气层时，由于强烈的气动加热，再入体(弹头)成为一个强红外辐射源。再入飞行器的辐射主要来自四个部分：

(1) 再入体前部被激波加热的空气；

(2) 气动加热后的再入体表面；

(3) 附面层内的烧蚀物；

(4) 再入体后的尾焰。

在红外区，主要的辐射来自(2)和(3)；在可见光和紫外区，(1)起着重要作用。

再入段导弹辐射特性计算的难点在于确定高超声速飞行的再入体表面温度。一旦确定了表面温度，就可以把它近似为一个比辐射率 $\varepsilon = 0.9$ 的灰体来计算其辐射亮度。

这里对弹道导弹不同飞行阶段的运动特性和红外辐射特性进行了简要的介绍，在表 4-5 中有一个简单的汇总和对比。总的来说，助推段由于红外信号很强，且导弹刚刚发射，速度较慢，是进行弹道导弹早期预警探测的最佳时期，然而因为助推段弹道导弹具有较强的机动能力，且通常助推段飞行的弹道导弹尚处于对方国土，所以要在助推段对弹道导弹进行拦截存在很大的难度；中段由于发动机关机，红外信号非常微弱，对红外光电探测系统提出了很高的要求，然而因为其维持时间最长，且飞行轨迹相对固定，机动性小，所以该飞行阶段非常适合进行弹道导弹预警探测和拦截；再入段虽然由于气动加热效应，弹头温度急剧上升，红外信号很强，但是导弹飞行速度快，且已经接近攻击目标，对于导弹的早期预警探测意义不大，然而该阶段是目前反导拦截的主要阶段[2]。

表 4-5　弹道导弹不同飞行阶段的特性比较

飞行阶段	动力	空气阻力	红外辐射尺寸	温度/K	红外信号	持续时间	预警探测和拦截
助推段	有	有	数百米	2000～3000	最强	60～360s	探测
中段	无	几乎无	几米	200～300	弱	几(十)分钟	探测和拦截
再入段	较小	有	几米	数千	强	几十秒	拦截

4.2.2　空天目标特征建模

由于同一个目标在不同的操作和环境条件下各有不同的特征，获得精确的目标特征就变得非常困难，不能简单地根据现实的红外特征来描述目标的所有复杂特征，而只能描述可以将目标与背景区分开来的一般特征，如大小和平均温度。

为了预测常用热成像系统的性能，通常使用目标和背景之间的等效面积加权温差 ΔT 来再现物体的特性[4]。单参数的普遍缺点是具有冷点和热点的目标 ΔT 的数学加权可以为 0。新的度量方法已经包括了目标与背景温度的标准差。

当波长小于 3μm 时，就会有足够可用的太阳辐射强度来探测反射率的差别，也就是说，短波长区域的目标特征是由反射率差异所产生的。这里目标特征由对比度描述。既然观测通过对比度识别目标，那么红外和可见目标都可以通过对比度来描述。

本小节重点讨论热特性，该数据分析方法对于所有光谱带都是一致的。方程只需要小的修改就可以适用于所有的光谱范围。

1. 目标与背景温差定义

当选择用 ΔT 来度量目标-背景特征时，探测器产生的差分电压为[4]

$$\Delta V_{\text{sys}} = k \int_{\lambda_1}^{\lambda_2} R_{\text{d}}(\lambda) \left[M_{\text{e}}(\lambda, T_{\text{T}}) - M_{\text{e}}(\lambda, T_{\text{B}}) \right] \tau_{\text{optics}}(\lambda) T_{\text{atm}}(\lambda) \text{d}\lambda \tag{4-27}$$

用 ΔT 换算为

$$\Delta V_{\text{sys}} = k \int_{\lambda_1}^{\lambda_2} R_{\text{d}}(\lambda) \left[M_{\text{e}}(\lambda, T_{\text{B}} + \Delta T) - M_{\text{e}}(\lambda, T_{\text{B}}) \right] \tau_{\text{optics}}(\lambda) T_{\text{atm}}(\lambda) \text{d}\lambda \tag{4-28}$$

ΔT 在方程中是隐藏的，它是背景温度、大气透射系数、探测器响应度和透镜透射系数的函数。这些方程只能迭代求解，而没有函数表达式的解。

第一个假设是变量的微小变化可以用泰勒级数表示：

$$M_e\left(\lambda, T_B + \Delta T\right) - M_e\left(\lambda, T_B\right) \approx \frac{\partial M_e\left(\lambda, T_B\right)}{\partial T} \Delta T \tag{4-29}$$

得到：

$$\Delta T = \frac{\int_{\lambda_1}^{\lambda_2} R_d\left(\lambda\right)\left[M_e\left(\lambda, T_T\right) - M_e\left(\lambda, T_B\right)\right]\tau_{optics}\left(\lambda\right)T_{atm}\left(\lambda\right)d\lambda}{\int_{\lambda_1}^{\lambda_2} R_d\left(\lambda\right)\frac{\partial M_e\left(\lambda, T_B\right)}{\partial T}\tau_{optics}\left(\lambda\right)T_{atm}\left(\lambda\right)d\lambda} \tag{4-30}$$

第二个假设是大气透射系数没有光谱特征，$T_{atm}\left(\lambda\right) \approx T_{ave} = \tau_{atm\text{-}ave}^R$，这样可以把方程简化为

$$\Delta T \approx \frac{\int_{\lambda_1}^{\lambda_2} R_d\left(\lambda\right)\left[M_e\left(\lambda, T_T\right) - M_e\left(\lambda, T_B\right)\right]\tau_{optics}\left(\lambda\right)d\lambda}{\int_{\lambda_1}^{\lambda_2} R_d\left(\lambda\right)\frac{\partial M_e\left(\lambda, T_B\right)}{\partial T}\tau_{optics}\left(\lambda\right)d\lambda} \tag{4-31}$$

如果光学装置和探测器的响应度与波长无关，则

$$\Delta T \approx \frac{\int_{\lambda_1}^{\lambda_2}\left[M_e\left(\lambda, T_T\right) - M_e\left(\lambda, T_B\right)\right]d\lambda}{\int_{\lambda_1}^{\lambda_2}\frac{\partial M_e\left(\lambda, T_B\right)}{\partial T}d\lambda} \tag{4-32}$$

最后，如果 $M_e\left(\lambda, T\right)$ 在所有光谱范围内是常数，则

$$\Delta T \approx \frac{M_e\left(\lambda_{ave}, T_T\right) - M_e\left(\lambda_{ave}, T_B\right)}{\frac{\partial M_e\left(\lambda_{ave}, T_B\right)}{\partial T}} \tag{4-33}$$

公式(4-33)就是定义 ΔT 简化的方程。因为光学装置、探测器的响应度和大气透射系数原本具有光谱特性，所以 ΔT 就是所有这些量的函数。前面的每个假设显然都改变了温度的差分。每个假设中，光谱量偏离认为常数的假设越多，这个假设引起的误差就越大，影响最大的是大气透射系数。当系统的光谱响应开始进入存在明显的大气吸收区时要格外注意，此时温度误差为路径长度的函数。即使存在这些固有的困难，红外成像中仍然把 ΔT 作为描述目标特征的方法。

公式(4-33)定义的 ΔT 与背景温度 T_B 有关，模型修正时可以考虑其他的背景温度。然而对 ΔT 的测量一般是在 $T_B \approx 300K$ 时完成的。任何其他背景的 ΔT 都是猜想[4]。

2. 目标面积加权温度 ΔT

在一般情况下，假设目标和背景都是具有相同温度的黑体模型。在这个假设中，表面效应(如表面的灰尘、污垢和油漆)被忽略了，表面被假定为一个具有均匀辐射度的完

美黑体。目标的真正温度也许与等效温度相等，也许不相等。这个转化只是陈述了在所关注的光谱区之后，目标和背景似乎是具有等效温度的黑体。ΔT 是一个简化的概念，在完整的无线度量中，ΔT 与 T_{B} 都会用到。

由于目标特征的复杂性，利用面积加权的目标温度：

$$T_{\mathrm{ave}} = \frac{\sum_{i=1}^{N} A_i T_i}{\sum_{i=1}^{N} A_i} \tag{4-34}$$

式中，目标划分为 N 个子面积 A_i，每一个子面积都具有自己的温度 T_i。

以货车为例，货车的温度划分如图 4-18 所示，可以将货车分为 6 个区域，每个区域的温度为 $T_1 \sim T_6$，每个区域的面积为 $A_1 \sim A_6$。将每个区域的值代入公式(4-34)就可以计算得到货车的 T_{ave}，这个值描述了货车的平均温度。如果背景具有平均温度 T_{B}，则平均的温度差为

$$\Delta T = T_{\mathrm{ave}} - T_{\mathrm{B}} \tag{4-35}$$

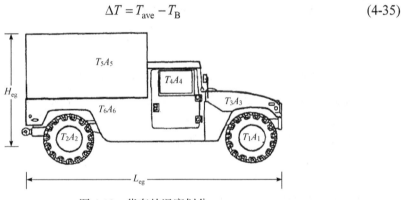

图 4-18　货车的温度划分

目标的 ΔT 一般由数据分析和经验判断确定，大致在 0.2～12℃，具体数值依赖于车辆的类型、状况和外表的尺寸。必须判断 ΔT 的数值，这个值可以是基于实验的测量结果，或者是这些结果的类推，或者是经验。

一般来说，在中波长红外和长波长红外区域中的发射率(目标和背景)一样，ΔT 的大小被认为是一致的，发射率不一样，ΔT 也不同。注意即使车辆在可见光区域可以辨别，ΔT 也能为 0，因为特征依赖于光谱反射率的差。

尽管昼夜变化和操作状况会影响目标特征，但为方便起见，可用面积加权的 ΔT 来描述目标特征。不同的观察角度，面积加权的 ΔT 可能是不同的[4]。

3. 热力学结构度量

在目标/背景的场景描述中利用一些简单的平均参数，如平均值或标准差等，来描述成像传感器针对地物干扰背景中具有内在结构和对比梯度的目标的探测性能是不充分的。

每一种度量方法都独特地把目标/背景的平均温度和标准差结合起来以获得修正的 ΔT，一些方法还包括了目标和邻近背景的像素数[4]。为了同时度量目标和背景的热力

学结构,提出:

$$\Delta T_{\text{BOYLE}} = \sqrt{(T_{\text{T}} - T_{\text{B}})^2 + (\sigma_{\text{T}} - \sigma_{\text{B}})^2} \tag{4-36}$$

式中,T_{T} 和 T_{B} 分别是目标和背景的平均面积加权。当目标和背景的标准差 σ_{T} 和 σ_{B} 为 0 时,公式(4-36)化简为前面的面积加权 ΔT。如果目标是 $H \times W$ 的矩形,背景就是 $\sqrt{2H} \times \sqrt{2W}$ 的矩形。基于领域内和实验室的测试,夜视实验室(NVESD)推荐使用平方和的根(RSS)的 ΔT:

$$\Delta T_{\text{RSS}} = \sqrt{\frac{1}{\text{POT}} \sum_{i,j} [T_{\text{T}}(i,j) - T_{\text{B}}]^2} = \sqrt{(T_{\text{T}} - T_{\text{B}})^2 + \sigma_{\text{T}}^2} \tag{4-37}$$

式中,(i,j) 的和包括了 POT 成分(目标像素)。面积加权平均可以表示为

$$\Delta T_{\text{AWAT}} - \frac{1}{\text{POT}} \sum_{i,j} T_{\text{T}}(i,j) \quad T_{\text{B}} = T_{\text{T}} - T_{\text{B}} \tag{4-38}$$

为避免 ΔT_{AWAT} 为 0 的可能性,Ratches 引入了:

$$\Delta T_{\text{JAR}} = \frac{1}{\text{POT}} \sum_{i,j} |T_{ij} - T_{\text{B}}| \tag{4-39}$$

探测目标的能力随着背景地物干扰程度的提高而降低。修正的 ΔT 方法只考虑了在目标附近的背景变化[4]。当全球地物干扰提出后,地物干扰度量得到了发展。Schmiede 和 Weathersby 提出了改变背景的辨别标准。是否把地物干扰合并成为目标特征的一部分或者通过增加观测阈值来增加识别目标的难度,这些都取决于分析需求[4]。

4. 其他特征建模

1) 环境变化带来的 ΔT 变化

所有在太阳光谱区有高吸收的物体都会发热。上升的温度取决于与太阳波长相关的吸收系数和物体通过发射红外线再辐射能量的发射率。当前的目标温度表示在目标和环境之间交换了多少辐射。所有物体在不同波长的阳光下有不同的吸收系数、不同的发射率和不同的热惯性,所以它们温度上升和下降的速度不同。因此,目标特征是以环境描述参数作为自变量的一个函数。吸收的太阳辐射量取决于物体的表面特性(雨水、露水、灰尘或污垢)[4]。

图 4-19 展示了由太阳、沉降物、大气、云、地球(SPACE)模型描述的一个典型的 ΔT 日间变化。在热窗渡点($\Delta T = 0$),目标无法探测。对固定的信噪比(SNR),它的范围可以由极限灵敏度近似推测出来[4]:

$$\text{SNR} \approx \frac{\tau_{\text{atm-ave}} \Delta T}{\text{NETD}} \tag{4-40}$$

式中,NETD 为噪声等效温差,是热探测器能探测到的最小温差,反映的是探测器的灵敏度。

在临界点上的 SNR 为 0。这里假定正负对比度的目标可以用相等的能力探测到,对于

$\tau_{\text{atm-ave}}=0.85\text{km}$ 的昼夜变化中典型的作用距离如图 4-20 所示。SNR 的时间低于由 NETD、大气投射率和 ΔT 决定的可测量的值[4]。

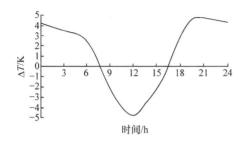

图 4-19　典型的 ΔT 日间变化

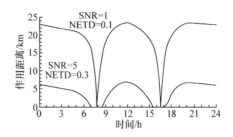

图 4-20　对于 $\tau_{\text{atm-ave}}=0.85\text{km}$ 的昼夜变化中典型的作用距离

2) 运动目标及特征建模

运动中的目标由于燃料燃烧和摩擦产生热量。一部车辆目标的特征依赖于它的运行状态：停止、空转或行进。对于被动目标(关闭状态)，其温度依赖于对日光相应波长的吸收率和再辐射能量时的红外发射率。

只要发动机运转，就会在燃烧过程中释放热量，这与车辆的运动条件无关。发动机消音器和排气管的温度比较高，这些高热的部分很远就可以看到。但是这些部件是固定的，因此可能不会确保它们在成像系统的方向上。摩擦产生的热量仅出现于车辆行驶状态中，这种热量比发动机产生的热量低。有轮车辆产生的热量来自于轮胎、减振器、驱动杆、传动器、车轴和差动器。对于装甲车辆，履带、车轮、链轮齿、支撑滚轴和减振器是摩擦生热的主要部件。摩擦产生的热信号中把轮式车辆和履带式车辆区分开来。

当车辆快速行驶或在强风中行驶时，由燃料燃烧和摩擦引起的温度上升速度会降低。如果车辆配备了武器，射击后的枪管会产生极大的热量。对于高速飞行器，空气动力学过程产生的热量也会提供目标特征。

目标的红外特征是其所处环境的积分部分。飞机的红外特征包括排气系统、辐射的散射和反射、内部热源与气动加热。根据观察角度和背景的不同，机翼和机身的温度一般没有很明显的特征，但发动机比背景温度高[4]。

目前有多种模型来预测信号特征，如物理可分辨红外特征模型(PRISM)和目标与场景的谱红外成像(SPIRITS)。PRISM 适用于地面目标，而 SPIRITS 适用于飞行器。这些模型已经被定性地验证过，而且进行了现场测试，提供了目标辐射光谱的详细谱图，包括大气散射和路径辐射[4]。

3) 路径辐射

直观地说，任何影响视觉感知的现象都会以同样的方式影响成像。烟雾弥漫的白天，进入眼睛的散射光(路径辐射)减弱了视觉对比度，此时远处的物体呈现中性白色，无法区别出任何特征。眼睛如此，成像系统也会如此。成像系统只是简单地对辐射差别产生响应。对热成像系统来说，路径辐射会影响系统噪声，因此可能会改变外观的目标特征[4]。

参 考 文 献

[1] 邵永哲, 杨健, 李小将, 等. 航天器近地空间环境效应综述[J]. 航天器环境工程, 2009, 26(5): 419-423.

[2] 刘辉. 红外光电探测原理[M]. 北京: 国防工业出版社, 2016.

[3] 周世椿. 高级红外光电工程导论[M]. 北京: 科学出版社, 2014.

[4] HOLST G C. 光电成像系统性能[M]. 阎吉祥, 俞信, 解天宝, 等, 译. 北京: 国防工业出版社, 2015.

第 5 章

可见光探测技术

5.1　分　光　技　术

　　为了使较宽范围的光信号都能够成像并被不同探测器接收，必须将进入光学系统的光信号划分为多个波段，对它们分别成像，并配备合适的探测器进行接收。目前使用的分光元件主要有色散型、干涉型、二元器件和滤波型，如图 5-1 所示。色散型主要利用棱镜和光栅等元件将复色光色散分成序列谱线，每一个谱线元的强度通过探测器测量得到。干涉型主要基于迈克耳孙干涉仪，可以同时测量所有谱线元的干涉强度形成干涉图，对干涉图进行傅里叶变换即可得到目标的光谱图。二元器件主要利用二元光学透镜独特的色散特性实现分光。前述三种分光元件光路较为复杂、可靠性差、体积庞大，不适合进行小型化设计。滤波型分光元件通过利用多通道滤波平面元件可以有效克服前述三种分光元件的缺点，在多通道成像中使用分色片(滤光片)进行通道分光得到了广泛的应用。目前各种分光方法及其大致的光谱分辨能力如表 5-1 所示[1]。

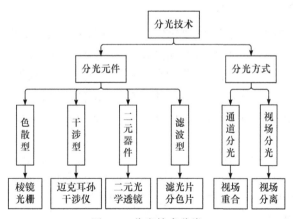

图 5-1　分光技术分类

表 5-1　各种分光方法及其大致的光谱分辨能力

分光方法	光谱分辨能力/cm^{-1}
滤光片	根据需求有不同带宽
棱镜	10
衍射光栅	1
高色散衍射光栅	0.1
傅里叶分光计	0.1～0.01
标准分光计	0.01～0.001
激光外差分光计	0.001～0.0001

另外，根据分光后不同通道对应的视场是否存在偏离区分，有通道分光和视场分光两种。通道分光可以保证各通道的探测视场在理论上完全重合；视场分光可以保证各通道对应的视场完全分离，即不同的通道对应物方的不同区域。

5.1.1　滤光片

滤光片分光实质上是一种光学薄膜技术，而光学薄膜技术主要利用光的干涉原理来调节透射、反射的光强。除了通常的高透射和高反射外，还需要使某些波长的光高透射，而另一些波长的光高反射的元件，这些元件称为滤光片。滤光片分截止滤光片、带通滤光片两种。其中截止滤光片可以实现光谱的粗分，所以也称分色片；带通滤光片，特别是窄带滤光片可用于光谱的细分。

薄膜光学是滤光片技术的理论基础，而菲涅耳界面反射、折射公式则是薄膜光学理论的基石。菲涅耳界面反射、折射公式可以从光的电磁理论导出，它完整地解决了光在两种介质界面上的强度分配问题[1]。

1. 菲涅耳界面反射、折射公式

当自然光照射到两种介质的分界面时，光矢量(指电磁波中的电矢量 E)可分解为在入射面内的 p 偏振光(TM 波)和与入射面垂直的 s 偏振光(TE 波)。这两种偏振光的界面反射、折射情况是不同的，可分别用各自的反射系数和透射系数表示。

严格地讲，p 光和 s 光的反射系数和透射系数均为复数，复数的模为振幅系数，复数的幅角为相位系数。因为光强与振幅有关，这里主要介绍振幅反射系数和振幅透射系数[1]。

设入射和折射介质的折射率分别为 n_1 和 n_2，入射角和反射角为 i_1，折射角为 i_2，如图 5-2 所示。根据菲涅耳界面反射、折射公式，倾斜入射时 p 光和 s 光的振幅反射系数和振幅透射系数是不同的，即有起偏现象，应分别计算。

p 光振幅反射系数为

$$r_{\mathrm{p}} = \frac{n_1/\cos i_1 - n_2/\cos i_2}{n_1/\cos i_1 + n_2/\cos i_2} = \frac{\eta_{1\mathrm{p}} - \eta_{2\mathrm{p}}}{\eta_{1\mathrm{p}} + \eta_{2\mathrm{p}}} \tag{5-1}$$

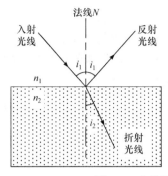
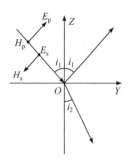

图 5-2　光线的反射和折射

式中，$\eta_p = n / \cos i$ 表示 p 光的光纳。

s 光振幅反射系数为

$$r_s = \frac{n_1 \cos i_1 - n_2 \cos i_2}{n_1 \cos i_1 + n_2 \cos i_2} = \frac{\eta_{1s} - \eta_{2s}}{\eta_{1s} + \eta_{2s}} \tag{5-2}$$

式中，$\eta_s = n \cdot \cos i$ 表示 s 光的光纳。

公式(5-1)和公式(5-2)引入了一个新的概念，即光纳。可以把光纳理解为对折射率的修正，引入了光纳的概念后，p 光和 s 光的振幅反射系数形式上可以统一表示为

$$r = \frac{\eta_1 - \eta_2}{\eta_1 + \eta_2} \tag{5-3}$$

如果光线垂直入射，即图 5-2 中的入射角 $i_1 = 0$，则不论对于 p 光，还是对于 s 光，光纳都等于介质的折射率 n，此时公式(5-3)演变为

$$r = \frac{n_1 - n_2}{n_1 + n_2} \tag{5-4}$$

而光强等于光矢量振幅的平方，所以界面对入射光的反射率可以表示为

$$R = r^2 = \left(\frac{n_1 - n_2}{n_1 + n_2} \right)^2 \tag{5-5}$$

在薄膜光学理论中，通常情况下光线的入射角 i_1 都很小，薄膜的反射率可以用公式(5-5)计算[1]。

2. 单层膜的多光束干涉

薄膜光学理论的核心是光通过膜层时产生反射和透射的多光束干涉。这里以单层薄膜为例对这一问题进行阐述。

如图 5-3 所示，设在折射率为 n_2 的基底材料上镀了一层厚度为 d、折射率为 n_1 的薄膜，光从折射率为 n_0 的空间入射。入射角和反射角为 i_0，在薄膜中的折射角为 i_1，在基底材料中的折射角为 i_2。

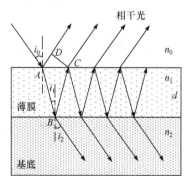

图 5-3　单层膜的多光束干涉

从图 5-3 可以看出，入射光线在薄膜表面会产生多束反射光束，实际上只有第一束反射光束是直接从薄膜表面反射的，而其余的光束都是在薄膜与基底的界面上反射后从薄膜表面透射的。为了研究这些光束的干涉情况，首先需要计算它们的相位差。

这些反射光束中相邻两束光的光程差可按如下公式计算：

$$\Delta = n_1(AB + BC) - n_0 \cdot AD = 2n_1 d / \cos i_1 - n_0(2d \cdot \tan i_1)\sin i_0 = 2n_1 d \cos i_1 \tag{5-6}$$

则相邻光束之间的相位差为

$$\delta = \frac{2\pi \cdot \Delta}{\lambda} = \frac{4\pi n_1 d \cos i_1}{\lambda} \tag{5-7}$$

在近似垂直入射情况下，入射角 $i_0 = 0°$，相邻光束之间的相位差为

$$\delta = \frac{4\pi n_1 d}{\lambda} \tag{5-8}$$

针对公式(5-8)，下面讨论三种薄膜[1]。

1) $\lambda/2$ 膜层

这里所说的 $\lambda/2$ 膜层是指薄膜对入射光的垂直光程为半波长，即

$$n_1 d = \lambda / 2 \tag{5-9}$$

则由公式(5-8)可得，薄膜表面的相邻光束之间的相位差为

$$\delta = 4\pi n_1 d / \lambda = 2\pi \tag{5-10}$$

根据干涉理论，薄膜表面对垂直入射的光的综合反射率可以用如下公式计算：

$$R_{\lambda/2} = \left(\frac{n_0 - n_2}{n_0 + n_2}\right)^2 \tag{5-11}$$

将公式(5-11)和公式(5-5)比较，可以看出 $\lambda/2$ 膜层对入射光的反射率完全没有影响，因此这种薄膜也称为"无影响膜层"。

2) $\lambda/4$ 膜层

这里所说的 $\lambda/4$ 膜层是指薄膜对入射光的垂直光程为 $\lambda/4$，即

$$n_1 d = \lambda / 4 \tag{5-12}$$

则由公式(5-8)可得，薄膜表面的相邻光束之间的相位差为

$$\delta = 4\pi n_1 d / \lambda = \pi \tag{5-13}$$

根据干涉理论，薄膜表面对垂直入射的光的综合反射率可以用如下公式计算：

$$R_{\lambda/4} = \left(\frac{n_0 - n_1^2 / n_2}{n_0 + n_1^2 / n_2}\right)^2 \xrightarrow{n_{12} = n_1^2 / n_2} R_{\lambda/4} = \left(\frac{n_0 - n_{12}}{n_0 + n_{12}}\right)^2 \tag{5-14}$$

将公式(5-14)和公式(5-5)比较，可以看出 $\lambda/4$ 膜层相当于原来基底材料的折射率由 n_2 调节为 $n_{12} = n_1^2 / n_2$，这里 n_{12} 称为镀上 $\lambda/4$ 膜层后基底和薄膜的等效折射率。

随着薄膜材料折射率 n_1 的变化，$\lambda/4$ 膜层表现出完全不同的特性：

(1) $n_1 > n_2$，$n_{12} > n_2$，$R_{\lambda/4} > R$，反射率提高；

(2) $n_1 = n_2$，$n_{12} = n_2$，$R_{\lambda/4} = R$，无影响；

(3) $n_1 < n_2$，$n_{12} < n_2$，$R_{\lambda/4} < R$，反射率降低；

(4) $n_1 = (n_0 \cdot n_2)^{1/2}$，$n_{12} = 0$，$R_{\lambda/4} = 0$，零反射条件。

3) 任意厚度的膜层

光线垂直入射时单层薄膜的反射率与膜层厚度的关系如图 5-4 所示[1]。

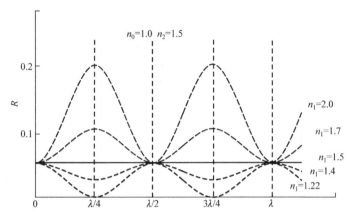

图 5-4　光线垂直入射时单层薄膜的反射率与膜层厚度的关系

从图 5-4 中可以得出如下结论：

(1) 只要薄膜材料的折射率大于基底材料的折射率，无论厚度如何，镀膜后的反射率都不会低于镀膜前基底材料的反射率，因此这种薄膜称为增反膜。

当 $n_1 d = \lambda/4$ 的奇数倍时($\lambda/4$ 膜层)，反射率达到极大值，n_1 与 n_2 的差别越大，增反效果越好。

当 $n_1 d = \lambda/2$ 的整数倍时($\lambda/2$ 膜层)，反射率达到极小值，等于基底材料的反射率。

(2) 只要薄膜材料的折射率小于基底材料的折射率，无论厚度如何，镀膜后的反射率都不会高于镀膜前基底材料的反射率，因此这种薄膜称为减反膜或增透膜。

当 $n_1 d = \lambda/4$ 的奇数倍时($\lambda/4$ 膜层)，反射率达到极小值，n_1 与 $(n_0 \cdot n_2)^{1/2}$ 的差别越小，增透效果越好。

当 $n_1 d = \lambda/2$ 的整数倍时($\lambda/2$ 膜层)，反射率达到极大值，等于基底材料的反射率。

3. 几种典型光学薄膜的工作原理

前面介绍的 $\lambda/4$ 膜层，可以通过调节膜层材料、基底材料和入射空间介质材料的折射率的相对大小，实现不同的目的，因此这类膜层在薄膜光学中非常有用，实际上 $\lambda/2$ 膜层也可以视为两个 $\lambda/4$ 膜层的叠加。全部由 $\lambda/4$ 膜层组成的多层膜称为 $\lambda/4$ 膜系，它是光学薄膜最常用的膜系。以下重点介绍由 $\lambda/4$ 膜系构成的几种典型光学薄膜的工作原理。

经典的光学薄膜大致可以分为五种：减反射膜(增透膜)、高反射膜、截止滤光片、带通滤光片和能量分光膜，其光谱曲线如图 5-5 所示[1]。

在这些不同类型的薄膜中，增透膜和高反射膜属于基本膜系，以下将重点介绍这两种膜系的工作原理。

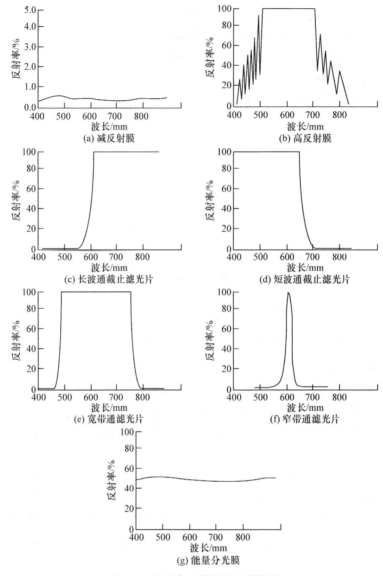

图 5-5　几种典型薄膜的光谱曲线

1) 增透膜

根据前面分析的λ/4 膜层的零反射条件，如图 5-6 所示的增透膜系的零反射条件如下：

$$\frac{n_0}{n_1} = \frac{n_1}{n_2} = \frac{n_2}{n_3} = \frac{n_3}{n_4} = \cdots \tag{5-15}$$

如果在玻璃上镀一层λ/4 膜层，使其在空气中表现为零反射，将玻璃的折射率 1.52 和空气折射率 1 代入公式(5-15)可得薄膜材料的折射率应为 1.23，如图 5-7 所示。在现有的光学材料中很难找到折射率如此低的材料，根据前面单层膜的内容，λ/4 膜层可以进行折射率的调节，于是考虑在玻璃基底上先镀一层用于调节基底折射率的λ/4 膜层，如图 5-8 所示。

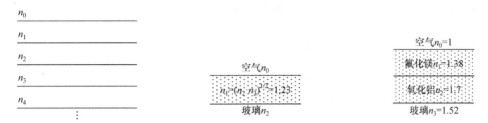

图 5-6　增透膜系　　　　图 5-7　玻璃上的单层增透膜　　　图 5-8　玻璃上的双层增透膜

图 5-8 中选择折射率相对较低的氟化镁($n_1 = 1.38$)作为表面膜层，为了能够在空气中实现零反射条件，要求基底的等效应为 $n_1^2 = 1.9044$。也就是说要在玻璃上镀一层作为折射率调节的过渡层($\lambda/4$ 膜层)，使其等效折射率等于 1.9044。计算得出过渡层的折射率应为 $n_2 = 1.7014$。在光学材料中蓝宝石(Al_2O_3)的折射率正好等于 1.7，因此选择蓝宝石作为过渡层材料，以氟化镁作为表面层材料，可以在玻璃上实现空气中的零反射。

从以上分析可以看出，增透膜一般只需镀 1～2 层就可以满足零反射条件，超过 3 层的情况不多[1]。

2) 高反射膜

红外光学系统的反射元件，如反射式物镜、扫描镜等，一般要镀高反射膜。高反射膜分金属膜和介质膜两种。铝、金、铑等是最常用的金属膜材料，它们在红外区域有很宽的高反射带。铝容易蒸发，能牢固地镀在玻璃甚至塑料上，且有良好的紫外、可见和红外反射特性。但是铝层表面易氧化，因此铝膜上还要加镀保护膜，通常选择镍作为保护膜材料。金膜在红外区的反射率最高，但不易镀在玻璃上，膜软且没有合适的保护膜，价格也较贵。

吸收的影响使金属膜只有有限度的反射率，但可以使用通过多层介质膜干涉增强的方法将反射率提升至接近 100%。下面就简要介绍基于 $\lambda/4$ 膜层的高反射介质膜的基本原理。

如图 5-9 所示，高反射膜可以表示为 GHLH…LHLHA，其中 G 为基底，A 为空气(入射空间介质)，H 和 L 分别为高折射率和低折射率的 $\lambda/4$ 膜层。

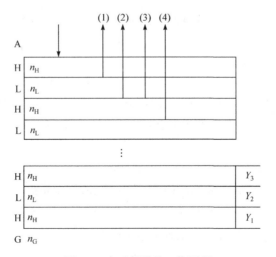

图 5-9　高反射膜的工作原理

下面根据单层薄膜的等效折射率计算公式 $n_{12} = n_1^2 / n_2$，从下向上以此计算膜系的等效折射率。

GH 膜系(1 层膜)的等效折射率为 $Y_1 = n_H^2 / n_G$；

CHL 膜系(2 层膜)的等效折射率为 $Y_2 = n_L^2 / Y_1 = (n_L / n_H)^2 n_G$；

GHLH 膜系(3 层膜)的等效折射率为 $Y_3 = n_H^2 / Y_2 = (n_H / n_L)^2 (n_H^2 / n_G)$；

GHLHL 膜系(4 层膜)的等效折射率为 $Y_4 = n_L^2 / Y_3 = (n_L / n_H)^4 n_G$。

采用归纳法可以得出，当 H 和 L 膜层的总数为偶数 $2K$ 时，整个膜系的等效折射率为

$$Y_{2K} = n_L^2 / Y_{2K-1} = (n_L / n_H)^{2K} n_G \tag{5-16}$$

由于 $n_L < n_H$，于是 $Y_{2K} < n_G$，即镀膜后基底的等效折射率降低，则根据公式(5-5)可知，镀膜后入射光的反射率将减小。

当 H 和 L 膜层的总数为奇数 $2K+1$ 时，整个膜系的等效折射率为

$$Y_{2K+1} = n_H^2 / Y_{2K} = (n_H / n_L)^{2K} (n_H^2 / n_G) \tag{5-17}$$

由于 $n_L < n_H$，于是 $Y_{2K+1} < n_G$，即镀膜后基底的等效折射率增加，则根据公式(5-5)可知，镀膜后入射光的反射率将增加。

利用公式(5-14)可得奇数层膜系的反射率为

$$R_{2K+1} = \left(\frac{1 - Y_{2K+1}}{1 + Y_{2K+1}} \right)^2 = \left(\frac{1 - 1/Y_{2K+1}}{1 + 1/Y_{2K+1}} \right)^2 \xrightarrow[Y_{2K+1} \to \infty]{K \to \infty} \approx 1 \tag{5-18}$$

可以看出，为了保证膜系的反射率尽可能高，要求膜系中包含的 H 和 L 膜层的总数为奇数，膜系排列为 GHLHLHL…LHLHA，且膜层总数要尽可能多，膜层数量越多，则反射率越高[1]。

5.1.2 棱镜

棱镜分光主要利用棱镜的色散原理，常用于可见和近红外波段。

1. 棱镜分光原理

如图 5-10 所示，当一束太阳光照射到棱镜的一个侧面上时，入射介质的折射率为 n_0(对于空气而言 $n_0 \approx 1$)，入射角为 i_1，棱镜材料的折射率为 n，棱镜顶角为 A，光线在入射表面处的折射角为 i_1'，在出射表面处的入射角和折射角分别为 i_2 和 i_2'，光线经棱镜后的偏向角为 δ。

根据光线传播的折射定律有

$$\begin{cases} n_0 \sin i_1 = n \sin i_1' \\ n_0 \sin i_2' = n \sin i_2 \end{cases} \xrightarrow{n_0 \approx 1} \begin{cases} \sin i_1 = n \sin i_1' \\ \sin i_2' = n \sin i_2 \end{cases} \tag{5-19}$$

同时，从图 5-10 中各个角度的几何关系可以得出：

$$A = i_1' + i_2 \tag{5-20}$$

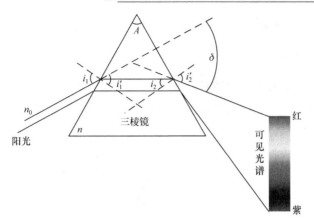

图 5-10　棱镜分光的工作原理

$$i_2 = A - \arcsin \frac{\sin i_1}{n} \tag{5-21}$$

光线经棱镜后的偏向角 δ 可以用以下公式计算：

$$\begin{aligned}
\delta &= (i_1 - i_1') + (i_2' - i_2) = i_1 + i_2' - (i_1' + i_2) = i_1 + i_2' - A \\
&= i_1 + \arcsin \left[n \sin \left(A - \arcsin \frac{\sin i_1}{n} \right) \right] - A
\end{aligned} \tag{5-22}$$

从公式(5-22)可以看出，在光线入射角 i_1 和棱镜顶角 A 不变的情况下，光线经过棱镜后的偏向角 δ 随光线在棱镜中的折射率变化而变化，于是不同波长的光线经过棱镜后会向不同的方向传播，从而实现了分光的目的。光线在棱镜中的折射率越大，其偏向角也越大。在可见光波段内，光学材料的折射率一般随波长的减小而增加。因此当可见光经过棱镜后，波长最长的红色光偏向角最小(折射率最小)，而波长最短的紫色光偏向角最大(折射率最大)，如图 5-10 所示[1]。

从公式(5-22)还可以看出，光线经棱镜后的偏向角还与入射角 i_1 和棱镜顶角 A 有关，实际上随着光线入射角的变化，偏向角 δ 有一个最小值，即

$$\begin{cases} \dfrac{\mathrm{d}\delta}{\mathrm{d}i_1} = 0 \\ \dfrac{\mathrm{d}^2\delta}{\mathrm{d}i_1^2} > 0 \end{cases} \Rightarrow \sin i_1 = n \sin \frac{A}{2} \xrightarrow{\ \sin i_1 = n \sin i_1'\ } i' = \frac{A}{2} \tag{5-23}$$

也就是说，当光线在棱镜内部的传播方向与棱镜底边平行时，其偏向角 δ 最小，此最小偏向角 $\delta_{\min}$ 满足：

$$\delta_{\min} = 2\arcsin \left(n \sin \frac{A}{2} \right) - A \tag{5-24}$$

通常情况下，在棱镜光谱仪中，棱镜都工作在最小偏向角情况下，这主要是因为：
(1) 光路对称，像差最小，棱镜不产生附加的横向放大率，便于设计；
(2) 棱镜的有效部分在孔径一定时形状对称，尺寸最小；

(3) 偏向角只对折射率敏感，而对入射光束的平行度不敏感，有利于光谱成像。

2. 棱镜的角色散率

可以看出，棱镜是通过不同波长的光线对应的偏向角δ不同而实现分光的，为了描述棱镜的分光能力，引入了角色散率这一物理量，它表示光线经过棱镜后的偏向角δ随入射光波长λ的变化率，即

$$\frac{\mathrm{d}\delta_{\min}}{\mathrm{d}\lambda} = \frac{\mathrm{d}\delta_{\min}}{\mathrm{d}n} \cdot \frac{\mathrm{d}n}{\mathrm{d}\lambda} = \frac{2\sin\dfrac{A}{2}}{\sqrt{1 - n^2\sin^2\dfrac{A}{2}}} \cdot \frac{\mathrm{d}n}{\mathrm{d}\lambda} \tag{5-25}$$

式中，$\mathrm{d}n/\mathrm{d}\lambda$表示棱镜材料的色散率(折射率随波长的变化率)。

从公式(5-25)可以看出，增强棱镜分光能力(色散能力)的方法如下：

(1) 增大棱镜顶角 A，但不能过大，随着顶角的增加，为了满足最小偏向角条件，入射角也要增加，则光线在界面上的反射损失会增加，甚至当$\sin(A/2) \geqslant 1/n$时，在出射界面上会发生全反射，从而不能实现分光；

(2) 选用折射率大、色散率($\mathrm{d}n/\mathrm{d}\lambda$)大的光学材料；

(3) 用多个棱镜串联，也可提高系统的色散能力。

从公式(5-25)还可以看出，棱镜色散后谱线间的角距离与谱线之间的波长差并不成正比，即色散是非均匀的。在可见光的棱镜光谱中，紫色部分展开的范围相较于红色部分更大，这是棱镜分光较大的一个缺点[1]。

3. 棱镜的光谱分辨率

光谱分辨率表示分光系统的光谱分辨能力，通常也称为光谱仪的鉴别率。如果在一个分光系统极限情况下，可以将波长为λ和$\lambda + \delta\lambda$的两种颜色的光区分开来，则该分光系统的光谱分辨率(鉴别率)R定义为

$$R = \frac{\lambda}{\delta\lambda} \tag{5-26}$$

棱镜的光谱分辨率计算需要综合考虑其角色散率、衍射理论和瑞利判据等相关知识，计算过程相对复杂，不要求掌握，这里只是给出棱镜光谱分辨率的计算公式，以便在一些工程应用中使用：

$$R = \frac{\lambda}{\delta\lambda} = D'\frac{2\sin\dfrac{A}{2}}{\cos i_1}\frac{\mathrm{d}n}{\mathrm{d}\lambda} \xrightarrow{D'=D=l\cos i_1 = \dfrac{t}{2\sin\dfrac{A}{2}}\cos i_1} R = \frac{\lambda}{\delta\lambda} = t\frac{\mathrm{d}n}{\mathrm{d}\lambda} \tag{5-27}$$

式中，$\mathrm{d}n/\mathrm{d}\lambda$为色散率；$D$ 和 D' 分别为在棱镜斜边上垂直于光线入射方向和出射方向的投影长度，分别是入射光束和出射光束的孔径。

为了提高棱镜的光谱分辨率，需要增加棱镜底边的长度t或采用色散率($\mathrm{d}n/\mathrm{d}\lambda$)大的光学材料。但是随着棱镜底边长度$t$的增加，棱镜内部的光路加长，对于红外波段而言，吸收损失往往比较大，因此棱镜分光很少应用在红外波段[1]。

5.1.3 光栅

目前，光栅逐渐取代了棱镜，成为一种常用的分光元件。与棱镜相比，光栅分光具有如下几个方面的优势：

(1) 光栅易于批量化生产，价格比棱镜便宜得多；

(2) 反射光栅的工作波长范围不受限制，而在 120nm 以下及 60μm 以上的波长范围内几乎没有可做棱镜的光学材料；

(3) 可通过提高刻线密度，利用高谱级衍射能量的办法提高光栅分光色散率和分辨率，通常光栅的光谱分辨率要比棱镜高至少一个数量级，且色散均匀；

(4) 红外谱段使用的棱镜材料，如 NaCl 晶体、KBr 晶体等易潮解损坏，仪器对环境要求苛刻，而光栅仪器相对容易维护。

根据光栅表面形状不同，有平面光栅和球面光栅之分，根据光栅元件是透光元件或反光元件，有透射光栅和反射光栅之分，如图 5-11 所示。以下将重点介绍衍射光栅和闪耀光栅的基础理论[1]。

1. 衍射光栅

衍射光栅有反射型和透射型两种，它们在原理上并无差别。以下以透射型衍射光栅为例讨论衍射光栅的基础理论，导出的公式和结论同样适用于反射型衍射光栅。

透射型衍射光栅由大量大小相等、间隔相同的微小狭缝组成，如图 5-12 所示。光在经过衍射光栅时，首先在单个狭缝上会产生衍射，而不同狭缝的衍射光又会产生干涉，所以衍射光栅的衍射图样实际上是单缝衍射图样与多光束干涉图样的叠加，如图 5-13 所示。

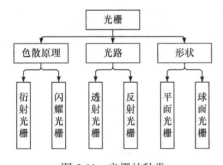

图 5-11 光栅的种类

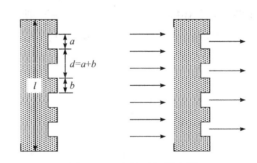

图 5-12 透射型衍射光栅

1) 光栅方程

如图 5-12 所示的衍射光栅，l 为光栅宽度，a 为光栅上透光的狭缝的宽度，b 为相邻狭缝之间不透光部分的宽度，光栅的刻线密度用每毫米包含的狭缝数量 p 表示，则光栅线数为 $N = l \times p$，透光的狭缝宽度 a 与不透光部分宽度 b 之和称为光栅常数 d，即 $d = a + b$。

当一束光经行射光栅后，相邻狭缝在同一方向上出射的衍射光的光程差满足如下关系时，干涉光最强(这里假设光线在空气中，即 $n_0 = 1$)：

$$\Delta = d\left(\sin\theta \pm \sin\theta_0\right) = \pm m\lambda\,(m = 0, 1, 2, \cdots) \tag{5-28}$$

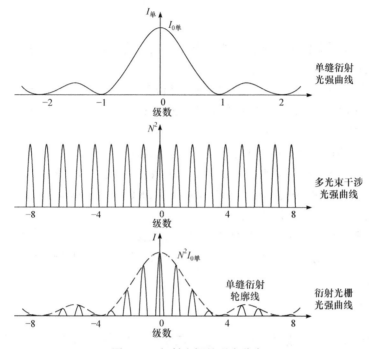

图 5-13　衍射光栅的强度分布

式中，d 为狭缝的间距，即光栅常数；θ_0 为入射角；θ 为衍射角；入射光与衍射光在法线的同侧(异侧)取"+"（"−"）号；m 为光栅的衍射级数(称为光谱级数)。如图 5-13 所示，通常衍射图样的 0 级衍射能量最大，随着衍射级数增加，衍射能量急剧下降。在图 5-14(a)中，由于 θ_0=0，取"+"或"−"均可；图 5-14(b)中，入射光与衍射光在法线的同侧，取"+"；图 5-14(c)中，入射光与衍射光在法线的异侧，取"−"。

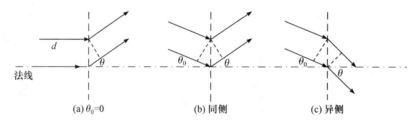

图 5-14　衍射光栅的不同衍射方向示意图

在入射角和衍射角满足如下关系式时，干涉光极小：

$$d\left(\sin\theta \pm \sin\theta_0\right) = \pm n\frac{\lambda}{N}\left(n=1,2,3,\cdots;n \neq N,2N,3N,\cdots\right) \tag{5-29}$$

式中，N 为光栅的狭缝总数。

2) 光栅的角色散率

光栅的角色散率定义为衍射角随入射波长的变化率，公式(5-28)对 λ 求微分得

$$\frac{\mathrm{d}\theta}{\mathrm{d}\lambda} = \frac{m}{d\cos\theta} \xrightarrow[\cos\theta \to 1]{\theta \to 0} \frac{\mathrm{d}\theta}{\mathrm{d}\lambda} \approx \frac{m}{d} \tag{5-30}$$

可以看出，光栅分光具有如下特点：

(1) 光栅的色散率只取决于光栅常数 d 和光谱级数 m，与光栅线数 N 无关。实际应用的光栅每毫米有几百条乃至上千条刻线，这意味着光栅可以具有很大的色散率。

(2) 衍射角 θ 较小时，色散为常数，即光谱在波长范围内均匀展开。

与棱镜色散相比，光栅色散的优点主要体现在高色散率和色散的均匀性。

这里需要指出的是，光栅的光谱级数也是有限的，根据公式(5-28)，有

$$\frac{m\lambda}{d} = |\sin i \pm \sin \theta| \leqslant 2 \Rightarrow m_{\max} = \frac{2d}{\lambda} \tag{5-31}$$

因此，光栅的最大光谱级数与入射光波长成反比，与光栅常数成正比。同时，虽然光谱级数越高时，光栅的角色散率越大，但是随着光谱级数的增加，衍射能量急剧下降，为了保证足够的能量，往往不能选择过高的光谱级数[1]。

3) 光栅的光谱分辨率

根据光谱分辨率的定义和瑞利判据，如果光栅极限情况下恰好能分辨波长为 λ 和 $\lambda + \delta\lambda$ 两种颜色的光，则要求波长为 λ 的光经光栅衍射后的 m 级主极大附近的第一级极小值与波长为 $\lambda + \delta\lambda$ 的光经光栅衍射后的 m 级主极大位置重合。

根据公式(5-29)可得，波长为 λ 的光经光栅衍射后的 $\lambda + \delta\lambda$ 级主极大附近的第一级极小值对应的衍射角 θ_{m1} 满足如下公式：

$$\sin \theta_{m1} - \sin \theta_0 = \left(m + \frac{1}{N} \right) \cdot \frac{\lambda}{d} \tag{5-32}$$

根据公式(5-28)可得，波长为 $\lambda + \delta\lambda$ 的光经光栅衍射后的 m 级主极大对应的衍射角 θ_m 满足如下公式：

$$\sin \theta_{m1} - \sin \theta_0 = m \cdot \frac{\lambda + \delta\lambda}{d} \tag{5-33}$$

根据瑞利判据，应有 $\theta_{m1} = \theta_m$，即

$$m\delta\lambda = \frac{\lambda}{N} \tag{5-34}$$

因此，光栅的光谱分辨率 R 为

$$R = \frac{\lambda}{\delta\lambda} = mN \tag{5-35}$$

可见，光栅的光谱分辨率与光谱级数 m 和光栅线数 N 成正比。由于光栅的光谱级数 m 有限，将公式(5-31)代入公式(5-35)可以得出光栅的极限光谱分辨率为

$$R_{\max} = m_{\max}N = \frac{2d}{\lambda}N = \frac{2l}{\lambda} \tag{5-36}$$

式中，l 为光栅宽度。

2. 闪耀光栅

根据前面的分析，衍射光栅的最大缺点是透过光栅的能量大都集中在无色散的零级

光谱内，能分光的其他各级能量非常弱。闪耀光栅通常为反射光栅，通过适当选择刻槽形状减弱包括最亮的零级光谱在内的各级光谱，把能量集中到某一所需的光谱级。

闪耀光栅的刻槽面与光栅面不平行，两者间存在夹角，如图 5-15 所示。这种结构可使单个刻槽面(相当于单缝)衍射的中央极大和各个槽面间(缝间)的干涉零级主极大分开，将光能量从各个干涉零级主极大(零级光谱)转移并集中到某一级光谱，从而实现该级光谱的闪耀[1]。

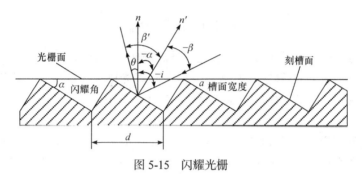

图 5-15　闪耀光栅

1) 闪耀条件

在作进一步讨论前，先对图 5-15 中的各个角度等符号的定义作以下说明。

图 5-15 中：a 为反射面的宽度(槽面宽度)；d 为光栅常数；n' 为反射面的法线方向；n 为光栅平面的法线方向；i 和 θ 分别为光束相对于光栅平面而言的入射角和衍射角；β 和 β' 分别为入射光束和衍射光束与反射面法线 n' 的夹角；α 为反射面法线 n' 与光栅平面法线 n 之间的夹角，通常称为光栅的闪耀角。需要注意的是，这里角度的定义是有正负之分的，规定从光线到法线顺时针方向为正，反之逆时针方向则为负。

为了使光栅能量集中到预设的光谱级次波长范围内，实现该级光谱的闪耀，闪耀光栅必须满足以下两个方面的条件：

(1) 将所预设要求的光栅衍射光方向置于沟槽小反射面的零级主极大方向(镜面反射光方向)；

(2) 将光栅的零级主极大置于以沟槽小反射面为单缝衍射的一级极小位置。

根据条件(1)，利用光栅方程(5-28)和反射定律，可得

$$\begin{cases} \sin i + \sin\theta = m\lambda / d \\ \beta' = -\beta \end{cases} \tag{5-37}$$

又从图 5-15 中各个角度对应的几何关系有

$$\begin{cases} i = \alpha + \beta \\ \theta = \alpha + \beta' = \alpha - \beta \end{cases} \tag{5-38}$$

将公式(5-38)代入公式(5-37)，整理得

$$2\sin\alpha\cos\beta = \frac{m\lambda}{d} \text{ 或 } 2\sin\alpha\cos(i-\alpha) = \frac{m\lambda}{d} \tag{5-39}$$

于是，根据预设的光谱级数 m、入射光波长 λ 和入射角 i 可计算出闪耀光栅的闪耀角 α。

利用光栅方程可得光栅的零级主极大对应的位置如下:

$$d(\sin i + \sin \theta) = 0 \Rightarrow i = -\theta \tag{5-40}$$

而单缝衍射产生的光强分布函数为

$$I_2(p) = \frac{\sin^2\left(\dfrac{kaq}{2}\right)}{\left(\dfrac{kaq}{2}\right)^2} \tag{5-41}$$

式中, $k = 2\pi/\lambda$; a 为槽面宽度; $q = -\sin\beta' - \sin\beta$。

根据公式(5-41)可得,以沟槽小反射面为单缝衍射的一级极小位置如下:

$$a(\sin\beta + \sin\beta') = -\lambda \tag{5-42}$$

且根据图 5-15 中的几何关系有

$$\begin{cases} \beta = i - \alpha \\ \beta' = \theta - \alpha \end{cases} \tag{5-43}$$

将公式(5-43)和公式(5-40)代入公式(5-42),整理可得

$$2\cos i \sin\alpha = \frac{\lambda}{a} \tag{5-44}$$

在确定了入射光波长 λ、入射角 i 和闪耀角 α 后,可以计算出槽面宽度 a[1]。

2) 闪耀波长

在公式(5-41)中,当 $\beta' = -\beta$ 时, $q = 0$,光栅槽面的单缝衍射产生的光强达到零级最大,即光栅刻槽面上与入射光具有镜面反射关系的衍射光的光强最大,该方向称为闪耀方向,对应波长称为闪耀波长[1]。

根据闪耀波长的定义,闪耀光栅的闪耀波长实际上是可以根据前面给出的闪耀条件来计算的,也就是说闪耀波长 λ_b 应该满足:

$$2\sin\alpha\cos\beta = \pm\frac{m\lambda_b}{d} \text{ 或 } 2\sin\alpha\cos(i-\alpha) = \pm\frac{m\lambda_b}{d} \tag{5-45}$$

通常所称的闪耀波长 λ_b 均指一级($m = 1$)闪耀波长,其他级次光谱强度很小,在总能量中占的比例很少,80%以上的能量集中到一级光谱上。

虽然闪耀光栅在同一级光谱中只对闪耀波长产生最大的光强度,但由于刻槽面衍射的中央极大到极小有一定的宽度,致使闪耀波长附近一定波长范围内的谱线也具有较大的光强,因此闪耀光栅也可用于一定的波长范围[1]。

5.2　高速摄影技术

5.2.1　高速摄影的种类

高速摄影综合使用光、机、电、光电传感器与计算机等一系列技术。高速摄影按其

作用技术可以分为光机式、光电子类。

1. 光机式相机

光机式相机是所有基于几何光学原理，使用高速动作机械机构，实现对快速目标观测记录的设备的统称，通常可分为以下 3 类[2]。

1) 间歇式高速摄影机

间歇式高速摄影机由输片机构、收片机构与光学系统等部分组成。因底片两侧齿孔强度的限制，间歇式高速摄影机拍摄速度的上限为 360 幅/秒。摄制结果可以按放电影的频率放映，使原有现象变化的速度放慢至多 15 倍，也可以使用专门的判读仪测出运动的多种参数[2]。

2) 光学补偿式高速摄影机

光学补偿式高速摄影机的底片可连续运动，从静止逐步达到某一稳定速度。人们通常使用移动的透镜、旋转的棱镜或反射镜，使图像在曝光时间内与底片同速运动、相对静止以获得清晰的图像。目前使用最多的是旋转棱镜[2]。

3) 转镜式高速摄影机

转镜式高速摄影机的底片固定在暗箱内近似圆弧的片架上，利用旋转反射镜使成像光束在底片上高速扫过。若在底片前面放置一排透镜，光束扫过时会在底片上形成一幅幅图像，即构成分幅相机。若在光学系统前设置一个狭缝，将目标通过狭缝和转镜成像在底片上，当转镜旋转时，在底片上形成条状图像。由于摄制结果是条带，因此称其为条纹相机，有时也称为扫描相机[2]。

2. 光电子类相机

光电子类相机包括所有使用电光、光电效应及脉冲电光源的高速相机，可分为闪光摄影、电光摄影与变像管高速摄影等[2]。

1) 闪光摄影

闪光来源于火花放电或氙灯，也可由脉冲激光产生。闪光持续的时间就是相机的曝光时间。火花放电的持续时间一般为纳秒级，而激光脉冲则可以短至皮秒(10^{-12}s)甚至飞秒级(10^{-15}s)。使用闪光摄影一次获得一幅照片，如果使用依次放电的火花隙阵列或者序列激光脉冲，则可以获得多幅照片[2]。

2) 电光摄影

硝基苯、二硫化碳等液体在电场中存在双折射现象，而电场消失后双折射现象也很快消失，这种效应称为克尔电光效应。将一个能施加电场的、充有上述液体的盒子(通常称为克尔盒)，放置在一对正交的偏振片中间就构成了一个快门。在不加电场时，该快门是不透光的，而当施加一个合适的电场时，快门即可透光。快门打开的持续时间主要取决于电场存在的时间，即施加在克尔盒上高压电脉冲的宽度(通常为纳秒量级)[2]。

3) 变像管高速摄影

变像管由光电阴极、电子光学聚焦系统和荧光屏等部件组成。当光学图像照在变像管光电阴极上时，光电阴极会发射出一个电子密度与照射光强相对应的电子图像，该图像经电子光学系统聚焦成像，即可在荧光屏上重新转换为与原来光学图像相同的可见光图像，实现对目标的记录[2]。

5.2.2 高速摄影系统

近年来，伴随着固体摄影器件 CCD、自扫描光电二极管阵列器件(SSPD)和 CMOS 等的迅速发展，以及大容量集成电路存储芯片的出现，新的系统采用高速摄影专用的 CCD、SSPD 或 CMOS 作为图像传感器，采用大容量集成电路存储芯片作为记录介质，形成了固态全数字高速视频摄影系统。这种系统可以即时以标准制式任意倍率慢放和对摄制画面进行自动搜索，也没有光机式相机等高速视频录像系统的高速运动部件，不存在噪声和磨损等问题，实现了对快速变化现象及目标的捕获、记录与重放[2]。

1. 高速摄影系统的基本构成及原理简述

1) CMOS 高速摄影系统

CMOS 高速摄影系统采用 CMOS 图像传感技术得到高质量图像。以瑞士 Weinberger 公司研制的 Visario 系统为例。该系统采用一种新式的有源像素 CMOS(active pixel CMOS)传感阵列，其内部集成有电子快门用以控制曝光时间。

进行实际拍摄时，相机的 CMOS 传感器接收到外部的光信号后，将其转化成模拟电压信号输出，之后通过相机内集成的 A/D 转换器阵列将模拟电压信号转换成数字量阵列信息，并暂时存储在相机内部的缓冲存储器中。拍摄结束后，根据实际需要可以通过相机与主控制计算机的数字接口和信号线将存储在缓冲存储器中的图像信息传送到主控制计算机的存储器中，经进一步的处理或格式转换即可输出[2]。

2) CCD 摄影系统

CCD 摄影系统具体可分为模拟摄影和数字摄影两种。

CCD 和 CMOS 两种固态图像传感器在光电探测方面原理类似，都利用了硅在光照下的光电效应原理，都支持光敏二极管型和光栅型，但像元中光生电荷的读出方式却不同。CCD 输入时序电压到邻近电容，把电荷从积聚处迁移到放大器。这种电荷迁移过程在根本上存在一些缺点，会造成图像系统体积庞大、功耗大(CCD 可携式照相机功耗近 10W)。但 CCD 相机也由于其出色的分辨率、较高的动态范围、噪声低、一致性好和像素面积小等优点在市场上保持着一定优势。在 CMOS 传感器中积累电荷不是像 CCD 一样转移后读出，而是立即经像元放大器检测后通过直接寻址方式读出信号[2]。

2. 时间放大器

"时间放大"的概念是针对"快摄慢放"而言的，通常只针对高速摄影机。一般对快速现象进行定性研究，只要求其能帮助人眼将快速动作放慢，人眼可以看清各分解动作即可，如机器的故障分析、体育的一般快速运动、脱壳弹的部件分离等。但是，大部分的科学技术问题除要求可以定性观察外，更注重得到的定量数据，建立起摄制现象的变化情况与时间、空间、温度、电量等物理量之间的关系。因此高速摄影机不但可用于时间放大，还是一种较为精密的时间和空间的测量仪器。

对运动或变化的物体进行研究与刻画，必须使用一定的时间和空间的相关关系来表达，也就是要在事物的空间坐标和时间坐标之间建立起一定的关系。因此高速摄影的主要技术指标可以概括为空间信息和时间信息[2]。

3. 高速摄影的应用领域

随着系统的曝光时间越来越短，摄影速度越来越快，分辨率越来越高，高速摄影系统的应用领域也越来越广。其中一些应用领域如下：

流体和燃烧研究；飞行和武器研究；机械加工和工具设计；物理和化学过程；运动和生理研究；动物行为和运动；光电工程研究；医药研究；天体物理学研究；意外事故研究；比赛计时；传输和交通工具研究；材料研究；原子能研究；学习教育；广告和娱乐[2]。

5.3 航 天 相 机

5.3.1 航天相机的概念

航天相机是指以紫外光、可见光、红外光等光学波段对地球目标或者空间目标进行拍照并传回信息的综合性光学仪器，具有光、机、电、热、控制和信息处理等技术能力。航天相机种类繁多，有侦察相机、测绘相机和多谱段相机等以胶片为信息载体的相机；有 CCD 相机、成像光谱仪、多光谱扫描仪等以光电探测器为接收器的相机。

航天相机在使用过程中具有以下特点[3]：

(1) 相机能够经受住振动、过载和噪声等诸多恶劣环境影响的考验。

(2) 相机拍摄的高度非常高，因此其光学系统焦距比较长。

(3) 相机必须采用适应空间环境的技术措施。例如，有机材料易在真空环境下挥发，污染光学镜头和探测器等；空间的粒子辐射使得光学镜片的透光率降低，甚至不透光，需要进行防辐射设计；航天相机在轨道上面临强大的杂散光干扰，须在设计时考虑消杂散光的措施；在轨道运行中，必须考虑温度场的变化，设计时须进行热分析，做好热设计，并采取相应的热控措施。

(4) 可靠性要求高，航天相机一般是一次使用不可维修的产品，对可靠性有着很高的要求。

(5) 严格的质量、体积与功耗限制，航天器的价格质量较高，在设计航天相机时会采取轻量化措施，尽量做到质量轻、体积小、功耗低、功能密度高。

目前，世界上各国拥有的经历过业务应用的航天相机有数千台，它们在气象、环境和灾害监测、海洋与地球资源、军事侦察及天文探测等诸多方面获得了广泛应用，已经成为人类认识和探索自然以及地球外层空间、扩展对地球和宇宙认识的不可或缺的手段，为促进人类文明和社会的和谐发展与进步作出了重要的贡献。

5.3.2 航天 CCD 相机

航天 CCD 相机主要指用 CCD 探测器作为敏感器的空间光学遥感器。20 世纪 70 年代以来，航天 CCD 相机技术飞速发展和成熟，已经广泛应用于地球资源探测和测绘、军事侦察等领域，成为当前世界应用最广泛的空间光学遥感器之一[4]。

1. 组成和工作原理

航天 CCD 相机一般由光学系统、CCD 探测器、CCD 成像电路、相机结构和温控系统等基本组成部分构成。光学系统将来自目标的辐射会聚到 CCD 探测器上；CCD 探测器将接收到的光信号转换成电荷包，在输出电容处转变成电压信号；CCD 成像电路的主要功能可以概括为时钟产生、CCD 驱动、信号采样保持、信号放大和增益匹配、将模拟信号转变成数字信号等；相机结构用于连接和固定各零部件，形成相机整体，并与卫星接口连接；温控系统用于控制相机的温度环境[4]。图 5-16 给出了中巴地球资源卫星(CBERS)CCD 相机的组成框图。

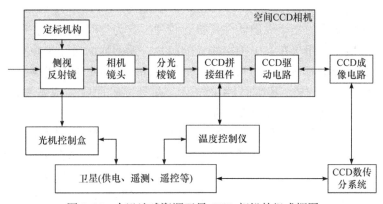

图 5-16 中巴地球资源卫星 CCD 相机的组成框图

有些卫星由几台相机组成相机系统。例如，小型多光谱 CCD 相机常由数台仅滤光片不同的 CCD 相机构成；测绘型 CCD 相机由两台或三台相同或不同焦距的 CCD 相机组合而成；还有的卫星为了满足观测视场要求，将几台 CCD 相机组合并列成像。

2. 航天相机的光学系统

航天相机的光学系统是望远成像光学系统，其与地面光学成像系统的不同之处在于真空环境下镜片的折射率会发生一定变化，导致其焦距和成像质量发生变化，空间辐射对光学材料的光学特性产生干扰，影响成像质量。

航天相机的光学系统一般包括：光学窗口、成像系统、分光系统、扫描系统等，其类型主要分为以下 3 种[5]。

1) 折射系统

折射系统主要应用于可见和近红外光谱区。折射系统可以通过调整多个变量实现大视场、高成像品质的技术要求。但大口径、长焦距、宽谱段的折射系统会受到玻璃材料光学特性的限制，其实现较为困难。此外，折射系统对环境温度、气压等的变化要求高，极大地制约了该系统在空间探测方面的应用。

2) 折反系统

航天相机采用折反系统，主要基于以下优点：

(1) 系统的焦距由反射面决定，不需要校正二级光谱；

(2) 使用特殊材料与结构使得光学系统对环境温度的变化不敏感；

(3) 系统结构简单，反射镜对像面位移无影响，对环境压力变化不敏感。

折反系统的主要缺点：中心遮拦损失光通量，会降低中低频的衍射 MTF 值，反射面的加工精度要求比折射面高。

3) 反射系统

反射系统的主要优点是光谱范围宽，其参与成像的光学表面全部为反射面，对从紫外到远红外光谱区全部适用，不存在色差。缺点在于通常需要采用非球面技术，加工检测难度大，安装调配比较困难。

3. 接收器件

航天相机最早使用的光学成像器件是摄影胶片，它为空间遥感事业作出了开拓性的巨大贡献。胶片型航天相机在空中拍摄曝光的胶片，返回地面后经过冲洗、判读等处理后方可使用。航天相机对地拍摄的照片具有分辨率高、信息量大的优点，但需要经过加工处理及判读等后续工作，其实时性比较差，并且要求回收，成本太高，因此随着 CCD 探测器件和空间通信技术的发展，胶片相机已经淘汰。

CCD 图像传感器具有环境适应性强、体积小、集成度高和空间分辨率高等特点，所以 CCD 器件问世不久，就在航天领域得到了广泛应用。采用线阵或面阵 CCD 器件的航天遥感 CCD 相机，其图像信息可以实时传输，整个系统的性能得到了显著提高。在航天遥感中，CCD 相机的空间分辨率由航天器的轨道高度、相机光学系统的焦距和 CCD 器件的像元尺寸决定，光学系统的相对孔径由 CCD 器件的灵敏度决定[5]。

4. 航天相机的机械结构

航天相机需要用结构件将光学系统各零件稳定、可靠、精确地支撑固定起来，以保证光学系统的成像质量。同时，镜头的结构设计应满足在不影响光学性能要求的条件下，实现光学零件无应力安装。其主要设计要求如下[5]：

(1) 航天相机机械结构是相机的主要承力部件，其必须具有足够的强度和良好的各向等刚度特性，特别要求光学结构件的稳定性，以确保能经受卫星发射时力学环境的考验，并在卫星轨道运行中稳定工作；

(2) 进行轻量化设计和有限元分析，尽量采用轻型结构和轻型材料；

(3) 实现相机的模块化设计，使得各部件紧凑，方便调整和装配；

(4) 结构设计是考虑相机电缆网、测温点、测湿点和卫星接口等接口结构设计。

5. 航天相机的热控系统

航天相机作为卫星的重要有效载荷之一，在轨道运行中经受着各种温度环境，不同类型的相机所经历的温度环境是不相同的：一类航天相机处于卫星的密封仪器舱内，虽然比舱外的环境好，但卫星仪器舱内壁的光轴方向温差较大，在轨运行周期内也将达到几十度，同时舱内其余仪器和相机本身的内部热源处于不断变化状态，对地观测窗口受外热流交替变化影响，温度环境复杂多变；另一类航天相机与卫星其余结构一样裸露于空间，经受高真空条件下温度的剧烈变化(从 3K 到 500K)[5]。

因此，鉴于以上空间环境，航天相机的热设计采用各种方式保障相机在空间热环境下正常工作。它包括相机自身的热设计和与卫星平台联合设计温度环境的保障措施两个部分：

(1) 计算分析航天相机所处的热环境、空间温度场、相机本身的热辐射、热边界条件以及随时间和空间变化情况。

(2) 面对航天相机所处的热环境，航天相机应采取可行的措施并进行热优化设计，如相机光学结构选型、光学镜片材料选择、光学镜片与结构件热匹配、热补偿、热隔离等被动的热设计措施。

5.4 天文探测技术

1. 天文望远镜技术

天文观测主要分为两类：成像观测，获取一个或多个空间目标的图像以便测量这些物体的形状和相对亮度；光谱观测，将入射光色散分光，测量入射光强度与波长的函数关系。这两类方法没有明确界限，相机通过在不同谱段拍摄的图像序列对强度和波长的函数关系进行概略分析，而一些光谱仪也能在一个很窄的光谱波段内构建一幅图像。一般来说，成像观测指的是直接在探测器上成像，利用滤光片来控制光谱波段，而光谱观测指的是用色散元件或干涉仪获得连续光谱。以上两种方法对应的仪器分别是相机和光谱仪。光谱仪中的一个实例是光度计，光度计是用来测量指定光谱段内单个物体发光强度的仪器。

天文望远镜所用探测器基本原理与一般光电探测所用探测器基本一致，但针对天文观测，探测器有一些特殊要求和实施方法。

1) 像素尺寸

从望远镜光学系统的角度来看，越小的像素越有优势，因为望远镜/相机组合的放大倍数降低。为接近奈奎斯特采样率，探测器的最佳焦距比由下式给出：

$$\frac{f}{D} = \frac{2p}{\lambda}$$

式中，f 是系统最终焦距；D 是主镜直径；p 是像素大小；λ 是工作波长。对于指定波长，所需焦距与像素的大小成比例。因此，像素尺寸越小，光学系统越容易封装。实践中，像素尺寸为 20～30μm 已充分够用，但越小越好。

2) 单元曝光时间

对于大型望远镜，观测时间可能持续几个小时到几天。在实践中，为了检测和消除宇宙射线的影响，观测被分割成较短的"单元曝光"。如果 Φ 是质子流，p 是像素边长，f_{cr} 是像素有效部分，则最大积分时间 t 由下式决定：

$$t \leqslant \frac{f_{cr}}{\Phi p^2}$$

在明亮天体或深度曝光的热红外图像中，黄道带前景亮度远高于背景亮度，单元曝光时间因"满阱"(单个像素可以存储的电子最大数量)限制将变得更短。

3) 暗电流

探测器引入的噪声主要有两种：暗电流和读出噪声。暗电流是指没有光照射探测器时测出的电流。暗电流随时间线性增加，可通过校准将其消除。然而，由于电荷产生过程的统计性质，使得暗电流具有不确定性特点。剩余误差通常等于暗电流信号的平方根，便是"暗电流散粒噪声"[1]。

4) 读出噪声

CCD 像素收集的信号，在传输、放大并转换为一个数字量时，该过程中的每一个步骤都会引入噪声。读取每个像素信号时所附加的噪声称为读出噪声。暗电流已经降低到可忽略水平时，可通过缩短曝光时间对其进行支配。超过 1000s 的典型曝光时间，读出噪声会大于暗电流噪声。可以用非破坏方法克服读出噪声，如在积分期间(上升斜坡采样)多次读出像素阵列中的数值，或通过每帧开始和结束时的多次读数(富勒采样)。图 5-17 很好地说明了这两种方法[1]。

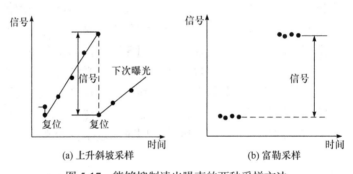

图 5-17　能够抑制读出噪声的两种采样方法

天文望远镜光路系统在第 2 章中已详细描述，本节不再过多赘述。

2. 天文望远镜技术在深空探测中的应用

天文仪器技术是伴随天文学发展的，反过来天文仪器技术的发展也促进了天文学的发展，特别是现代天体物理学的一系列重大发现都离不开先进的观测手段。

目前天文学的探测，如对银河系及河外星系的深空观测，因遥远天体十分暗弱，因此对望远镜技术提出越来越高的要求，具体有以下几个方面：

1) 全波段

全波段包括伽马射线、X 射线、紫外光、可见光、红外光、微波、无线电波等波段。由于地面观测不同波段的透过率受"大气窗口"的限制太大，多数波段的观测要在空间进行，因此各种各样的空间望远镜应运而生。

2) 大口径

大口径可接受更多能量，看得更远。地面光学望远镜口径向 10~50m 发展，地面射电望远镜口径向 100~500m 发展，空间光学、红外望远镜口径向 6~8m 发展。

3) 高分辨率

高分辨率可看得更清、更精细。于是要采用主动光学、自适应光学、光干涉、像复原等先进技术。

4) 高灵敏度接收器

发展大尺寸、高分辨的 CCD，以及高分辨率、高灵敏度的光谱仪、分光光度计和可见光外波段的接收器。

5) 大量信息采集、储存和数据处理

应用大视场望远镜、光导纤维和大存储量高速计算机对大量信息采集、储存和数据处理。

在 20 世纪末，世界各国纷纷开始研制 8～10m 级的地面望远镜，并相继投入运行；各种新技术被广泛采用，空间望远镜也继续向大口径、全波段配套的目标前进，开始了天文望远镜现代化的新时代。以下将介绍服务于空间探测的天文望远镜。

1) 0～10m 级地面望远镜

(1) 欧洲南方天文台的新技术望远镜和甚大望远镜。

1989 年，欧洲南方天文台(European Southern Observatory，ESO) 的 3.5m 新技术望远镜(new technology telescope，NTT)研制成功，安装在智利的拉西亚山，它开创了薄镜面主动光学的新纪元。

在此基础上，欧洲南方天文台于 2012 年又成功研制出更大的薄镜面主动光学望远，也就是甚大望远镜(very large telescope，VLT)，安装在智利的帕瑞纳山，到 2000 年，另外 3 台也相继研制成功并投入使用。

VLT 主镜直径为 8.2m，厚度为 18cm，由 150 个主动支撑点控制面形，校正后面形误差仅为 8.5mm。该望远镜的驱动系统首创用"分装式电机"作直接驱动。直接驱动的优点是可以避免传动链的误差及其机械变形引起的迟滞，而"分装式电机"相当于将电机的激磁线包直接镶嵌在望远镜的大型驱动盘上，可以产生巨大而稳定的驱动力矩，这是一般电机不可能胜任的。因此可以说 VLT 开创了现代大望远镜轴系驱动的新思路。VLT 两个高度轴驱动电机直径为 2.6m，每个输出力矩为 36kN·m；一个方位轴驱动电机直径为 16m，输出力矩为 125kN·m。

VLT 有两个内氏焦点和一个折轴焦点。4 台望远镜共配备了 11 种终端设备，观测波段为 0.3～26μm。各望远镜既可以单独运行，又可以组合起来进行干涉观测，组合后等效口径达到 16m，作为干涉仪，VLT 包括 4 台口径为 8.2m 的主望远镜，基线长 47～130m；4 台口径为 1.8m 的可移动的辅助望远镜，它们有 30 个台站可供选择，基线长 8～202m。干涉仪最高分辨率可达 0.0005 角秒。

(2) 美国的多镜望远镜和凯克望远镜。

在发明薄镜面主动光学技术的同时，另一种主动光学技术——拼接镜面主动光学技术也悄然兴起。该技术可追溯到 1979 年研制成功的多镜望远镜(multiple mirror telescope，MMT)。该望远镜由 6 个口径为 1.8m 的卡塞格林望远镜组成，用一个称为"六面光束聚合器"的激光检测系统使之实现共焦，于是整台望远镜的口径相当于 4.5m。在一定意义上可以说 MMT 开创了拼接镜面主动光学的先河，MMT 的子镜采用大型熔石英夹芯蜂窝结构，安装在霍普金斯山。MMT 于 1998 年改装为 6.5m 直径的整块主镜的望远镜，2000 年开始工作。

MMT 由多个独立的子望远镜组合而成，而不是直接对望远镜主镜进行拼接而达到共焦，因此它还不算严格意义上的拼接镜面主动光学望远镜。

第一台拼接镜面主动光学望远镜——美国凯克(KECK)望远镜由加利福尼亚大学、加州理工学院和 NASA 合作研制，共两台(KECK I 和 KECK II)，安装在夏威夷，分别于 1993 年和 1996 年投入运行。每台望远镜由 36 块六角形子镜构成，每块子镜口径均为 1.8m，厚度为 7.5cm。子镜采用机械浮动支撑，可进行整体倾斜调整，相邻子镜的边界上设置高精度位移传感器，可以探测高低差；在相应的像面上(相当于出瞳位置)设置可以探测"共相"误差的光学系统，通过这些方法实时检测共相误差信号，控制位移促动器实时调整子镜位置，以实现主镜共相。

两台 KECK 望远镜相距 85m，可实现光干涉观测，终端设备有近红外照相机、高分辨 CCD 相机和高色散光谱仪。该望远镜用于恒星形成和演化、地外行星、银河系、黑洞和暗物质等天文研究。

VLT 和 KECK 望远镜问世之后，各国相继研制成功一批口径为 8~10m 级地面望远镜，包括 GEMINI(口径为 8.2m，2 台)、HET(口径为 9.2m)、SUBARU(口径为 8.3m)等，其特点是都采用主动光学或者轻量化主镜、高精度电控等新技术和高效率终端设备，有的还采用光干涉技术。

(3) 大双筒望远镜。

大双筒望远镜(large binocular telescope，LBT) 由意、美、德联合研制，安装在美国亚利桑那州的格拉汉姆山，2004 年落成。

LBT 的两个主镜直径为 8.4m，均为熔石英蜂窝镜，其定位支撑和加力支撑，包括侧支撑，全部作用于蜂窝镜底面，其中加力支撑为 160 个可控气动单元。主镜面形加工精度为 28nm，望远镜采用地平式机架，特点是高度轴为液压"双轭"结构。两个主镜并列放置在轭架上，中心相距 14.4m。轭架上方装有立柱和横梁，以及若干摇臂。其中一对摇臂支撑两个自适应格雷戈里副镜，副镜材料为微晶玻璃，直径为 911mm，厚度只有 1.6mm，每个背面装有 672 个音圈促动器，校正频率高达 1kHz。两条光路各在本身的格雷戈里焦点(在主镜后面)上放置大型可见-紫外光谱仪。另外还有摇臂支撑主焦点仪器(2 个宽视场主焦相机)和 2 个第三镜(平面镜)，前者可以和自适应副镜快速切换；后者位于主镜上方，它们可以插入格雷戈里光路，并且方向可控，将副镜反射光束转向望远镜中面附近，产生 3 对格雷戈里焦点。其中一对放置常规接收器(中红外光谱仪)，另外两对主要用于共相成像，其中一对放置"零位干涉仪"，用于中红外波段观测；另一对放置有自适应光学的"共相阵列成像仪"，用于近红外波段观测。LBT 中的接收器为常规接收器时，其等效口径为 11.8m；对于共相成像，望远镜等效口径为 22.8m(基线方向上的分辨率)。各焦点均有消像场旋转的机构。该望远镜主镜圆顶很小，与望远镜方位同步转动。

2) 超大望远镜

在 0~10m 级望远镜研制成功的基础上，下一代超大望远镜也已经开始酝酿，目前主要有以下几个计划或方案：

(1) 巨型麦哲伦望远镜。

巨型麦哲伦望远镜(giant Magellan telescope，GMT)由美国的华盛顿卡内基研究所等 8 个单位与澳大利亚国立大学合作建造，等效口径为 21.4m 的主镜由 7 块直径为 8.4m 的子镜组成，安装在智利，预算造价为 6.25 亿美元。

(2) 美国三十米望远镜。

美国三十米望远镜(thirty meter telescope，TMT)主镜口径为 30m，由 738 块 1.2m 的子镜构成，中国和加拿大参与研制，预计造价为 10 亿美元。

(3) 欧洲极大望远镜。

欧洲极大望远镜(European extremely large telescope，E-ELT)由欧洲南方天文台成员国在智利建造，主镜口径为 39.3m，由 798 块六边形子镜构成。

3) 空间望远镜

20 世纪下半叶以来各国已经发射了大量的天文用空间探测器，特别是近 30 多年来，以哈勃空间望远镜为代表的大型天文卫星的发射和成功运行使天文观测冲破了地球大气窗口和大气视宁度的限制，开辟了空间天文新时代。这里仅列举几个著名的空间望远镜。

(1) 哈勃空间望远镜。

哈勃空间望远镜由美国于 1990 年发射。该望远镜长 13.3m，直径为 4.3m，重为 11.6t，光学系统采用 R-C 系统，主镜为熔石英夹芯蜂窝结构，口径为 2.4m，副镜直径为 0.3m。镜筒为低膨胀碳纤维材料制成的桁架，每根杆件均包裹多层隔热材料。主镜支撑是在反作用板(主镜室)上采用 36 点可调支撑，副镜支撑采用六杆调整机构。接收仪器包括宽视场行星照相机、暗弱天体照相机、暗弱天体摄谱仪、高分辨摄谱仪和高速光度计等。工作波段从紫外到近红外(0.115～2.5μm)，运行轨道为近地轨道。

哈勃空间望远镜的主镜在磨制时采用的检测系统有误差，这导致主镜存在球差，成像不清晰。后于 1993 年在轨修复，安装带有校正像差能力的透镜系统，精度得到恢复。

哈勃空间望远镜于 1994 年清楚记录了彗木相撞过程，并观测到大量系外小行星、超新星爆发、原恒星盘细节、类星体和黑洞等天文现象，测定了哈勃常数，对天文学作出了重要贡献。

(2) 詹姆斯韦伯空间望远镜。

詹姆斯韦伯空间望远镜是哈勃望远镜的"接班人"。其主镜口径为 6.5m，由 18 片六边形铍镜面组成。接收仪器有红外相机、近红外光谱仪、组合式中红外相机和光谱仪，工作波段为红外。为便于观测，机体要能承受极度低温，也要避开太阳光与地球反射光等，为此望远镜携带了五层的大型遮光板。运行轨道是距地球 150 万千米的第二拉格朗日点。

(3) 康普顿 γ 射线天文台。

康普顿 γ 射线天文台由美国于 1991 年发射，质量为 17t，有效载荷为 7t，是 20 世纪最重的空间望远镜，接收仪器有定向闪光光谱仪、康普顿成像望远镜、高能射线试验望远镜等。康普顿 γ 射线天文台运行 9 年时就已观测到 2600 起 γ 射线事件，遍布全宇宙，包括 30 个目前尚未知的星体，找到 400 多个 γ 射线源。2000 年 6 月 4 日在 NASA

引导下坠毁。

(4) 斯皮策空间望远镜。

斯皮策空间望远镜由美国于 2003 年发射。其总长约为 4m，质量为 950kg，主镜口径为 85cm，工作波段为 3～180μm，接收仪器有红外阵列相机、红外摄谱仪和多波段光谱仪，可拍摄红外图像与光谱。运行轨道是"尾随地球的日心轨道"，卫星始终处于地球阴影中，这样可以大大节省制冷液氦。

该卫星的天文目标是寻找系外行星，通过观测褐矮星、超大行星以及不同演化阶段的尘埃盘，研究恒星形成过程、未知的河外星系和早期的宇宙。

空间望远镜的特点之一是望远镜须处于接近绝对零度的极低温度环境下。因此一般要将设备置于极低温下发射，并携带大量的制冷剂。斯皮策空间望远镜采用"暖发射方式"，即利用空间低温条件，先将卫星冷却到 50K，然后切断望远镜和卫星外壳的热传导，再用制冷设备将望远镜冷却到 5.5K，接收器冷却到 1.4K，这样可以大大节省制冷剂。

参 考 文 献

[1] 付小宁, 牛建军, 陈靖, 等. 光电探测技术与系统[M]. 北京: 电子工业出版社, 2010.

[2] 张三喜, 姚敏, 孙卫平. 高速摄像及其应用技术[M]. 北京: 国防工业出版社, 2006.

[3] 张宇烽, 王红杰, 朱永红, 等. 火星相机研制[J]. 红外与激光工程, 2016, 45(2): 209-215.

[4] 崇雅琴. 空间光学望远镜星上定标系统机械结构研究[D]. 北京: 中国科学院大学, 2018.

[5] 赵阳. 新型反射式星敏感器光学系统设计[D]. 哈尔滨: 哈尔滨工业大学, 2007.

第 6 章

红外探测技术

6.1 红外成像技术

自然界中高于热力学零度的物体均在不断地辐射载有物体特征信息的红外线，为各种目标进行探测和识别提供了客观基础。红外光(红外辐射)是一种波长介于可见光和微波之间的电磁波，它具有电磁波的一般属性，人肉眼不可见，但可以通过它引起的热效应感觉到。红外成像技术就是指将红外光转换为可测量信号的技术。

从目前的应用情况来看，红外成像技术具有以下优点：环境适应性优于可见光，尤其是在夜间和恶劣天气下工作；隐蔽性好，一般被动接收目标信号，比雷达和激光探测技术安全，保密性较强且不易被干扰；与雷达系统相比，红外系统的体积小、质量轻、功耗低。因此，赫歇尔(Herschel)在 1800 年发现太阳光谱中的红外线以来，随着红外实验和理论的发展，红外技术由于其显著的优点，在经济、国防和科学研究等领域得到了广泛的应用，已成为现代光电探测技术的重要组成部分[1]。

6.1.1 工作原理

红外遥感系统和探测系统可分为主动式与被动式两种类型。主动式红外系统具有发射辐射能量及接收被反射或散射的信号的装置。发射部分主要为一台激光器，接收部分主要由望远镜、光学系统、探测器、信号处理和控制部分组成。被动式红外系统没有发射信号的功能，只有接收与处理来自目标的红外辐射信号的功能，在空间使用的主动式红外系统由于有激光器，要求其频率与输出功率高度稳定，同时一般情况下，其体积、质量、功耗都比被动式红外系统大。在本章中论述的红外遥感仪器和探测仪器都属于被动式红外系统。

当前空间使用的被动式红外遥感系统和探测系统都由扫描部分、望远镜、分光镜、探测器、制冷器、控制电路和数据处理部分组成，系统工作原理如图 6-1 所示。扫描部分确定探测的空间范围，然后把每个视场中的红外辐射或信息传输到主光学系统，即望远镜(能量收集系统)中，分光镜从入射辐射中选取具有所需的波长(或中心波数)和光学带宽的通道，由探测器转换为电信号，经过数据处理以后输出。由于红外探测器在低温下工作才具有良好的性能，通常红外系统中有微型制冷器为红外探测器提供适当的工作温度。在高性能红外遥感仪器和探测器中，甚至使分光镜的温度也有所降低，以减少仪器的背景噪声[1]。

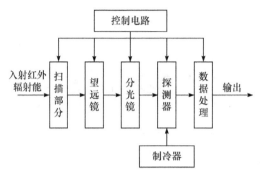

图 6-1　被动式红外遥感系统和探测系统工作原理图

6.1.2　系统组成

1. 扫描部分

仪器扫描部分的作用是把各个单独视场的信息组合成二维平面的信息分布，从而通过地面数据预处理和数据处理形成各种参数的图像产品。某些扫描方式可提高仪器输出数据的信噪比或给出新的信息[1]。红外扫描技术将在 6.3 节详细描述。

2. 分光部分

分光是指按照用户需要确定一组中心波长(或中心波数)和带宽(波段或通道)，从仪器的入射辐射中挑选出所需辐射的技术。

通常红外光电探测系统对应的目标和背景的辐射信号都分布在较宽的谱段内，而各种红外光电探测器能够响应的谱段宽度又是有限的，很难采用一个红外光电探测器实现对不同谱段信号的定量化探测。由于不同的目标往往都有其特有的光谱特征，即光谱指纹特征，因此可将探测得到的光谱信号与常见目标的光谱指纹特征比对，确定目标的种类。图 6-2 中以绿色植物的光谱指纹特征举例。通过合理选择一个或几个特定光谱宽度

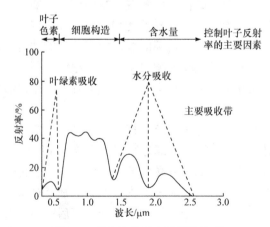

图 6-2　绿色植物的光谱指纹特征

的探测谱段，在抑制背景的前提下，保证目标和背景信号有高的对比度，可以实现对目标的检测、分类和识别。为实现对目标不同谱段信号探测，需要采用分光技术按照光学系统包含的谱段数量分别进行探测。根据谱段可以将光学系统分为单通道系统、多光谱系统、高光谱系统和超光谱系统。除单通道系统，另外三种光学系统都需要采用分光技术，以实现对目标不同谱段信号的探测。

随着航天、航空遥感技术的深入发展，不仅需要把可见光波段和红外大气窗口的波段进一步细分为多个窄波段，以获得更详尽的地物光谱信息，同时也希望知道它们在空间的精确分布。这种应用需求推进了成像光谱技术的快速发展[1]。

3. 红外探测器

红外探测器是将入射的红外辐射信号转变为电信号输出的器件。由于红外辐射属于电磁波，人眼观察不到，若要探测到这种辐射的存在，并测量其信号强弱，必须把其转变成可以观测和测量的物理量。一般只要红外辐射照射物体产生的效果可测量，而且足够灵敏，那么均可用其来衡量红外辐射信号的强弱。现代红外探测器主要利用红外热效应和光电效应。这些效应一般可输出电量，或者可间接转变成电量。

一般红外探测器至少有一个可以对红外辐射信号产生敏感效应的部件，称为响应元(敏感元)。此外，红外探测器还包括响应元支架、可透红外辐射的窗口和密封外壳等，有时还包括一些制冷部件、电子部件、光学部件等[1-2]。

4. 微型制冷器

目前，红外探测器特别是长波红外探测器，都必须在低温下工作才能有良好的性能。空间红外遥感仪器和探测仪器一般使用微型制冷器。

微型制冷器必须符合体积小、质量轻、功耗小的要求，主要有辐射制冷器和机械制冷器两种类型。辐射制冷器把冷空间作为冷源，几乎不消耗能量，因此它是被动式制冷器，用于制冷温度不太低(最低可达 80K 左右)的情况。机械制冷器用电驱动完成热量转移，为主动式制冷器。它可提供很低的温度，但是热效率较低，一般使用 Stifling 制冷机。此外还出现了辐射制冷与机械制冷相结合的复合制冷方式[1]。

5. 数据处理部分

数据处理可分为机内数据处理和地面数据处理两方面。机内数据处理根据仪器设计的总体考虑，按照微处理器功能和数据处理难易的不同，具有不同的处理层面。一般仪器的机内数据处理仅限于把机内遥测数据，如把仪器各部分温度、机内校准黑体的温度和电源电压等数据的电输出量，按照预定的校准公式换算成温度、电压等物理量。某些仪器还可计算出最终要探测的物理量，如偏振计可由微处理器计算出四个 Stokes 参数，进而计算出辐射率、偏振度、偏振角和椭率。如果微处理器有较高的性能，干涉仪型探测仪可以实时进行傅里叶逆变换，把干涉图还原为光谱图。这些最终求得的数据最后由空间飞行器发送到地面。仪器进行数据处理能减轻地面数据处理设备的负担，并使工作人员及时看到测量结果，但是对仪器的要求则有所提高。

地面数据处理系统的作用是把红外遥感或探测系统取得的原始图像或测量数据转变为最终可供使用的产品。该系统一般具有数据收集、数据管理、辐射校正、几何校正、数据压缩、数据存储和提取的基本功能。接着,一般还要进行数据的可靠性检验与筛选、反演运算、推算分析其他物理量和图像处理、图形识别、分类、图像显示(包括假彩色合成)等工作,最后提供产品[1]。

6. 热真空试验和校准定标

红外遥感与探测仪器在完成整机总调以后必须在热真空容器内进行性能测试,然后地面辐射校准。对于成像遥感而言,地面辐射校准包括实验室辐射校准和外场辐射校准。实验室辐射校准也在热真空容器内进行。

为保证探测器接收到目标信号后可以正确地判读和有效地利用接收信号,需要对探测器进行定标。定标就是通过测量的方式校准检测器的特性(如频带、扫描通道的带宽、输出和输入之间的关系等),从而对仪器的输出信息进行绝对量化。定标将于 6.4 节中进行详细讨论与介绍[1]。

6.1.3 性能指标

空间红外遥感与探测仪器的工作能力取决于光通量,它为入射孔径与瞬时视场角的乘积。实际上,该参数表示仪器从目标获得辐射通量的能力。20 世纪 70 年代以后出现了列阵探测器,在某些仪器中取代了单元探测器,相当于增加了仪器的"眼睛",从而增强了仪器的工作能力。在光学设计时,应力求光路简单,光学效率高。如果入射孔径和瞬时视场角已经确定,并且使用何种探测器也确定了,则光谱分辨率、测量时间(或仪器的总视场角)和信噪比之间互相制约。对某个指标提高要求意味着对另外的指标要降低要求。

在系统设计时应该明确用户的需要,特别是波段(或通道数)、中心波长(或中心波数)、带宽、地面分辨率(在给定空间飞行器高度的条件下)和信噪比。然后选用合适的分光方式和光学系统、扫描方式和探测器,确定入射孔径。把各项指标进行合理的设置,以期在可行性与先进性之间取得最佳平衡状态[1]。

6.2 红外扫描跟踪技术

6.2.1 光机扫描及其控制电路

受到红外光学材料和红外探测器集成度的限制,红外系统很难同时满足大视场、高分辨率的需求。采用光学机械扫描、固体自扫描和利用仪器平台运动扫描是红外系统常用的扩大探测视场、增加空间分辨率的方法。

本节将介绍物面扫描和像面扫描这两种最基本的光机扫描方式,以及各种常用光机扫描部件。航空、航天遥感仪器均充分利用平台运动完成沿轨方向的扫描,而在穿轨方向的行扫描则有单元探测器光机扫描、多元探测器光机并扫和长线列探测器凝视推扫等多种形式[1]。

1. 光机扫描技术

用于辐射测量或是用于目标探测定位的红外应用系统,均要求系统有较高的空间分辨率(高精度测量和跟踪定位)、较大的探测视场(大范围成像和搜索跟踪),系统瞬时视场通常要求在毫弧度量级,更甚至在微弧度量级,探测视场要求为几度甚至几十度。反射式红外系统或折反射式红外系统的光学视场有限,折射式红外系统的光学视场较大,但受红外材料的限制较多。此外,由于红外探测器的集成度有限,扩大光学视场势必降低系统的空间分辨率。因此,采用扫描技术是增加探测视场、提高空间分辨率的有效方法[1]。

为了满足空间分辨率的需要,系统瞬时视场一般比较小,系统光学视场因受系统可扫描到探测像元数的限制也比较小,通常用二维转台等方法使得光轴扫描,扩大扫描视场范围。

扫描视场与光学系统本身无直接关系,主要取决于光机扫描的控制模式。采用单元探测器的光机扫描系统,其光学视场等于瞬时视场,利用光机扫描可得到很大的扫描视场。

常用的扫描方式有固体自扫描、光机扫描、仪器平台运动扫描 3 种,如图 6-3 所示。

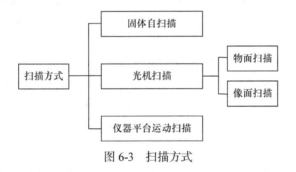

图 6-3　扫描方式

固体自扫描的工作原理是采用有焦平面读出能力的集成探测器,可依次读出面阵探测器或线列探测器的各个探测元信号,固体自扫描实际上是一种电扫描,它与光机扫描有本质上的差别[1]。固体自扫描的各视场对应关系如图 6-4 所示。

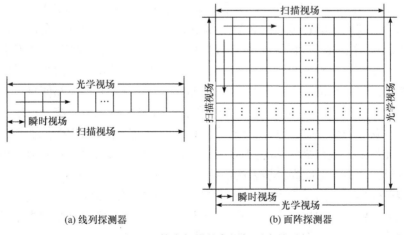

(a) 线列探测器　　　　　　　(b) 面阵探测器

图 6-4　固体自扫描的各视场对应关系

固体自扫描包括推帚式扫描、并联扫描、串联扫描和串并联扫描等。推帚式扫描又称刷式扫描，即由线列探测器在光学焦平面上垂直于飞行方向作横向排列，取得一组垂直于飞行方向的像元信息，于是随着飞行器的飞行，仪器像刷子一般完成二维扫描，取得一条数据带。在采用并联扫描方式时，N 元线列探测器沿飞行方向安放，扫描镜每横向扫描一次，仪器取得 n 组横向的像元信息，每个像元的测量时间是使用单元探测器的 n 倍。串联扫描又称时间延迟和积分(TDI)技术，在此情况下，扫描方向与 n 元线列探测器一致。在串联扫描时，每个探测器的敏感元依次看同一像点，其信号输出经过适当的延迟和积分形成该像点的输出信号。显然此信号的测量时间是每个探测器单元输出信号的一倍。这些扫描方法都可使输出信号的信噪比提高 $\sqrt{n}$ 倍。使用焦平面阵列探测器把并联扫描与串联扫描相结合的扫描方式称为串并联扫描。该方式可使输出信号的信噪比进一步提高。上述几种扫描方法主要适用于红外或预遥感仪器，使用固体自扫描技术使很多仪器的性能得到了大大地提高[1]。

可见，固体自扫描是多元探测器的电扫描方式，其扫描视场与光电系统的光学视场一样，而受到红外探测器像元数的限制，红外光电系统很难在高分辨率(小瞬时视场)的情况下实现大的光学视场，因此固体自扫描并不能解决分辨率与扫描范围之间的矛盾。

光机扫描的工作原理是用机械机构驱动光学部件，系统对物面或像面进行逐点扫描，最终获得景物的大视场、高分辨率二维图像。尽管光机扫描使用的光学部件门类众多，但根据扫描部件设置在物镜前光路中或是设置在物镜后光路中，光机扫描方式可划分为物面扫描、像面扫描两大类。光机扫描的瞬时视场、光学视场和扫描视场的对应关系如图 6-5 所示[1]。

物面扫描是在小视场物镜前的光路中加入扫描部件，使系统的物方光学视场扫过物面的不同部位，获得较大的空间覆盖。尽管物面扫描的扫描视场很大，物镜的视场却很小。这类系统的光学视场(系统的设计视场)就是探测器视场(探测器阵列所对应的视场)，其扫描视场相对较小，更容易获得较高的光学像质。但物面扫描由于物镜口径一般较大，要实现大范围物面扫描需要的机械装置比较复杂笨重，扫描控制的难度较高[1]。

像面扫描是在大视场物镜后的会聚光路中加入扫描部件，探测器在每一瞬间，只能"看到"物镜光学视场的一小部分(探测器视场)，也就是说探测器视场小于系统光学视场，或者说，系统以探测器视场为单元，对物镜所成的像进行逐点扫描、采集。像面扫描同样需要通过二维扫描，才能完整采集一帧图像。由于像面扫描部件只是对经物镜会聚后的光束进行偏折，可以做得十分小巧。像面扫描的中继光学系统视场较小，但是物镜视场很大，要得到高像质，设计、制作都有难度，目前用得较多的还是物面扫描[1]。

可见，无论是光机扫描的物面扫描，还是像面扫描，都利用小的探测器视场实现了大的扫描视场，从而在保证高分辨率的前提下，实现了大的探测视场。

利用装载仪器平台的运动也可实现对景物的一维扫描，如绝大多数航空、航天遥感仪器在沿轨方向的对地扫描，称为仪器平台运动扫描。由于这类仪器只要完成穿轨方向的行扫描就能获取二维图像，故统称为行扫描器，扫描过程中瞬时视场、光学视场和扫描视场的关系与光机扫描类似，不同的是运动部件不一样。

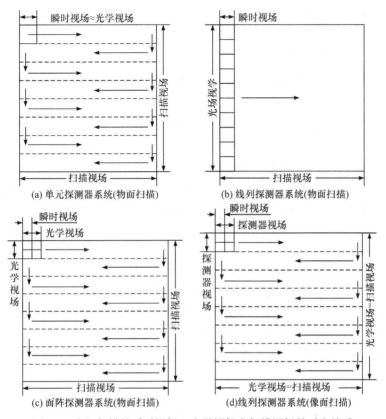

图 6-5　光机扫描的瞬时视场、光学视场和扫描视场的对应关系

空间遥感系统经常将光机扫描、固体自扫描、仪器平台运动扫描有机地结合起来使用，以满足高空间分辨率、大视场覆盖的应用需求。航天、航空辐射计在沿轨方向的一维扫描是依靠卫星、飞机的匀速运动完成的。穿轨方向的另一维扫描可使单元或多元光机并扫，也可以用线列推扫的方法实现。

面阵探测器属于固体自扫描器件，构成的凝视成像系统可获取二维图像，但是一个高分辨率相机凝视的空间范围毕竟有限。例如，在成像物镜前设置二维指向镜，改变系统视轴的指向，既可在较大空域范围内进行搜索捕获，又可在较小的视场范围内对已捕获到的目标进行详查或精确测量[1]。

2. 光机扫描部件

光机扫描是用机械扫描机构驱动光学部件实现的，驱动方式可以是摆动、旋转或振荡等。摆动、旋转等方式适用于大惯量的扫描部件，如平面镜、反射棱镜或折射棱镜等光学部件，甚至可以是整个传感头。振荡方式只能驱动小惯量的扫描部件，如振荡式反射镜或电光偏转器、声光偏转器等。

通常的扫描机构有摆动平面反射镜、旋转 45°平面镜、旋转光楔、摆动透镜、相机整体扫描等。

对于光机扫描机构，有以下基本要求：扫描机构转角与物空间转角应为线性关系；扫描机构工作时对系统像差的影响要小；扫描效率高；扫描部件尺寸小；整体结构紧凑[1-2]。

3．光机扫描的控制系统

本节在红外方位探测系统、红外成像系统的基础上，着重讲述跟踪及搜索系统的结构组成、工作原理、性能要求等有关问题。

各类红外系统之间往往是互相联系的，它们的结构组成部分有许多相似之处。常常是在一种类型的红外系统基础上，给结构作一定改进或加入具有另外功能的一些部件后，就构成了另一类的红外系统。例如，在探测系统(点源或成像探测系统)中，加入跟踪驱动机构，控制探测系统不断跟踪目标，便成为跟踪系统。在跟踪系统的基础上，加入一定形式的控制信号，通过驱动机构，使探测系统按一定规律扫描一定的空域范围，就构成了搜索系统[1-2]。

1) 搜索信号的形式

搜索信号产生器用来产生搜索信号，而光轴扫描图形的形式决定了搜索信号的形式。根据确定的搜索视场，对光学系统的瞬时视场大小和一定的重叠系数加以考虑就可确定光轴的扫描行数。原则是在一个搜索周期内，整个搜索视场中不出现漏扫区域。当搜索视场大小要求一定时，如果瞬时视场较大，则扫描行数可以较少，见图 6-6(a)。如果瞬时视场较小，则要增加扫描行数，见图 6-6(b)。此时若不增加扫描行数，将出现漏扫，如图 6-6(c)所示[1]。

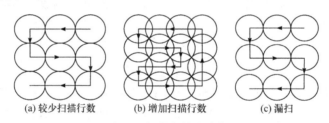

(a) 较少扫描行数　　　(b) 增加扫描行数　　　(c) 漏扫

图 6-6　扫描行数的确定

扫描行数确定以后，就可以进一步确定采用什么样的扫描图形。例如，扫三行的图形可以有双 8 字形和 8 字形，如图 6-7(a)和(b)所示；扫四行的图形可以是凹字形，如图 6-7(c)所示。

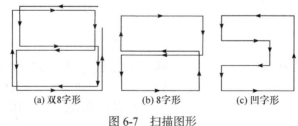

(a) 双8字形　　　　　(b) 8字形　　　　　(c) 凹字形

图 6-7　扫描图形

2) 搜索信号产生器的类型

搜索信号产生器基本上可以分为两种形式，即电子式和机电式。

(1) 电子式搜索信号产生器完全采用电路的方式产生方位和俯仰搜索信号。

图 6-8 为一个产生搜索信号的电路方框图，它由振荡器、三角波发生器和等距阶梯波发生器组成。方位搜索信号 $\theta_\alpha(u_\alpha)$ 和俯仰搜索信号 $\theta_\beta(u_\beta)$ 的波形图如图 6-9 所示[1]。

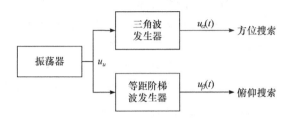

图 6-8 产生搜索信号的电路方框图

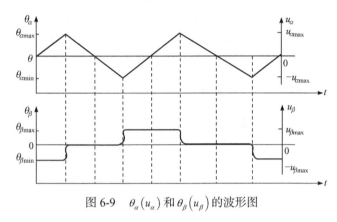

图 6-9 $\theta_\alpha(u_\alpha)$ 和 $\theta_\beta(u_\beta)$ 的波形图

(2) 机电式搜索信号产生器即为机电式信号源。它可以产生直角坐标式的搜索信号和极坐标式的搜索信号[1]。

① 产生直角坐标式的搜索信号的机电式搜索信号产生器用于两通道的搜索系统中。它的主要组成部分是电机、横板和两个线性变压器，模板上有两个不同的曲线形的槽轨，其由电机带动，以恒速旋转。这种搜索信号产生器通过改变模板上方位槽轨和俯仰槽轨曲线的形状，就可以得到不同形式的搜索信号，从而得到不同形状的扫描图形。因此，设计这种搜索信号产生器的关键是求模板槽轨曲线的形状。

② 产生极坐标式的搜索信号的机电式搜索信号产生器产生极电压或电流信号(如具有一定初相角的正弦信号)，从而控制光轴按一定规律扫描。

6.2.2 红外扫描系统

红外扫描系统又称红外搜索系统，它有较大的视场，主要用来进行实时目标搜索，实现早期预警。由于红外扫描系统基于内光电效应进行光电探测，一般设计有专门的制冷器对其进行低温制冷，以此来保证探测的灵敏度[1]。

1. 扫描系统功能

扫描系统是用确定规律对一定范围空域进行扫描，探测并确定目标坐标的系统。

有一类扫描系统经常与跟踪系统组合在一起而成为扫描跟踪系统，它一般装于导弹或飞机前方，即红外导引头或目标方位仪。其中的扫描系统以位标器瞬时视场扫描导弹或飞机前方一定的空域，扫描过程中发现目标以后，给出一定形式的信号，系统快速由扫描状态切换为跟踪状态，该转换过程又称为截获。

另外一类扫描系统称为红外全方位警戒系统，其方位扫描范围为 0°～360°，俯仰扫描范围则有几十度不等。该系统是现代光电对抗战争中的关键装备之一，它是针对各种高性能飞机和精确制导导弹以及低空、超低空来袭而提出的，在遇到雷达故障、盲区、被干扰等各种状况时，可辅助甚至替代雷达工作，对来袭目标提供预警，确定目标的坐标，在与武器系统对接后可引导瞄准或者直接伺服控制。红外全方位警戒系统自 20 世纪 70 年代中期一直是一些技术先进国家研制的热点[1]。

上述两类扫描系统在结构组成、扫描图形的产生和信号处理等方面有较大的差异，把第一类扫描系统与跟踪系统组合，且只扫描飞机或导弹前方有限空域的扫描系统称为红外扫描系统；第二类扫描系统称为红外全方位警戒系统。本节只讲述红外扫描系统的有关问题。

2. 红外扫描系统的组成及工作原理

图 6-10 为红外扫描跟踪装置组成示意图。

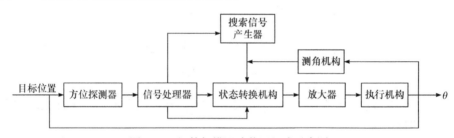

图 6-10　红外扫描跟踪装置组成示意图

状态转换机构初始处于扫描状态，扫描指令由搜索信号产生器发出，经放大器放大后送入执行机构，执行机构驱动方位探测系统开始扫描。测角机构输出的信号与执行机构转角 θ 成比例，将该信号与扫描指令比较，并将比较后的差值进行放大，以控制执行机构运动。因此，执行机构的运动规律遵循扫描指令的变化规律。扫描系统和跟踪系统都是伺服系统，其区别在于两个系统的输入信号不同，前者输入预先给定的扫描指令，后者输入目标的方位误差信息。当扫描系统为理想伺服系统时，执行机构的运动规律将完全复现扫描指令的变化规律。

当扫描指令被分为方位和俯仰两路信号传送给系统时，执行机构也相应分为方位和俯仰两个执行机构，以此分别控制方位探测系统在方位和俯仰两个方向的运动。此时，扫描系统由两个回路组成，如图 6-11 所示，其中方位和俯仰回路的结构组成基本完全相同，仅参数有所不同。当扫描指令输出为极坐标信号时，可仅用一个三自由度陀螺作为执行机构。此时扫描系统组成情况如图 6-12 所示。执行机构可以使用整个位标器扫描空间(图 6-12)，也可以仅使用方位探测系统的扫描部件(图 6-11 中的活动反射镜)扫描空间。如果方位探测系统在扫描过程中接收到目标辐射，即发现目标后，信号会传送给状态转换机构，方位探测系统即转入跟踪状态，扫描信号产生器会停止发出扫描指令

(或仅发出小范围扫描指令)。这时目标信号经过放大处理后，驱使执行机构作动，使位标器或扫描部件跟踪目标[1]。

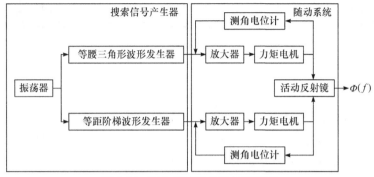

图 6-11　两个回路构成的扫描系统

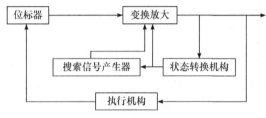

图 6-12　一个回路构成的扫描系统

　　红外扫描系统对目标进行扫描时具有周期性，成像过程与红外凝视系统成像过程有很大不同，主要体现在扫描系统所成的一幅图像远比凝视系统的一幅图像大得多，而且为了成这样大的图像，采用了一种线扫的形式，即成像是以一条长为 N 元(N 为图像列数)的线阵为基本单元。当系统以等时间间隔扫过空间相邻几个区域范围内时，会将探测到的目标成像到某个列，行的位置则要根据这个区域的顺序来确定[1]。

　　3. 对扫描系统的基本要求

根据扫描系统的任务，结合其性能要求，应对以下三个方面的性能指标进行研究。

　　1) 扫描视场

将扫描一帧的时间内光学系统视场所能覆盖的空域范围称为扫描视场。它决定着扫描系统的扫描范围，这个范围通常用方位和俯仰的角度(或弧度)来表示，扫描视场通常由仪器使用的总体要求给定，也就是说，一部完整的扫描系统，其扫描视场、能扫描多大的范围是确定的[1]。

　　2) 重叠系数

通常为确保在扫描视场内可以有效地探测目标而不出现漏扫空域，扫描时相邻的两行瞬时视场有适当的重叠。

重叠系数指光学系统相邻两行瞬时视场的重叠部分(δ)与其瞬时视场($2r$)之比，即

$$k=\frac{\delta}{2r} \tag{6-1}$$

式中，k 为重叠系数，显然对长方形瞬时视场系统来说，重叠系数 $k=\delta/\beta$[1]。

3) 扫描角速度

扫描角速度是光轴在扫描时方位方向每秒钟转动的角度。通常根据扫描图形、光轴扫描范围的大小和帧时间 T_f(扫描一帧所用的时间，即一个扫描周期)确定扫描角速度。

扫描过程中，由于帧扫方向上各行间的转换时间很短，在忽略行间转换所用的时间时(帧时间 T_f 全部行扫描)，扫描角速度可近似表示为

$$\omega_s = \frac{C}{T_f / N} \tag{6-2}$$

式中，C 为光轴扫描范围；N 为扫描行数；ω_s 为扫描角速度。

在光轴扫描范围确定时，扫描角速度越高，帧时间越短，越容易发现目标。但扫描角速度太高，又会造成截获(从扫描转为跟踪)目标的困难[1]。

4. 目标自动截获

在红外扫描跟踪装置中，通常扫描系统和跟踪系统共用一套执行机构。扫描发现目标后，系统应具备立即从扫描状态转为跟踪状态的能力。这种由扫描状态转为跟踪状态的状态转换，对运动速度较低的目标或固定目标可以实行人工转换，但对于高速运动目标来说，必须实行自动转换，即自动截获问题。现将与目标自动截获有关的几个问题叙述于下。

1) 扫描信号的形式

当扫描系统的光学部分扫过目标时，最简单的信号形式就是产生单个脉冲。为了提高检测性能，常常将信号做成多个脉冲的形式。由于扫描系统探测目标时，只需报知确实探测到了目标，而不需要测出目标的方位，因此扫描系统的脉冲信号只要简单的一串脉冲就可以了，不需其他任何形式的编码脉冲。扫描信号的脉冲频率应尽量和跟踪系统的中心频率一致，以尽可能地简化信号处理系统。信号带宽的选取也应尽量与跟踪系统协调一致。

对跟踪信号形式比较正规、频谱比较集中的情况(如同心旋转调制盘系统、辐条式调制盘系统等)来说，扫描系统和跟踪系统可以共用一套目标测量元件。若跟踪系统本身的频谱比较分散，则扫描系统应自行另设一套单独目标探测元件，否则扫描信号的频谱将更加分散，对扫描目标的距离会有较大的影响[1]。

2) 截获问题

截获过程通常有三个步骤：

(1) 扫描系统发现了目标，即形成了扫描信号；

(2) 转换机构根据扫描信号的作用，实行状态转换；

(3) 跟踪系统对目标实行稳定跟踪。

当扫描系统发现目标后，扫描系统立即停止扫描。但由于执行机构存在惯性，光学系统头部经过一定角度的继续转动才能停下来。转换机构也具有时延，即接收扫描信号后需要一段时间才能完成状态的转换。当光学系统头部的原扫描转矩消失，转换机构完成了状态转换转入跟踪状态时，目标很可能已离开光学系统的视场，无法对目标进行跟踪。但是，这时目标通常距离光学系统的视场不会很远，逃逸的角速度较小，所以仍可

用较小的角速度在较小的视场范围内进行二次扫描(慢搜)。当二次扫描到目标后，再转入跟踪状态[1]。

1) 截获过程中状态转换电路的延时或闭锁问题

截获过程中发现目标后，状态转换电路立即工作，使系统从扫描状态转入跟踪状态。在状态转换过程中，整个系统都呈过渡工作状态，为了使转换电路在一经触发工作后不受干扰，维持跟踪状态，应在第一组信号脉冲作用之后立即短时间地切断作用于转换电路上的脉冲信号电路，使以后可能出现的第二组、第三组……目标信号脉冲不再作用于状态转换电路。这段短暂的时间称为截获延迟时间，可为数百毫秒。在这段时间内，关注系统能否跟上目标；或者在截获过程中系统虽然开始跟上目标，但由于某种干扰(如云层)影响，目标虽未逸出视场，但却不对目标跟踪了，这样维持跟踪状态一段短暂时间，待干扰消失后仍可继续跟踪目标，不需要重新扫描。若在超出截获延迟时间后，系统仍不能跟上目标，则系统便由跟踪状态重新转入扫描状态，继续扫描目标。也有在扫描状态转入跟踪状态时，为了完全避免转换过程中过渡时间内不规则信号的干扰，而完全闭锁整个信号通道的。这要视系统的具体工作情况决定[1]。

2) 截获到目标后的维持信号

系统截获到目标转入稳定跟踪状态后，若视线角速度为零，则目标应位于系统视场中心。这时为使状态转换机构维持在跟踪状态，应有控制信号作用在状态转换机构上，不使其返回到扫描状态。当目标位于视场中心时，一些类型的调制系统(如圆锥扫描调制盘系统等)仍有等幅载波信号输出。用这个信号就可以继续维持跟踪状态，因而可称这种信号为维持信号。但对另外一些类型的调制系统来说，视场中心为盲区(如同心旋转调制盘系统等)，或者视场中心虽是非盲区，但载波(或基频)信号很微弱，因此对这类调制系统而言，当目标落在视场中心区域时，就没有任何输出信号了，因此状态转换机构也就无法再维持在跟踪状态。对这类调制系统需要在调制盘设计上专门加设维持信号图案。例如，可在盲区外围增加一个宽度稍大于该处目标像点直径的等幅载波区，在这个区域内无误差信号且噪声较小，因此目标像点从调制盘边缘运动到这一环带时就被"锁定"在这里，此时输出的等幅波可作为维持信号。也可以在系统稳定跟踪目标以后，使系统在方位方向上作一个小范围的一字形扫描，使目标像点在调制盘中心作一字摆动(摆动量大于调制盘盲区)，这样也可获得维持信号。对于扫描跟踪系统，系统稳定跟踪上目标以后，在方位方向上仍作一字形扫描，扫描过程中得到一系列脉冲信号，这种脉冲信号即为维持信号[1]。

6.2.3　红外凝视系统

红外凝视系统作为红外预警卫星的另一只眼睛，虽不及前一只眼睛——红外扫描系统看得广，但是具有更高精度，使其作用更甚。红外凝视系统跟踪导弹时采用精确的两维阵列，可将导弹机动画面拉近放大，在 10~20s 将预警信息传递给地面防御系统，其灵敏度、扫描速度可比只装备红外扫描传感器的红外预警卫星高 20 倍以上。本小节将从凝视系统的功能、跟踪系统组成及工作原理、对跟踪系统的基本要求和跟踪机构类型四个方面展开介绍[2]。

1. 凝视系统的功能

红外凝视系统用来对运动目标进行跟踪。当目标在系统视场内运动时，目标相对于系统测量基准会出现偏离量，系统测量元件可测量出该相对偏离量，将对应的误差信号送入跟踪机构。跟踪机构驱动系统的测量元件向目标的方向运动，不断减小其相对偏离量，使系统测量基准始终对准目标，以此实现对运动目标的跟踪[1]。

红外凝视系统具备对点源目标和扩展源目标进行跟踪的能力。跟踪系统和测角机构组合便形成红外方位仪。它可以通过安装在跟踪机构驱动轴上的角度传感器来测量跟踪机构转角，以此确定目标的相对方位。红外方位仪通常用于火力控制系统，通过给火控计算机提供精确的目标位置信息、速度信息来提高火炮的瞄准精度。在导弹制导系统中，跟踪系统应用越来越广泛。红外成像制导技术在反坦克导弹中也得到了很好的应用，红外跟踪系统还用于预警探测设备。

在视场中同时出现多个目标时，扫描跟踪系统可采用预测、外推等方法建立多个目标的运动轨迹，以实现对多目标选择跟踪[1]。

2. 跟踪系统组成及工作原理

1) 跟踪系统组成与分类

跟踪系统主要由方位探测系统和跟踪系统两大部分组成，见图 6-13。

按照目标类型划分，跟踪系统可分为点源跟踪系统和扩展源跟踪系统。按照方位探测系统类型划分，跟踪系统可分为扫描跟踪系统、成像跟踪系统、调制盘跟踪系统、十字叉跟踪系统等。通常也把跟踪机构的方位探测系统(除信号处理电路以外)组成的测量跟踪头统称为位标器[1]。

2) 跟踪系统工作原理——速度跟踪原理

位标器与目标的连线称为视线。图 6-14 为平面内视线、光轴、位标器的相对位置示意图。当目标位于光轴($q_t = q_m$)时，方位探测系统无误差信号输出。当目标开始运动，偏离光轴($q_t \neq q_m$)时，系统输出与失调角 $\Delta q = q_m - q_t$ 对应的方位误差信号。将该误差信号送入跟踪机构，驱动位标器向减小失调角 Δq 的方向运动。当目标运动 Δq 继续增大时，系统重复上述过程，这样系统便实现了自动跟踪目标[1]。

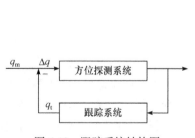

图 6-13　跟踪系统结构图

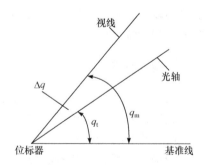

图 6-14　视线、光轴、位标器的相对位置示意图

3. 对跟踪系统的基本要求

1) 跟踪角速度(角加速度)的要求

跟踪机构能够输出的最大角速度(角加速度)称为跟踪角速度(角加速度)，它表明了系统的跟踪能力，由系统所攻击的目标相对系统的最大运动角速度和最大角加速度决定。跟踪角速度从几度每秒至几十度每秒不等，角加速度一般在 $10°/s^2$ 以下[1]。

2) 跟踪视场的要求

跟踪视场是指在跟踪过程中，位标器光轴相对于跟踪系统纵轴允许的最大偏转范围，由系统使用要求提出，受系统本身结构限制[1]。

3) 跟踪精度的要求

系统的跟踪精度是指当系统处于稳定跟踪目标状态时，目标视线与系统光轴之间存在的角度误差。

系统的跟踪误差可分为失调角随机误差和加工装配误差等。系统稳定跟踪具有一定运动角速度的目标时，不可避免存在相应的失调角。该失调角通常由目标视线角速度和系统参数决定。随机误差一般由外部背景噪声和内部干扰噪声造成，加工装配误差则由系统的各零部件加工和装配校正过程中产生的误差引起。

因系统使用的场合不同，对精度的要求也不尽相同。例如，用于高精度跟踪并进行精确测角的红外跟踪系统，要求其跟踪精度在10″(角秒)以下；一般用途的红外扫描跟踪装置，跟踪精度可在几角分以内，而红外导引头的跟踪精度可在30′(角分)以内[1]。

4) 对系统误差特性的要求

红外自动跟踪系统同其他自动跟踪系统类似，是一个闭环负反馈控制系统。为满足跟踪角速度和精度要求，同时考虑系统稳定、动态性能好和稳态误差小等因素，对系统的输出误差特性曲线有一定的要求。

跟踪系统的最大跟踪角速度、跟踪范围、跟踪精度、跟踪灵敏度和系统稳定性等技术指标对误差特性曲线的要求往往是相互矛盾的。因此设计时要根据具体的指标，权衡考虑误差特性曲线的形状。

从系统的跟踪角速度、跟踪精度和误差特性曲线形状要求出发，对系统灵敏度有一定要求。系统灵敏度是指系统跟踪目标所需要的最低入射辐射能，它与跟踪角速度有关。系统的放大倍数不能过大，因此要达到一定的跟踪角速度要求，必须要求有相应的入射辐射能。在系统跟踪角速度一定的情况下，入射辐射能越大，线性段斜率越大，跟踪精度也越高。因此对跟踪角速度、跟踪精度的要求中包含了对灵敏度的要求[1]。

4. 跟踪机构类型

跟踪机构用于在目标方位误差信号作用下驱动位标器的光轴向着目标方位运动。跟踪机构的几种结构形式如下：

1) 电机跟踪

电机跟踪装置采用电动机或力矩电机作为跟踪机构，具有工作可靠，输出功率可按需设计，齿轮传动的固定误差较小，加工要求相对较低等优点。但该类跟踪装置结构体积较大，惯性大，不能用于高频跟踪。基于以上原因，一般在结构体积限制不严、要求输出功率较大的情况下采用该类跟踪装置[1-2]。

2) 陀螺跟踪

陀螺跟踪装置采用三自由度陀螺作为跟踪机构，方位探测系统安装于陀螺转子上，并且系统光轴与转子轴相重合。该类跟踪装置是通过陀螺转子的进动运动跟踪目标。三自由度陀螺转子可绕自身轴转动，也可与内框架绕水平轴转动，也可与外框架绕垂直轴转动。因此转子有三个自由度，可以向空间的任意方向运动。

当跟踪机构采用三自由度陀螺，利用陀螺本身具有的定轴性，不需另加稳定机构，就可以实现光轴在空间的稳定，而前述的电机跟踪机构需要另加稳定机构。陀螺的进动运动无惯性，因而其动态性能较好。但其加工装配精度要求较高，且存在漂移误差、输出功率小等不足。导弹制导系统的跟踪角速度不大，跟踪精度要求也较低，因此可采用三自由度陀螺作为跟踪机构。当三自由度陀螺用于跟踪精度要求很高的系统中时，要对它的漂移误差进行严格限制[1-2]。

除电机跟踪和陀螺跟踪机构以外，还有气动和液压形式的跟踪机构，由于它们在一般红外跟踪系统中不常用，故本书不详述，需要时可参阅有关书籍。

3) 成像跟踪

(1) 跟踪系统工作方式。部分系统在跟踪目标时，是由跟踪机构驱动整个光学系统组件跟踪目标，这种跟踪方式称为整机跟踪。还有一部分系统在跟踪目标时，是由跟踪机构驱动光学系统中的扫描元件跟踪目标，这种跟踪方式称为扫描元件跟踪。

两类工作方式相比较，整机跟踪的系统像差容易校正，跟踪范围较大，但由于整机跟踪的转动惯量大，因而系统时间常数大，消耗功率也大，跟踪速度和跟踪频率都不可能太高。相反，扫描元件跟踪的方式，光学系统像差不容易校正，跟踪范围小，但它的转动惯量小，时间常数小，跟踪速度和跟踪频率都较高，消耗功率也小。

设计跟踪系统时，按总体要求的指标(跟踪速度、跟踪频率、范围等)，考虑允许的结构体积大小，适当选取上述不同方案[1-2]。

(2) 多目标的选择跟踪。调制盘跟踪系统和十字叉跟踪系统无法对多目标进行选择跟踪，这是由于它们的瞬时视场较大。多个目标同时出现在一个瞬时视场内，所有目标的能量同时在一个探测器上叠加，系统只能反映总能量却无法分辨出来目标的数目和位置，因而就谈不到选择跟踪问题。扫描跟踪系统(成像或非成像)由于瞬时视场很小，当用这样小的瞬时视场对空间进行扫描时，系统只能接收位于空间某一特定位置的目标辐射能而输出相应的视频脉冲信号，视频脉冲出现的时间与目标的空间位置相对应，即把目标的位置转换成按时序输出的视频脉冲。用这个时间顺序不同的视频脉冲与基准信号相比较，便可鉴别出位于空间不同位置的多个目标的位置。利用选择跟踪技术，就可以选择其中的某个目标进行选择跟踪。例如，可设置位置波门、速度波门等，从而针对选择的目标进行跟踪[1-2]。

(3) 成像跟踪原理。当目标在视场中出现时，若成像点面积超过瞬时视场值，则此时的目标成为扩展源。对扩展源来说，应使用成像方式对目标进行定位与跟踪。若仍然沿用点源方式进行定位与跟踪，则只可能根据目标辐射出的能量大体上确定其所在位置，因而会引起一定误差。利用视场中运动目标的图像特性提取目标运动信息以跟踪目标的装置称为成像跟踪器。

从目标的图像中可以提取图像边缘、形心(矩心)、面积、周长、灰度及其分布等图像特征，以及由此而衍生的各种描述特征。目标的图像信息量较点源信息量要丰富得多。利用目标的图像特征作为跟踪目标的参量，不仅精确度有所提高，而且可具有智能化的跟踪能力。

成像跟踪器对目标的跟踪原理与前面所述的点源跟踪器完全相同。对成像跟踪器来说，只是将方位探测系统换成了摄像头加图像信号处理器而已，其原理图如图 6-15 所示。由摄像头输出视频信号到图像信号处理器，经处理后产生与目标位置对应的误差信号。误差信号再控制伺服机构使摄像头始终跟随目标。决定成像跟踪器优劣的关键在于其图像信号处理器的设计，该处理器包括预处理器、跟踪处理器和控制处理器三个环节。预处理器主要用于将目标视频信号经过 A/D 变换转为数字信号，经图像检测、滤波或分割等处理，变成可用的图像信息。跟踪处理器主要用来提取目标位置信息，进行跟踪处理[1-2]。

(4) 成像跟踪方式。

① 波门跟踪器的组成原理图如图 6-16 所示。当目标信号出现，处理电路将输出相应的触发信号传送到波门形成电路，产生波门。波门位置随目标位置而变。波门大小固定不变的称为固定波门；波门大小及位置随目标图像尺寸及位置而变的称为自适应波门。

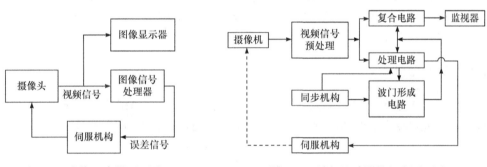

图 6-15　成像跟踪器原理图　　　　图 6-16　波门跟踪器的组成原理图

将目标视频信号处理成与目标位置相应的误差信号有很多种方法，边缘跟踪和矩心跟踪是其中两种应用较为普遍的方法。

②相关跟踪系统也具有检测目标信息，处理目标视频信号得到目标位置误差信息的能力。关于图像处理相关的算法，需考虑下列几点原则[1-2]。

有效利用目标视频信号数据：如目标图像灰度量化方法、图像特征选取、灰度均匀性处理等，在建立相关算法方程进行图像处理时都应予以妥善处理并综合考虑，以尽可能地利用目标信息数据。

噪声抑制问题：由于噪声干扰，配准点的选取、相关值的求取可能比较困难，如当云层暂时遮住目标时就无法求取相关值，凡此种情况应在相关算法中适当考虑。

算法简便：相关计算都基于计算机进行计算。用大型计算机进行图像相关计算时，算力能够满足要求，但实际红外跟踪装置中只能用微处理机。因此，在保证精度适当的前提下，应尽量简化计算方法。

6.3 红外背景抑制技术

对于红外光电探测系统而言，除了外部各种环境的红外辐射外，其内部各元部件自身发出的红外辐射信号也是重要的干扰背景。红外光电探测系统的背景抑制技术就是减小各种内部环境和外部环境的背景辐射(对光电系统而言实际上就是杂散光)对系统性能的影响程度。

任意光电系统的杂散光定义为光学系统中除成像光线以外，扩散在探测器表面的非成像光线的辐射能，其中也包括通过非正常光路到达探测器的目标辐射能。

红外光电探测系统的成像质量受到杂散光的影响。杂散光包括来自于系统外部的辐射源(太阳、地球、月球、大气等)，来自于系统内部的辐射源(光学元件、机械结构件等)，以及散射和衍射结构上的非成像光能量[1]。

杂散光对红外光电探测系统的危害很大，包括：

(1) 降低像面对比度，影响调制传递函数；

(2) 使画面层次减少，清晰度变差，像面能量分布混乱；

(3) 严重时形成杂散光斑点，直接影响像质；

(4) 杂散光比较强时，会使目标信号完全被淹没(压制干扰)，从而无法实现目标；

(5) 在某些情况下，强烈的杂散光甚至会对光电系统的光机电的元部件造成损坏，从而导致整个系统失效。

6.3.1 红外辐射背景

红外光电系统，尤其是天基红外光电系统的各种红外辐射背景(杂散光)，根据其空间特性、光谱特性和时间特性不同有不同的分类方法，如图 6-17 所示。

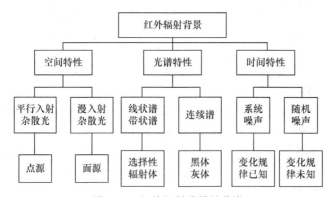

图 6-17 红外辐射背景的分类

按照杂散光的发散、会聚程度(空间特性)可以分为平行入射杂散光和漫入射杂散光。平行入射杂散光通常来自距离红外光电系统无穷远的"点源"，如来自太阳、星际杂散光。漫入射杂散光通常来自距离红外光电系统较近的"面源"，如来自地球、大气系统的杂散光及仪器自身元部件的杂散光。

按照杂散光的光谱特性可以分为线状谱或带状谱的窄带杂散光和全谱段的连续谱杂散光。像太阳、星际杂散光和地球及仪器自身的背景辐射满足黑体或灰体的辐射特性，表现为连续谱杂散光。地球大气自身的辐射主要是由各种大气分子发出的带状谱，满足选择性辐射体的辐射特性，表现为窄带杂散光。

如果把杂散光视为红外光电系统的噪声，那么可以从噪声的时间特性上将其分为系统噪声和随机噪声。系统噪声是指噪声大小恒定不变或是噪声随时间的变化规律是已知的，这种噪声的大小能够事先预知，因此可以通过减除背景的方式予以消除。这里提到的太阳、星际杂散光和仪器自身在特定温度场下的背景辐射都属于系统噪声的范畴。随机噪声是指噪声随时间的变化规律未知，噪声的出现和大小具有随机性，这样的噪声很难消除。这里提到的地球、大气杂散光，由于地球、大气环境复杂多变，其杂散辐射的规律很难描述，对天基红外光电系统而言，这部分杂散光属于随机噪声；同样仪器自身温度波动造成其自身辐射的变化也因为其温度波动的不可预知性而表现为随机噪声[1]。

下面将分别讨论太阳、地气系统和仪器内部杂散光特性。

1. 太阳杂散光

太阳的辐射相当于温度为 5900K 的黑体辐射，峰值波长为 0.456μm。太阳活动和日地距离的变化，都会引起地球大气太阳辐射能的变化。因此太阳杂散光属于连续谱杂散光和平行入射杂散光，且时间特性上表现为系统噪声。

对于位于地球大气层外的红外光电系统，其接收来自太阳的辐射不受地球大气的影响。将太阳视为 5900K 的黑体，则根据黑体辐射计算的普朗克公式，可以计算出在系统工作波段 $[\lambda_1, \lambda_2]$ 太阳的辐射通量密度 M，可以用公式(6-3)计算：

$$M = \int_{\lambda_1}^{\lambda_2} \frac{c_1}{\lambda^5} \cdot \frac{1}{e^{c_2/\lambda T} - 1} \, d\lambda \tag{6-3}$$

太阳的直径 $D \approx 1392590\text{m}$，则将太阳视为点源辐射体时，其辐射强度如下：

$$J = \frac{M \cdot A_{\text{sun}}}{4\pi} = \frac{M \cdot D^2}{4} \tag{6-4}$$

根据点源辐射能量传输的距离平方反比定律，可得地球大气层外的红外光电系统接收到的太阳辐射照度为

$$H = J \cdot \frac{\cos\theta}{L^2} = \frac{MD^2}{4L^2} \cdot \cos\theta \tag{6-5}$$

式中，L 为太阳到红外光电系统的距离，通常可以用日地距离近似；θ 为太阳光的入射角[1]。

2. 地气系统杂散光

地气系统杂散光主要包括地球和大气层散射的太阳光，以及地球上各类物体和大气各成分自身发出的辐射。其中散射的太阳光辐射部分和地球自身辐射部分属于连续谱杂散光和漫入射杂散光，时间特性表现为随机噪声；大气各成分的自身辐射属于窄带的漫

入射杂散光，时间特性上同样表现为随机噪声。

地气系统杂散光相当复杂，其详细分析计算方法不属于本节研究的范畴。本节中以简化后计算天基红外光电系统的地气系统散射太阳光杂散光为例作简要说明。

如图 6-18 所示，以地球静止轨道上对地遥感探测的红外光电系统为例。假设太阳光的入射方向与天基红外光电系统对地观测视轴的夹角为 φ；地球或大气层对太阳光的反照率(能量散射比)为 ρ；红外光电系统观测的地球圆盘(图 6-18 中的 EF 所示部分)上被太阳光照亮部分的面积(图 6-18 中 NE 部分对应的面积)为 $\sum \Delta S$；被太阳光照亮且同时在系统对地观测圆盘内的地球表面部分(图 6-18 中 ED 所对应的球冠部分)在太阳光照射的地球大圆盘(图 6-18 中 CD 所示部分)内的投影面积为 S_0；太阳光在地球大气层外正入射的辐照度 H 可以用公式(6-5)计算，此时太阳光入射角 $\theta = 0°$；天基红外光电系统到太阳光散射处的距离(对于高轨道卫星可以采用卫星轨道高度近似)为 l [1]。

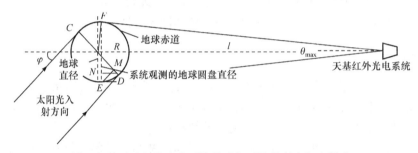

图 6-18   天基红外光电系统的地气系统散射太阳杂散光

被太阳光照亮且同时在相机对地观测圆盘内的地球表面部分反照的太阳光的等效辐射通量密度 E_ρ 可以用如下公式计算：

$$E_\rho = \frac{\rho H S_0}{\sum \Delta S} \tag{6-6}$$

将地气系统对太阳光的散射视为朗伯散射，则其散射能量的空间分布满足朗伯余弦定律，地气系统散射的太阳光的等效辐射通量密度 E_ρ 与辐射亮度 N_ρ 之间满足：

$$N_\rho = \frac{E_\rho}{\pi} = \frac{\rho H S}{\pi \cdot \sum \Delta S} \tag{6-7}$$

根据面源辐射能量传输的亮度守恒定律，可得天基红外系统接收到的地气系统散射的太阳光辐射照度为

$$E = \frac{\rho H S_0}{\pi l^2} \tag{6-8}$$

3. 仪器内部杂散光

对于空间红外光电系统，其元部件自身的红外辐射也是主要的干扰辐射(杂散光)。由于空间红外光电系统的卫星平台和有效载荷本身都有相应的温度控制系统，可保证相机处于一个相对稳定的工作温度内。因此，各元部件的温度都维持在一个平衡温度附

近。对于仪器在固定温度场环境下的背景辐射，属于连续谱的漫入射杂散光，且时间特性上表现为系统噪声。系统噪声是可以通过红外探测器的星上定标、均匀性校正以及通过相机定期观测 4K 冷空间予以消除的，不会给系统的红外探测造成误差，但是会限制系统的动态范围[1]。这部分背景辐射的辐射通量密度可以在获取元部件温度场数据和表面辐射特性参数(比辐射率 ε_λ)后，用普朗克黑体辐射公式计算：

$$M = \int_{\lambda_1}^{\lambda_2} \frac{c_1}{\lambda^5} \cdot \frac{\varepsilon_\lambda}{e^{c_2/\lambda T} - 1} d\lambda \tag{6-9}$$

然而，空间红外光电系统由于轨道环境的变化，仪器自身的温度往往会存在波动，仪器的各个模块的温度都存在较大范围的变动，且存在一定的随机性，因此这部分背景辐射在时间特性上表现为随机噪声。对于长周期的温度波动，可以通过星上定标和观测冷空间等方法消除，而对于短周期的温度波动则无法补偿，会降低系统的信噪比(SNR)[1]。

将普朗克黑体辐射公式对温度微分，得辐射体辐射通量密度随温度变化的公式：

$$\frac{\partial M}{\partial T} = \int_{\lambda_1}^{\lambda_2} \frac{c_1 c_2 e^{c_2/\lambda T}}{T^2 \lambda^6} \cdot \frac{\varepsilon_\lambda}{\left(e^{c_2/\lambda T} - 1\right)^2} d\lambda \tag{6-10}$$

温度波动造成的黑体辐射通量密度的相对变化量与黑体的温度有关，在不同波段也不相同。总的来说，随着波长的增加，黑体辐射通量密度随温度波动的相对变化量逐渐减小；随着黑体温度的降低，黑体辐射通量密度随温度波动的相对变化量逐渐增大。在天基红外光电系统的正常工作温度范围内(−20～20℃)，黑体辐射通量密度随温度波动的相对变化量较小；在红外焦平面探测器工作的低温环境下(100K 以下)，黑体辐射通量密度随温度波动的相对变化量较大；在短波红外波段 60K 温度下，黑体单位温度变化造成的黑体辐射通量密度变化量甚至超过了黑体在该温度下该波段内的辐射通量密度。

为了减小仪器背景辐射随温度波动的变化量，要求天基红外光电系统的温控系统能够保证将系统各元部件的温度控制在一定范围内，并维持温度的稳定度。相应地对于短波红外通道的元部件温度稳定度的要求要高于中波红外通道和长波红外通道；对于低温元部件的温度稳定度要求要高于高温元部件[1]。

6.3.2 滤波技术

实际的成像情况复杂，一般会有背景噪声干扰成像结果，导致目标和背景之间的信噪比降低，无法获得高信噪比的成像结果。因此在红外光电系统中，针对背景的不同特性采用了相应的背景抑制技术，以达到滤除背景噪声的效果，具体可利用的背景特征如下：

利用目标和背景信号在空间分布特性上的不同，采用空间滤波技术抑制背景；利用目标和背景信号在光谱分布特性上的不同，采用光谱滤波技术抑制背景；利用目标和背景信号在时间分布特性上的不同，采用时域滤波技术抑制背景[1]。

下面将分别从空间滤波、光谱滤波和时域滤波三方面简要介绍红外光电系统的背景抑制技术。

1. 空间滤波

空间滤波是指利用目标和背景信号空间分布特性上的差异，抑制背景信号，提高目标和背景对比度的一项背景抑制技术。

1) 空间滤波技术

根据目标和背景空间分布特性的不同，相应的空间滤波方法是不同的。总的来说有两类：一类是增强小张角目标(点源)的信号，而抑制大张角背景(面源)的信号；另一类是增强系统探测视场内物体(目标)的信号，而抑制系统探测视场外物体(背景)的信号[1]。

(1) 处理点源目标与面源背景的空间滤波技术。对于用于点源目标探测采用大面阵焦平面器件的红外光电系统而言，在其有效光学视场范围内，由于每个探测元的探测视场(瞬时视场)很小，且目标在焦平面器件上只占据少数的像元，而一般面源背景干扰相对于点源目标而言，在焦平面探测器上占据一定区域内的所有像元。因此可以这样理解，点源目标为空间分布很窄的空间脉冲，而面源背景则为空间分布较宽的连续信号，从而可以根据点源目标信号和面源背景在空间分布上的差异，在后期图像处理中利用面源背景抑制技术减弱或消除面源背景干扰，从而实现从复杂背景干扰中提取点源目标信号的目的。

(2) 处理视场内目标与视场外背景的空间滤波技术。红外光电探测系统一般设计了一定的视场宽度，系统对有效视场内的目标信号有很大的增益，而对有效视场外的背景信号有很强的抑制作用，从而达到增强目标信号、抑制背景信号、提高系统信杂比的目的。这里对有效视场内的目标信号的增强是通过光学设计实现的；对有效视场外的背景信号的抑制是通过各种光机结构设计实现的，包括各种挡光结构(遮光罩)和各种光阑(视场光阑、低温光阑——Lyot 光阑等)。

遮光罩的设计可以从我国的一个象形文字"看"来理解，从古人造字可以知道，看就是将手放在眼睛上方，这样做是为了挡住斜入射的太阳光等杂散光的干扰，从而可以看得更远。因此，可以认为手就是最原始的遮光罩，只不过它是为眼睛这样一个特殊的光学系统服务的。这里为了抑制视场外的背景辐射就要为红外光电探测系统提供一个可以遮挡视场外杂散辐射的"手"。

如图 6-19 所示，在各种光学系统中，为了有效抑制光学系统视场外的背景干扰信号，在光机系统上设计了遮光罩、视场光阑和低温光阑等。

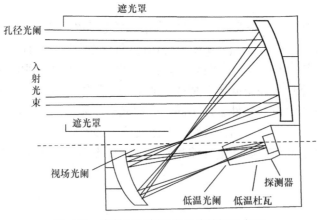

图 6-19 离轴两反射光学系统结构示意图

① 遮光罩。杂散光抑制已成为空间光学工程的关键技术之一，而遮光罩是对杂散光进行有效抑制的关键。遮光罩在保证较高信噪比的同时，对来自太阳、月亮和地球反射太阳光等杂散光进行有效抑制。空间光学系统的遮光罩由于其特殊的工作环境，不仅要求其可靠性高，而且结构必须轻量化。

遮光罩的主要任务是在不遮挡视场光线的情况下，尽量阻拦视场外杂散光进入光学系统。遮光罩设计的基本原则：首先，避免杂散光直接照射光学系统像面；其次，使杂散光经过两次以上的散射或反射才到达像面，从而使最终可以到达像面的能量尽量衰减；再次，使大于关键遮拦角(视场外杂散光与光学系统光轴的最小夹角)的入射光线，不能直接到达光学系统第一表面；最后，利用高吸收低反射的黑色涂层，将系统内部的散射杂散光减到最弱。图 6-20 是遮光罩的典型结构示意图[1]。

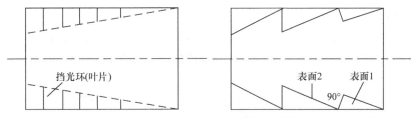

图 6-20　遮光罩的典型结构示意图

② 视场光阑。视场光阑保证了视场以外的杂散光通过成像光路是不能到达光学系统像面上的。从而在视场光阑的作用下，光学视场以外的杂散光必须经过非成像光路(一次或多次散射)才可能到达光学系统像面上，这样可以有效抑制视场外的杂散光。

如图 6-19 所示，光学系统的视场光阑通常安置在中间像面处(有二次成像的光学系统)。如果光学系统没有中间像面，则通常探测器的边框就是视场光阑。

对杂散光抑制能力要求很高的光学系统，为了能够有效地设置视场光阑，通常要求光学系统在设计时保证有中间像面[1]。

③ 低温光阑。低温光阑又称 Lyot 光阑或冷光阑，是红外光电系统中消除仪器自身背景辐射最为重要的光阑。在红外光电系统中设置低温光阑的目的是保证从红外光电系统的像面(探测器)处逆向追迹光路，只能"看到"各光学元部件的有效部分，而不能看到其他元部件，从而确保其他元部件的自身背景辐射不能沿着成像光路到达系统像面。低温光阑一般位于红外光电系统的探测器组件的低温杜瓦内部，其自身温度很低，通常在 100K 以下。除光学元部件的有效部分以外的其他元部件发出的红外辐射，沿成像光路进入探测器组件时，均会被低温光阑阻挡。于是，在红外探测器组件的低温杜瓦中设置低温光阑，相当于对红外探测器安装了一个屏蔽罩，使其除光学元部件的有效部分外，只能"看到"低温杜瓦内壁产生的背景辐射[1]。

2) 空间响应特性

光学系统通过配置遮光罩和各种光阑实现了对杂散光的抑制，其整体抑制性能即为空间滤波的效果，可以采用系统空间响应特性来描述。空间响应特性类似于雷达波束的方向图，实际上是光学系统在不同方向上对入射的辐射信号的传输特性(增益或抑制比)，通常描述为光学系统像面上接收到的辐射照度与入瞳处接收到的辐射照度之比[1]。

(1) 光学视场内目标信号的增益。通常光学系统对其视场范围内的目标信号存在很大的增益，这主要是因为通常光学系统像面上的成像单元面积远远小于入瞳面积，从而像面上的辐射照度远远大于入瞳处的辐射照度。

以点目标探测系统为例，假设其光学系统成像单元尺寸为 $a \times a(\mu m \times \mu m)$，入瞳孔径(光学孔径)为 D_0，入瞳处接收到的目标辐射通量为 P，光学系统的透过率为 τ_0，则该光学系统对光学视场内的目标信号的增益可以描述为[1]

$$G = \frac{E_d}{E_i} = \frac{\tau_0 \cdot P / A_d}{P / A_0} = \frac{\tau_0 \cdot A_0}{A_d} = \frac{\tau_0 \cdot \pi D_0^2}{4a^2} \quad (6-11)$$

已知某型号红外光电探测系统的光学孔径为 500mm，像元尺寸为 30μm × 30μm，光学系统透过率为 0.5，则代入公式(6-11)计算得该光学系统对光学视场内的目标信号的增益为 $G = 1.0908 \times 10^8$。

可以看出，在不考虑辐射在光学系统中传输的能量损失时，点目标探测系统的光学系统对光学视场内的入射信号的增益等于入瞳的面积与像元面积之比，该增益往往可以很大[1]。

(2) 光学视场外背景信号的抑制系数。光学系统对光学视场外的背景信号的抑制情况，通常用系统在不同视场角下的点源透过率(point source transmittance，PST)函数来描述。点源透过率是评价一个光学系统对于杂散光抑制能力的主要指标，也是一般杂散光分析软件最常用的输出结果[1]，它有以下两种形式。

① 归一化到轴上点源的点源透过率函数 PSTN：

$$PSTN(\varphi) = \frac{P_d(\varphi)}{P_d(0)} \quad (6-12)$$

式中，$P_d(\varphi)$ 为从离轴角为 φ 的点源落在探测器(像面)上的辐射能通量；$P_d(0)$ 为从位于轴上的同一点源落在探测器上的辐射能通量。

② 点源垂直照度透过率函数 PSNIT：

$$PSNIT(\varphi) = \frac{E_d(\varphi)}{E_i} \quad (6-13)$$

式中，$E_d(\varphi)$ 为由离轴角为 φ 的光源引起的探测器辐射照度(系统像面辐射照度)；E_i 为垂直于该点源的输入孔径上的辐射照度(入瞳处的辐射照度)。

可以看出，第二种点源透过率函数 PSNIT 的定义与前面光学视场内目标信号的增益的定义类似。因此为了统一比较，本节中采用点源透过率函数 PSNIT 来描述光学系统对光学视场外背景信号的抑制情况。有时也直接将 PSNIT 称为光学系统的点源透过率。

2. 光谱滤波

光谱滤波是指如果目标和背景辐射的光谱分布不同，那么为使目标的一定波段范围的红外辐射通过光学系统进入探测器并使背景干扰减弱，可以使用滤光片或双色调制盘等措施，对入射辐射进行光谱选择，使目标和背景对比度最大时所对应的谱段的辐射到达探测器，这种方法称为光谱滤波。

光谱滤波主要针对与目标信号光谱分布特性不同的背景而采取的抑制手段。在红外光电系统中，光谱滤波采用各种分光元件和探测器组件中位于探测器前方的窄带滤光片实现。当然，各种光学元部件(如反射、透射元件)和探测器的光谱响应特性本身也是一种光谱滤波手段。

各种红外分光元件在本章中进行了详细的讨论，这里不再重复。实际上，红外光电系统中的光谱滤波，就是系统工作波段(或探测波段)优化选择的实现手段。其宗旨是通过合理选择系统的工作波段，使系统接收到的目标和背景信号的反差最大，具有尽可能高的信杂比，从而确保对目标的探测[1]。

3. 时域滤波

当一定功率的辐射照到红外探测器上时，探测器输出信号要经过一定的时间才能到达稳定值。当入射信号辐射突然消失时，输出信号也要经过一定的时间才能消减。这种上升或下降所需的时间称为探测器的响应时间，或时间常数。红外光电探测系统的探测器的响应率变化曲线如图 6-21 所示。从图中可以看出，红外探测器的响应特性实际上是一个低通滤波器，其低通频率响应特性可表示为

$$R(f) = \frac{R_0}{\left(1 + 4\pi^2 f^2 \tau^2\right)^{1/2}} \Rightarrow f_c = \frac{1}{2\pi\tau} \tag{6-14}$$

式中，f 为信号的时间频谱；R_0 为探测器的低频响应率(最大响应率)；τ 为探测器的时间常数(也称探测器的响应时间或积分时间)，对于红外光电探测器而言，热探测器的时间常数在毫秒量级，而光子探测器的时间常数在微秒、纳秒量级；f_c 为探测器的截止频率。

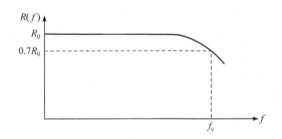

图 6-21　红外光电探测系统的探测器的响应率变化曲线

当信号的时间频率 f 远小于 $1/2\pi\tau$ 时，探测器的响应率与信号频率无关；当 f 远大于 $1/2\pi\tau$ 时，探测器的响应率与信号频率成反比。

在红外光电探测系统中，对于采用调制盘的探测系统，其目标信号的频率等于调制盘；对于没有调制盘的探测系统，其目标信号可以近似认为是直流信号，其时间频率为 0。同时一般而言，系统噪声的频谱分布很宽，甚至可以认为是全频谱的白噪声。因此通过探测器的响应，可以保证低频的目标信号有效通过，而抑制了高频部分的噪声，可以提高系统的信噪比，所以可以把探测器的响应理解为一个低通滤波器，对进入探测器的信号在时域上进行滤波处理。

另外，红外探测器对于入射辐射的响应实质上是对入射信号积分累加的一个过程，

也就是说，探测器实质上是一个积分器。从高等数学理论可以知道，积分过程相当于对序列求平均的过程，所以积分器实质上也是一个低通滤波器[1]。

6.3.3　温控技术

前面介绍的各种滤波技术主要针对目标信号和背景信号在空间分布、光谱分布和时间分布上的差异性，采用相应的滤波手段，确保在尽量不衰减目标信号的前提下，抑制背景信号，从而提高系统的信杂比，增强系统的探测能力。这些滤波技术并没有改变各种背景辐射的光谱特性，只是通过一定的手段限制了背景信号进入光学系统、到达探测器，因此称这些滤波技术为被动的杂散光抑制技术。

在红外光电系统的各种背景中，外部背景(如太阳光、地气系统杂散光等)的辐射特性是无法进行改变的，但是内部背景辐射的光谱特性和强度是可以通过对仪器各元部件的温度控制进行改变的。本小节将讨论的温控技术，就是通过对仪器温度场的控制这样一种主动手段来抑制仪器内部的杂散光。

对仪器背景辐射特性有影响的因素有两个，一个是各元部件的热力学温度，它决定了背景辐射的光谱分布特性；另一个是各元部件的温度稳定性，它决定了背景辐射的时间分布特性[1]。

1. 红外光电系统的热控系统

1) 热设计和热分析

遥感器热分析是为得到遥感器在轨运行期间各仪器和设备的温度分布。由于遥感器设备数量多，结构复杂，在轨飞行过程中外部热流不断周期性变化，对遥感器进行热分析具有一定的难度。目前，节点网络法被广泛应用于航天器温度场的计算，该方法原理简单，能处理传导与辐射类型的热交换，但其计算精度不高，只能通过系数修正法来减小误差，基于集中参数法的节点网络法无法得到详细的温度场分布。有限元法可以建立详细的计算模型，适应复杂的边界条件，大大提高了温度场求解的精度。但有限元法在导热和热辐射的综合处理上相对薄弱，这也给遥感器整体温度场的求解带来了难度。

遥感器通过限制其温度水平得到性能保证，辐射计和卫星主体间应尽可能地进行热隔离。当光直接从扫描窗口进入时，用一个北向的辐射器来降低温度。利用基板上的电加热器补偿散热损失，利用基板上的热管减小温度梯度，利用扫描窗口的遮光罩阻挡进入遥感器的太阳热流。电加热器可减少低温时段的温度漂移，但增加了整个周期的平均温度。为了实现较低的温度范围，当阳光直射时，使用热控百叶窗来增加散热，太阳能电池板安装在百叶窗地球端。遥感器外采用多层隔热材料减少热损耗。扫描镜、次镜组件、基板和每个结构壁面的热控制与辐射冷却器处理不同，可以视为隔热[1]。

2) 返回式遥感卫星相机的热控系统

返回式遥感卫星相机是对地球测量的关键设备。它对温度的要求较高，因为相机的地面标定是在恒定温度环境中进行的，它只有在同样恒温条件下工作才能保证分辨率。另外，为保证相机有较高的分辨率，相机透镜径向和轴向温度梯度应较小。相机对热控系统的要求如下：

(1) 镜头内部的环境温度及其控温精度为(18 ± 3)℃。

(2) 热控功耗$\leqslant 38W$。

为了确定最佳并且实际可行的热控措施，以获得维持镜头恒温所需的最低加热功率，需要对相机镜头进行漏热计算，根据计算结果来设计加热片与布置加热回路[1]。

2. 红外光学系统的制冷技术

由于目前空间红外望远镜对温度的要求较低，它们的冷却措施大多是通过存储(液体或固体)制冷来冷却光学系统，也有很多是综合采用两种或两种以上的制冷方式组合使用[1]。空间红外光学系统常用的几种冷却方式及其优缺点如表 6-1 所示。

表 6-1 空间红外光学系统常用的几种冷却方式及其优缺点

制冷器	制冷原理	优点	缺点	轨道寿命
辐射制冷器	向空间高真空、深低温背景辐射自身热量	无运动部件、无振动和电磁干扰、功耗小、寿命长、技术成熟	体积大、制冷温度高、冷量小、对轨道及卫星姿态要求严格、易污染	寿命长、数年
机械制冷机	利用封式制冷机进行循环制冷	结构紧凑、制冷量大、温度范围广、对轨道及卫星姿态要求低、安装灵活	功耗大、有散热问题、有振动及电磁干扰、技术成熟度低	相对辐射制冷时间短、相对固体时间长
热电制冷	佩尔捷效应	结构简单、可靠、紧凑、工作时无噪声	制冷器效率低、耗电大、制冷温度高	较长

3. 低温光学系统

在探测器本身噪声很小的情况下，红外探测系统的探测能力受到背景辐射噪声的限制。由于空间背景的平均温度很低(4K)，在大气层外空间工作的红外探测系统本身的热辐射成为红外探测系统热背景的主要来源。因此必须降低光学系统本身的温度以实现更高灵敏度的红外探测。低温条件下工作的光学系统的设计、制造和检测与传统光学系统有很大的不同，研制难度大，是新型的、特殊的光学系统。20 世纪 70 年代末低温光学系统研制成功以来，在空间红外目标观测任务中得到了广泛的应用，极大地促进了该技术的发展。低温光学系统的制冷温度从液氮温度(77K)改进到液氨温度(2K)，探测波长扩展到十几微米乃至几十微米，光学系统孔径在 10cm～1m。

低温光学系统对于在空间探测微弱红外目标有重要意义。无热效应的光学系统设计保证光学系统的像质不受温度变化的影响，有限元分析方法的结构优化设计在确保光学性能的前提下使系统的质量达到最轻，特殊的制造工艺充分消除零件内部应力[1]。

1) 无热效应设计

低温光学系统的设计必须遵循无热效应的设计原则[1]。

(1) 光学系统全反射。光学系统完全由反射镜组成，光线不进入光学元件内部，避免了在温度范围较大时对材料内部光学特性(折射率)的检测和控制问题。

(2) 所有光学系统中的光学和结构元件都由相同的材料制成。当温度降低时，整个光学系统以相同比例缩小，成像质量和焦平面位置不变。温度的变化对光学系统的成像原则没有影响。

2) 结构设计

设计的低温光学系统不仅要求结构稳定、成像质量好、抗冲击、可承受温度变化过程中系统内部温度梯度引起的热负荷，而且对系统的质量有严苛的限制。这些相互矛盾的技术要求对光学系统的结构设计提出了极大的挑战。

有限元分析法可以准确计算出光学系统中镜面和部件在外界和温度载荷作用下的变形和应力。采用有限元法对机械结构进行优化设计，可以全面平衡系统质量与系统刚度之间的矛盾，在保证光学系统低温光学性能的前提下，使系统质量最小化。设计时要考虑外力和温变过程中内部温差引起的光学系统的零件变形和应力[1]。零件变形和应力校核准则如下：

(1) 在工作状态下，零件的变形不超过光学系统对光学反射镜的变形和反射镜之间相对位置的变化所要求的公差。

(2) 光学系统在加工、运输、装配等非工作条件下的应力，不超过材料的微屈服极限，使系统不发生不可逆变形。对光学系统要求最高的通常是主镜。

3) 低温光学系统的制造

为了保证低温条件下无热设计的效果，可以选择一致的材料制造整个光学系统，并且在制作中尽量使所有材料具有一致的物理特性，而且要控制材料内部材料应力，以防膨胀系数不同而导致光学结构变形[1]。

4) 光学系统的低温检测

为了检验在低温环境下光学系统的性能，低温光学系统的检测装置如图 6-22 所示。首先通过将光学系统和参考镜安装在真空绝缘室中模拟太空环境。其次利用液氮和冷板使得系统降温，并且测控各部分温度以保证检验效果。最后利用一定的光学方法检测系统的波前误差、点扩散函数、调制传递函数等一系列评价指标后，对低温下的光学系统进行完整的评价。

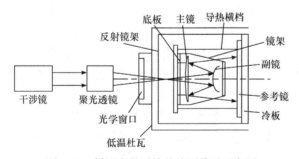

图 6-22 低温光学系统的检测装置示意图

6.4 红外定标技术

当探测器接收到目标信号后，为了正确判读和有效利用接收信号，必须对探测器进行定标。定标就是对探测器的属性(包括扫描通道的带宽、波段、输入输出关系等)，通过测量的方式进行标定，以便对探测器的输出信息进行量化。以下介绍定标方法中的辐射定标技术和几何定标技术[1]。

6.4.1　辐射定标技术

1. 辐射定标基本理论

辐射定标指建立传感器数字输出灰度值 DN 与其对应视场中辐射值之间的定量关系。辐射定标是红外光电探测系统实现目标红外辐射信号定量化测量和探测器均匀性校正的基础。对探测器进行辐射定标主要是为了获得观察目标的标准红外信息，并建立数据库，便于未来探测比对信息确认目标。定标方式分为实验室定标、外场定标和星上定标[1]。

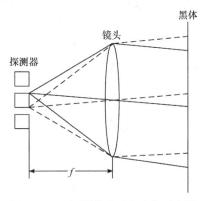

图 6-23　面源黑体实验室定标示意图

2. 实验室定标

将探测器的辐射精度、波长位置、空间定位等特性使用能够覆盖相机视场的面源黑体定标的过程称为实验室定标。在定标过程中需要考虑传输中大气和无限远目标的影响，通过镜头或平行光管模拟无限远目标，如图 6-23 所示。

在不考虑大气的情况下，像元输出灰度值 DN 与接收的辐射通量的关系为

$$DN = K\Omega_{S}A_{d}R\int_{\lambda_2}^{\lambda_1}L_{\lambda}d\lambda + b \tag{6-15}$$

式中，K 为线性系数；Ω_{S} 为像元对应的物方立体角；A_{d} 为入瞳面积；R 为成像系统在 $\lambda_1 \sim \lambda_2$ 的平均光谱响应度；L_{λ} 为目标光谱辐亮度；b 为探测器暗电流引起的固定偏置值。

相同探测器的参数基本不变，因此为便于计算设常数 $a = K\Omega_{S}A_{d}R$，设 $L_b = \int_{\lambda_2}^{\lambda_1}L_{\lambda}d\lambda$ 为黑体在 $\lambda_1 \sim \lambda_2$ 的光谱辐亮度。公式(6-15)可以写成：

$$DN = aL_b + b \tag{6-16}$$

灰度值 DN 与 L_b 呈线性关系，可通过曲线拟合得到探测器的响应度曲线。由于探测器本身有噪声影响，因此在 L_b 值一定的情况下，DN 值为

$$DN = aL_b + b + \varepsilon \tag{6-17}$$

式中，ε 为误差项，包含了由各种因素导致的不确定度。为了方便回归计算 L_b 点的预测和区间预测，DN 值为

$$L_b = \frac{1}{a}DN - \frac{b}{a} - \frac{\varepsilon}{a} \tag{6-18}$$

$$L_b = a_0 DN - b_0 - \varepsilon_0 \tag{6-19}$$

式中，ε_0 为误差项，包含了来自相机自身、辐射源、响应度非线性等带来的不确定度。

不同的 L_b 可能会对应相同的 DN。假设 L_b 是随机的响应值，DN 是预测值，则有如下假设：误差只存在于 L_b 且误差 ε_0 服从正态分布[1]。

3. 外场定标

外场定标是利用在轨遥感器对定标场地的测量结果与地面的同步测量结果进行定标。让在轨仪器和地面仪器同步观测某些特定的地球目标，如沙漠、水面、草场等面积大、表面平坦均匀、朗伯特性良好、反射率已知的目标(一般称为辐射校正场，美国新墨西哥州的白沙场、非洲的撒哈拉沙漠、中国的敦煌戈壁和青海湖都是正在使用的辐射校正场)，测量在轨仪器各波段对地面目标的光谱反射率及大气光谱参量，并利用大气辐射传输模型推导计算出仪器入瞳处各波段的光谱辐射亮度，确定在轨仪器的输出量化关系，求解定标系数，进行误差分析[1]。

4. 星上定标

星上定标是指依靠遥感仪器自身所有的装置、结构，于在轨期间进行监测和定标。以图 6-24 的星上定标系统为例。太阳和定标灯的辐射通过漫射板可以填充全视场，然后反射到遥感器中，使得系统具有全视场和全孔径定标能力。定标灯为星上定标源，用于监测漫射板和辐射计的变化。

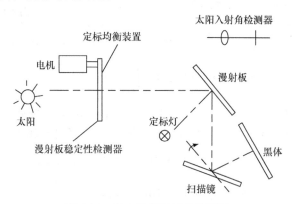

图 6-24　星上定标系统的原理图

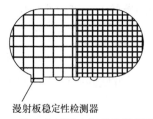

图 6-25　镀金金属网定标均衡装置示意图

图 6-25 是一种镀金金属网定标均衡装置，具有减光功能，以保证目标信号的幅值与太阳定标信号之间的幅值具有对应特征。此外均衡装置可以给太阳定标信号分级，使来自不同位置的信号都有对应的定标点。定标等级一般是通过步进电机驱动改变的。漫射板稳定性检测器主要用于接受定标灯和漫射板反射的辐射[1]。

6.4.2　几何定标技术

天基红外光电探测系统传感器的定标工作贯穿于卫星研制和在轨运行的各个阶段。

为确保传感器的性能，在发射前需要进行实验室定标和外场定标。由于轨道上各种环境因素的影响，传感器结构可能会发生变化，在发射后需要在轨几何定标保证测量结果的质量。

1. 几何定标误差来源

对于测量型星载可见光传感器，几何定标是为了保证图像的几何精度。传感器的严格成像模型的参数是由几何定标得到的，而严格成像模型的内部参数会因传感器的不同而不同。常见的几何定标参数如表 6-2 所示，内参数初值通常由实验室定标获得。

表 6-2　几何定标参数列表

内参数	与光学镜头相关参数	相机坐标系统误差
		相机焦距误差
		光学畸变
		像旋
	与探测器阵列相关参数	像元大小误差
		阵列中心位置误差
		阵列的形变
		阵列的旋转
外参数	卫星平台位置和姿态参数	姿态误差
		轨道位置误差
	传感器相对位置关系参数	两个相机之间的指向误差
		相机与星敏之间的指向误差

传感器的外部几何形状定义了严格成像模型的外部参数。一般针对高精度要求，卫星的上述参数是通过 GPS 星敏感器等高精度传感器测量的[1]。

2. 光学畸变校正

光学系统的畸变：畸变反映的是物、像之间的形状对应关系，即物、像相似程度。对于一个存在畸变的光学系统，如果其他像差(球差、彗差、像散、场曲和色差)都等于零，表示物空间一点发出的光束经光学系统后都会聚于理想像面上的同一点，但是这一点并不和由近轴光学公式计算出来的理想像点重合。在光学系统中，畸变规定的是各个视场主光线的像差。畸变的定义：把主光线和理想像面的交点称为实际像点，并用实际像点到理想像点的距离来表示像的变形程度，即为光学系统的畸变量。

1) 轴对称光学系统的畸变校正

由畸变的定义可以看出，光学系统的畸变量只与物高(对于望远系统即为视场角)有关，与系统孔径大小无关。在初级像差理论中用公式(6-20)表示光学系统的畸变：

$$\Delta y' = y' - y_0' = A_5 \cdot y_0'^3 \tag{6-20}$$

式中，y' 为实际像高(实际主光线与理想像面的交点)；y_0' 为理想像高；A_5 为畸变像差系数；$\Delta y'$ 的符号定义为以理想像点为起点到实际像点，背离中心像点为正，指向中心像点为负。

在光学设计软件(如 Zemax)中，常常采用网格畸变来描述光学系统畸变像差的大小，其定义为

$$\mathrm{dist} = \frac{y' - y_0'}{y_0'} \tag{6-21}$$

由畸变的定义式可以得到

$$\mathrm{dist} = \frac{y' - y_0'}{y_0'} = A_5 \cdot y_0'^2 \tag{6-22}$$

扩展到二维的像平面(焦平面)，$y_0'^2$ 是理想像点到焦平面中心(O')距离的平方，即在像平面 $O'x'y'$ 内，$y_0'^2$ 应用 $r_0'^2 = x_0'^2 + y_0'^2$ 替代，此时公式(6-22)变为

$$\mathrm{dist} = \frac{r' - r_0'}{r_0'} = A_5 \cdot r_0'^2 = A_5 \cdot \left(x_0'^2 + y_0'^2 \right) \tag{6-23}$$

用 dist 对 r_0' 求偏导数得

$$\frac{\partial \mathrm{dist}}{\partial r_0'} = 2A_5 \cdot r_0' = \begin{cases} > 0 & (A_5 > 0) \\ < 0 & (A_5 < 0) \end{cases} \tag{6-24}$$

在光学设计结果的网格畸变图中可以获得光学系统的最大网格畸变值，即 dist(max)，它对应于像面上离像面中心最远的点。对于视场为 $2w(°) \times 2w(°)$(方形视场)，焦距为 f' 的光学系统，假定其最大网格畸变值为 $d\%$，对应的 r_0' 为 R_0'，则此时 $R_0' = \sqrt{2} \cdot f' \cdot \tan w$，该光学系统的畸变像差系数为

$$A_5 = \frac{d\%}{R_0'} = \frac{d\%}{2\left(f' \cdot \tan w \right)^2} \tag{6-25}$$

2) 非轴对称光学系统的畸变校正

前面分析的畸变校正方法，只适用于光学畸变关于中心视场对称的情况，也就是要求光学系统为轴对称系统，而对于目前被广泛采用的非轴对称系统(各种离轴光学系统)，其光学畸变是不对称的，如离轴两反射式三通道红外光电系统的畸变情况。

非轴对称光学系统的畸变不再是像高的一元函数，因此不能用像高 ρ 的拟合多项式来校正畸变。拟合多项式法本质上是一种插值方法，插值函数就是拟合出的多项式。因此，离轴系统也可以借用这种插值思想。只不过此时不能只是沿光学系统径向取几个样本点，而是要在二维焦平面上取一系列点，得到其校正前后的对应关系，然后利用这些样点对需要校正的像点进行二维插值，得到其校正后的位置[1]。

3. 像旋的产生与校正

1) 像旋的产生

为便于说明，可将一个面阵探测器的光敏面视为物面，光敏面经物镜、二维指向镜

在物平面上成一个空间像，如图 6-26 所示。

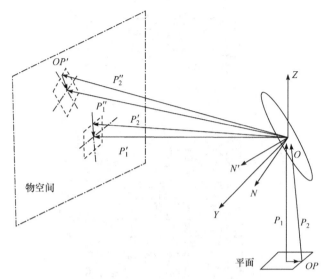

图 6-26　二维指向镜成像的图像旋转

设二维指向镜在初始位置的法线矢量为 N。物矢量 P_1、P_2 为平面轴上像元、轴外像元主光线矢量。与物矢量 P_1、P_2 相对应的像矢量为 P_1'、P_2'。二维指向镜绕方位和俯仰两个轴分别转动一定角度，指向镜法线由 N 变为 N'，与物矢量 P_1、P_2 对应的像矢量为 P_1''、P_2''。

当二维指向镜法线矢量 N 绕两轴(扫描镜的短轴和长轴)旋转时，物矢量本身并未旋转，但空间上物矢量与法线矢量 N 构成的入射面存在旋转。在入射面内的像矢量 P_1''、P_2'' 会随同入射面一起旋转。因此物矢量 P_1、P_2 与法线矢量 N 构成的相异入射面均会旋转。转动后，像矢量 P_1''、P_2'' 之间同时发生空间指向转变及相对旋转。因此二维指向镜旋转后会发生像旋，也就是像面坐标系会发生旋转。

面阵传感器在不同视场角所成的空间像的位置分布如图 6-27 所示。可以看出，除视轴方位角为零，仅做俯仰扫描(南北扫描)，系统无像旋外，一般情况，图像均会发生不同程度的旋转。从图中还可以看出，采用相同的步进角(图中东西、南北方向的扫描均采用1°的步进角)时，由于像旋的影响，在物空间的部分区域发生了重叠，而在物空间的部分区域却又出现了漏扫。因此对于面阵循环扫描的工作模式，需要正确选择扫描方式和步进角，才能避免扫描过程中出现盲区[1]。

2) 消除像旋的方法

对于使用单元探测器的目标检测系统，系统功能不受像旋的影响，但对于使用线性探测器或面阵探测器的系统，像旋会影响扫描空间是否能均匀覆盖，也会在跟瞄过程中影响离轴信息采集。因此，必须对发生像旋后的测角数据进行校正。

常用的消旋技术有棱镜消旋、滑环消旋、K 镜消旋和电子消旋等。

同步旋转探测器的消旋效果较好，但消旋结构复杂，一般很少采用此方法。

使用转像棱镜(可见光)消除像旋对光学波长、视场均有一定程度限制。K 镜虽可同

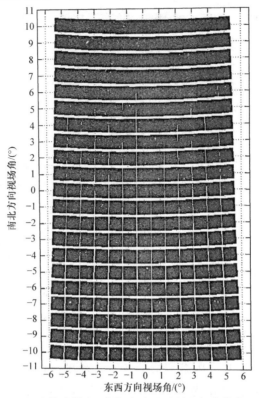

图 6-27 面阵传感器在不同视场角所成的空间像的位置分布
(相机光学视场：0.8°×0.8°，二维指向的扫描视场：12°×22°)

时对红外光和可见光消除像旋，但其视场仍有一定程度的限制。因此，在搜索视场不是很大的情况下，图像处理方法是使用阵列探测器的二维指向镜成像检测系统的一种可行的消除像旋的方法。

探测器(包括制冷系统)随 45°扫描镜同步旋转是最直接的消除像旋方法，但这种做法的消旋机构非常复杂。此外，航天扫描辐射计红外探测器通常采用辐射制冷，探测器组件无法整体旋转。

另一种光学消除像旋的方法是用转像棱镜，其光学原理是用转像棱镜产生的像旋抵消 45°扫描镜的像旋，如图 6-28 所示。但是，大多数多光谱扫描辐射计具有从可见光到红外波段的多个探测通道，这些通道往往共用主光学系统。因此，很难物色到能适用于如此宽工作波段的棱镜材料以满足这类仪器的消像旋要求。

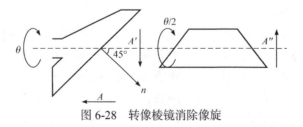

图 6-28 转像棱镜消除像旋

K 镜是一种全反射光学元件，可在宽频带内使用，且不引入像差，光能损耗小，因

此在设计时首选 K 镜的消旋技术。K 镜是一个三反射面光学部件，因其三面反射镜呈
"K"字排列，故起名"K 镜"。当 K 镜的转角始终保持为 45°扫描镜转角的一半时，像
不旋转，达到消除像旋转的目的。因为 K 镜是反射系统，可以在可见光至红外全波段范
围内消像旋[1]。

4. 在轨几何定标方法

使用在轨卫星传感器进行几何定标，可以通过参数补偿以获得较好的成像结果，提
高传感器的质量。几何定标可以确定畸变差和夹角的定标等。在轨卫星传感器对实验场
地空间摄影，然后通过整体平差运算，同时确定自检校准方法。这种定标结果是最有价
值的参考[1]。

参 考 文 献

[1] 刘辉. 红外光电探测原理[M]. 北京: 国防工业出版社, 2016.

[2] 卢晓东, 周军, 刘光辉. 导弹制导系统原理[M]. 北京: 国防工业出版社, 2015.

第 7 章

主动探测技术

7.1　雷达探测技术

7.1.1　基本雷达方程及相关参数

1. 基本雷达方程

如图 7-1 所示，假设雷达发射功率为 P_t，天线增益为 G_t，在无约束空间工作时，距雷达天线 R 远的目标处的功率密度 S_1 为

$$S_1 = \frac{P_t G_t}{4\pi R^2} \tag{7-1}$$

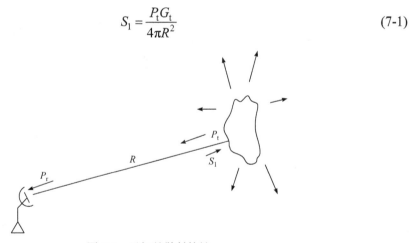

图 7-1　目标的散射特性

由于目标的散射特性，当发射的电磁波照射目标时会产生散射回波。散射功率与发射功率密度 S_1 和目标特性有关。目标的散射特性由雷达截面积(radar cross-section，RCS)σ 表示[1]。假设目标能无损耗地辐射接收功率，则目标散射功率(二次辐射功率)可得为

$$P_2 = \sigma S_1 = \frac{P_t G_t \sigma}{4\pi R^2} \tag{7-2}$$

又假设 P_2 均匀辐射，则在接收天线处收到的回波功率密度为

$$S_2 = \frac{P_2}{4\pi R^2} = \frac{P_t G_t \sigma}{(4\pi R^2)^2} \tag{7-3}$$

假定接收天线的有效接收面积为 A_r，则在接收处回波功率 P_r 为

$$P_r = A_r S_2 = \frac{P_t G_t \sigma A_r}{(4\pi R^2)^2} \tag{7-4}$$

根据天线理论可知，天线增益和有效面积之间的关系为

$$G = \frac{4\pi A}{\lambda^2} \tag{7-5}$$

式中，λ 为波长。接收处回波功率可表示为

$$P_r = \frac{P_t G_t G_r \lambda^2 \sigma}{(4\pi)^3 R^4} \tag{7-6}$$

将公式(7-5)代入公式(7-6)可得

$$P_r = \frac{P_t A_t A_r \sigma}{4\pi \lambda^2 R^4} \tag{7-7}$$

单基地脉冲雷达和主动雷达导引头通常收发共用天线，即 $G_t = G_r = G$，$A_t = A_r$，将此关系式代入公式(7-6)和公式(7-7)即可得常用结果。

1) 雷达截面积定义

雷达通过二次散射功率辨识并发现目标。为了描述目标的后向散射特性，定义了"点"目标的雷达截面积 σ：

$$P_2 = S_1 \sigma \tag{7-8}$$

式中，P_2 为目标散射的总功率；S_1 为照射的功率密度。雷达截面积 σ 为

$$\sigma = \frac{P_2}{S_1} \tag{7-9}$$

在雷达接收点处，单位立体角内的散射功率 P_Δ 为

$$P_\Delta = \frac{P_2}{4\pi} = S_1 \frac{\sigma}{4\pi} \tag{7-10}$$

因此，雷达截面积可以定义为

$$\sigma = 4\pi \cdot \frac{返回接收机每单位立体角内的回波功率}{入射角功率密度} \tag{7-11}$$

σ 定义为在平面波照射的远场条件下，接收器的目标处每单位入射功率密度在每个单位立体角内产生的反射功率乘以 4π。假设目标处的入射功率密度为 S_1，具有良好导电性的各向同性的球形目标的几何投影面积为 A_1，则目标的拦截功率为 $A_1 S_1$。因此 $A_1 S_1$ 被均匀地辐射向 4π 立体角。根据公式(7-11)，可定义横截面积 σ_i 为

$$\sigma_i = 4\pi \frac{S_1 A_1/(4\pi)}{S_1} = A_1 \tag{7-12}$$

具有良好导电性的各向同性等效球体目标的几何投影面积等于横截面积 σ_i，这说明任意反射器的横截面积都是各向同性等效球体的横截面积[1]。

等效说明球体在接收器方向上每单位立体角产生的功率与实际目标散射体产生的功率相同，因此雷达截面积也可以视作等效无损各向同性均匀反射器的投影面积。真实目标形状复杂导致辐射由各点的散射矢量合成，因此不同的辐射方向具有不同的雷达截面积 σ 值[1]。

有时还需要测算目标在其他方向的散射功率，如双基地雷达等情况。目标的双基地雷达截面积 σ_b 可以根据相同的概念和方法来定义。对于复杂的目标，σ_b 不仅与发射时的辐射性质相关，还与接收时的散射方向有关。

2) 点目标特性与波长的关系

目标的后向散射特性除了与目标性能有关外，还与入射波特性有关，与波长最为相关。因此常用目标尺寸与波长之比分类目标，金属球常作为截面积的标准进行数据校正和实验确定[2]。

球体截面积与波长的关系如图 7-2 所示。当球体的截面周长远小于波长，即 $2\pi r \ll \lambda$ 时，截面积与 λ^{-4} 成正比，为瑞利区。当波长 λ 减至 $2\pi r$ 时，截面积发生振荡进入振荡区。当 $2\pi r \gg \lambda$ 时，振荡趋向于一个投影面积，并固定不变，为光学区。

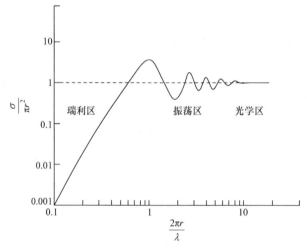

图 7-2　球体截面积与波长 λ 的关系

大多数目标不在瑞利区，但气象粒子的波长远小于常用的雷达波长。在瑞利区的目标截面积主要与体积有关，形状影响较小。因此可以通过降低雷达的工作频率，减少气象粒子回波的影响。

事实上，大多数雷达目标在光学区。光学区名称的来源是当目标尺寸远大于波长时，可以利用几何光学原理确定光滑目标的雷达截面积。目标表面反射率最强的区域与电磁波锋面最突出点附近由点曲率半径 ρ 决定尺寸的区域是一致的，这个区域称为"亮斑"。P 与亮斑尺寸成正比，亮斑附近旋转对称的物体的横截面积为 $\pi\rho^2$，且不随波长 λ 变化。

振荡区的目标尺寸接近波长，在振荡区横截面积随波长 λ 振荡。相较于光学值振荡的最大值高 5.6dB 左右，相较于第一个凹点的值低 5.5dB 左右，雷达几乎不在这个区域工作。

对于简单的几何目标，可以计算雷达截面积。在光学面积中，球体的截面积 πr^2 等于其几何投影面积，由于球体自身特性，其截面积与观测角度和波长λ无关。

当反射面曲率半径ρ大于波长时，可以计算简单几何目标在光学区的雷达截面积。一般反射面在亮斑附近不具有旋转对称的特点。可通过亮斑和两个相互垂直的曲率半径为ρ_1、ρ_2的截面表述，则雷达截面积为

$$\sigma = \pi \rho_1 \rho_2 \tag{7-13}$$

非球形目标截面积与观测角度有关，因此在光学区域的截面积值不稳定，但大部分可以利用曲率半径分类简单目标[1]。

3) 复杂目标的雷达截面积

复杂目标，如飞机、船舶和地物等的雷达截面积是观测角度和雷达工作波长的复杂函数。在分析中一般利用拆分叠加的思路，将复杂的大尺寸反射镜近似分解成多个满足光学区条件且互相解耦的独立散射体，雷达总截面积为各部分截面的矢量和：

$$\sigma = \left| \sum_k \sqrt{\sigma_k} \exp\left(\frac{\mathrm{j}4\pi d_k}{\lambda} \right) \right|^2 \tag{7-14}$$

式中，σ_k为第k个散射体的截面积；d_k为第k个散射体与雷达接收机之间的距离[1]。

复杂目标中各散射单元的间隔与工作波长有关，因此当观察方向改变时，在接收机端收到的各单元散射信号的相位不同，矢量和也会发生变化，导致回波信号有起伏[3]。

图 7-3 给出了试验测得的螺旋桨飞机 B-26 的雷达截面积，工作波长为 10cm。从图中可以看出，雷达截面积与视角有很大关系。

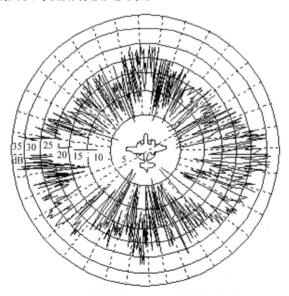

图 7-3　螺旋桨飞机 B-26 的雷达截面积

对于复杂目标的雷达截面积，观测角度或工作波长的微小改变，雷达截面积的波动就会很大。但有时为了估计作战距离，需要找到一个代表截面积σ。到目前为止，对于飞机等复杂目标的截面积的单一值的确定还没有统一的标准，要利用各方向截面积的平均值、中值、95%概率大于的"最小截面值"、实验测量的工作范围来确定。

在复杂目标中，雷达截面积是视角的函数。由于目标在运动，雷达在工作时视角是随时间变化的，所以精确的目标姿态和视角是未知的。因此，一般利用统计概念描述雷达截面积，统计模型尽可能近似于实际模型。试验表明，大部分大型飞机雷达截面积的概率分布近似于瑞利分布。导弹和卫星的几何结构简单，其截面积分布接近于对数正态分布[3]。

2. 目标起伏模型

目标的雷达截面尺寸主要由雷达的探测性能决定。工程中，截面一般作为常数使用，然而实际的目标截面积会随目标的运动发生波动。

一般利用概率密度函数和相关函数描述雷达截面积的波动。概率密度函数 $p(\sigma)$ 表述的是目标雷达截面积 σ 介于 $(\sigma, \sigma + d\sigma)$ 的概率，相关函数描述了雷达截面积的时间相关度。回波起伏完全相关是慢起伏目标，完全无关是快速起伏目标。这两个参数影响雷达对目标的探测性能。具有波动截面的功率谱密度函数对于研究跟踪雷达的性能也是非常重要的。由于雷达目标复杂，因此概率密度分布和相关函数一般不能准确获得，所以常采用施威林(Swerling)模型来估计目标影响并进行数学分析[2]。

施威林模型将典型的目标起伏根据两种概率密度函数和两种相关函数共分为四种涨落模型，其区分如下。

1) 施威林Ⅰ型

多次雷达扫描过程是相互独立的，但接收到的目标回波在任意次扫描中都不变。不考虑天线波束对回波振幅的影响，截面积 σ 的概率密度函数服从：

$$p(\sigma) = \frac{1}{\bar{\sigma}} e^{-\frac{\sigma}{\bar{\sigma}}} (\sigma \geqslant 0) \tag{7-15}$$

式中，$\bar{\sigma}$ 为目标截面积起伏的平均值。

从公式(7-15)中可以看出，截面积 σ 是按指数函数分布的，且目标截面积与回波功率成正比，回波振幅 A 则满足瑞利分布。已知 $A^2 = \sigma$，则

$$p(A) = \frac{A}{A_0^2} \exp\left(-\frac{A^2}{2A_0^2}\right) \tag{7-16}$$

与公式(7-15)对照，公式(7-16)中 $2A_0^2 = \bar{\sigma}$。

2) 施威林Ⅱ型

目标截面积的概率密度分布与公式(7-16)相同，但波动速度快。

3) 施威林Ⅲ型

雷达截面积的概率密度函数表述为

$$p(\sigma) = \frac{4\sigma}{\bar{\sigma}^2} \exp\left(-\frac{2\sigma}{\bar{\sigma}}\right) \tag{7-17}$$

式中，$\bar{\sigma}$ 为目标截面积起伏的平均值。

截面积起伏对应的回波振幅 A 满足以下概率密度函数：

$$p(A) = \frac{9A^3}{2A_0^4} \exp\left(-\frac{3A^2}{2A_0^2}\right) \tag{7-18}$$

公式(7-18)与公式(7-17)对应，有关系式 $\bar{\sigma} = 4A_0^2/3$。

4) 施威林Ⅳ型

截面积的概率密度分布服从公式(7-17)。

Ⅰ型和Ⅱ型的截面积概率密度分布适用于复杂目标内组成散射体的元素近似的目标，很多复杂目标的截面积属于此类。

Ⅲ型和Ⅳ型的截面积概率密度分布适用于组成散射体的元素为一个大反射面和多个小反射面，或者一个大反射面受方向影响小的目标[2]。在使用施威林模型时，可以以平均值 $\bar{\sigma}$ 为雷达截面积。

此外，还有一种由一个主要的非起伏分量和多个小随机分量组成的多重散射体起伏模型是赖斯(Rice)分布，可表示为

$$p(\sigma) = (1+S)\exp\left[-S-(1+S)\frac{\sigma}{\bar{\sigma}}\right] J_0\left[2\sqrt{S(1+S)\frac{\sigma}{\bar{\sigma}}}\right] \tag{7-19}$$

式中，$J_0(\cdot)$ 是零阶修正贝塞尔函数；S 是非起伏功率与随机总功率的比。

在一定参数下，赖斯功率的分布和 x^2 分布近似，可利用相关统计理论估算赖斯模型性能。

7.1.2　雷达探测系统作用距离

雷达探测系统的作用距离决定了雷达对目标的探测距离，是极为重要的性能指标，与雷达本身各个系统的性能、目标性质和环境因素有关[4]。

由雷达基本方程可知，接收处回波功率 P_r 与目标到雷达距离 R^4 成反比。这是因为在往返后，会发生能量衰减。为找到目标，需要确保接收功率超过最小可探测信号功率 S_{min}。当 $P_r = S_{min}$ 时，最大工作距离 R_{max} 可以表示为

$$P_r = S_{min} = \frac{P_t \sigma A_r^2}{4\pi\lambda^2 R_{max}^4} = \frac{P_t G^2 \lambda^2 \sigma}{(4\pi)^3 R_{max}^4} \tag{7-20}$$

或

$$R_{max} = \left(\frac{P_t \sigma A_r^2}{4\pi\lambda^2 S_{min}}\right)^{\frac{1}{4}} = \left[\frac{P_t G^2 \lambda^2 \sigma}{(4\pi)^3 S_{min}}\right]^{\frac{1}{4}} \tag{7-21}$$

公式(7-21)描述了最大工作距离 R_{max} 与雷达参数和目标特性的相关特性，常用于估算最大工作距离对雷达性能的影响情况。

真实雷达的目标检测环境一般是有噪声和干扰的，此外，复杂目标的回波信号如上文所说是起伏的，而且计算得到的雷达工作距离也很难完全刻画工作范围。一般来说，仅当确定虚警概率和发现概率时，作用距离才是可确定的。

1. 最小可检测信噪比与检测因子

典型的雷达接收及信号处理过程如图 7-4 所示。探测器的前一部分(中频放大器输出)一般认为是线性的,为使输出端信噪比最大,需要通过中频滤波器与滤波器特性近似匹配。

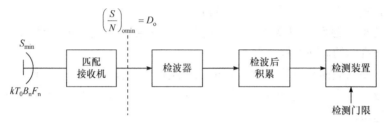

图 7-4　典型的雷达接收及信号处理过程

接收机的噪声系数 F_n 定义为

$$F_n = \frac{N}{kT_0 B_n G_a} = \frac{\text{实际接收机的噪声功率输出}}{\text{理想接收机在标准室温}T_0\text{时的噪声功率输出}}$$

式中,N 是接收机的输出噪声功率;G_a 为接收机的功率增益,$G_a = \dfrac{s_0}{s_i}$;T_0 为标准室温,一般取 290K。通常噪声带宽 B_n 是由中频决定的,接近中频的 3dB 带宽。理想情况下,接收机的输入噪声功率 N_i 为

$$N_i = kT_0 B_n$$

故噪声系数 F_n 可写成

$$F_n = \frac{(S/N)_i}{(S/N)_o} = \frac{\text{输入信噪比}}{\text{输出信噪比}} \tag{7-22}$$

输入信号功率 S_i 表示为

$$S_i = F_n N_i \left(\frac{S}{N}\right)_o = k_0 T_0 B_n F_n \left(\frac{S}{N}\right)_o \tag{7-23}$$

式中,$(S/N)_o$ 为匹配接收机输出端信号功率 S 与噪声功率 N 的比值。可以根据雷达探测性能要求,确定最小输出信噪比 $(S/N)_{omin}$,从而得到最小可探测信号 S_{min}。

现代雷达中由于信号波形复杂,因此波形中包含的信号能量是相对于信号功率更重要的衡量标准[1]。

早期雷达中一般需要显示器来观察目标信号,称 $(S/N)_{omin}$ 为所需的识别系数或可见系数。现代雷达通常基于统计检测理论方法检测信号,因此检测目标信号所需的最小输出信噪比,也就是检测因子(detectability factor)D_0 定义为

$$D_0 = \left(\frac{E_r}{N_0}\right)_{omin} = \left(\frac{S}{N}\right)_{omin} \tag{7-24}$$

式中,D_0 是接收机匹配滤波器(探测器输入端)输出端测量到的信噪功率比[1]。将公式(7-24)

代入公式(7-21)即可获得用$(S/N)_{omin}$表示的距离方程：

$$R_{max} = \left[\frac{P_t G^2 \lambda^2 \sigma}{(4\pi)^3 kT_0 B_n F_n \left(\dfrac{S}{N} \right)_{omin}} \right]^{\frac{1}{4}} = \left[\frac{P_t \sigma A_r^2}{4\pi \lambda^2 kT_0 B_n F_n \left(\dfrac{S}{N} \right)_{omin}} \right]^{\frac{1}{4}} \qquad (7\text{-}25)$$

也可以用信号能量$E_t = P_t \tau = \int_0^x P_t dt$代替脉冲功率$P_t$，并且将检测因子$D_0 = (S/N)_{omin}$代入雷达距离方程(7-25)：

$$R_{max} = \left[\frac{E_t G_t A_r \sigma}{(4\pi)^2 kT_0 F_n D_0 C_B L} \right]^{\frac{1}{4}} = \left[\frac{P_t \tau G_t G_r \sigma \lambda^2}{(4\pi)^3 kT_0 F_n D_0 C_B L} \right]^{\frac{1}{4}} \qquad (7\text{-}26)$$

在公式(7-26)中，增加了表示接收机带宽失配所带来的信噪比损失的带宽校正因子$C_B \geqslant 1$，带宽匹配时$C_B = 1$；L是雷达系统各部分的损失系数。

2. 门限检测及其性能

雷达在微弱信号频带内的探测性能会受到与信号能谱一致的噪声能量的限制。然而接收机噪声通常为宽频带高斯噪声，且具有起伏特性，因此需要利用统计方法，来判断信号是否出现。

奈曼-皮尔逊准则广泛应用于雷达信号检测中。该准则要求在给定信噪比下，满足一定虚警概率P_{fa}时，发现概率P_d最大。接收检测系统首先对中频部分的单个脉冲信号进行匹配滤波，然后通常在n个脉冲累积后进行检测。因此，它首先对检测后的n个脉冲进行加权累积，然后将累积输出与阈值电压进行比较。如果输出包络超过阈值，则认为目标存在，否则认为目标不存在，即为门限检测。图 7-5 的接收机输出典型包络为输出的典型包络特性，且由于噪声具有随机性，包络也会随之波动。

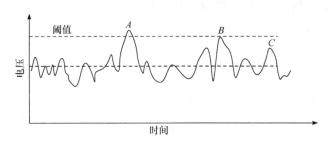

图 7-5 接收机输出典型包络

A、B 和 C 表示信号加噪声的波形，在检测期间设置阈值水平。如果包络电压超过阈值，则认为检测到目标。在点 A，信号强度远大于阈值，而在点 B，信号强度等于阈值，可以检测 A 和 B 两者，而在点 C，由于噪声的影响使得信号强度低于阈值，因此不能检测到信号。然而，也可以通过降低阈值水平来检测点 C 处的信号或其他弱回波信号，但是在降低阈值之后，当仅存在噪声时，峰值超过阈值水平的概率增加。超过阈值水平并被误认为信号事件的噪声称为"虚警"。因此，应根据误判的影响选择适当的阈值[1]。

门限检测是一种统计检测。由于信号与噪声叠加，所以总输出是一个随机量。在输出端，根据输出幅值是否超过阈值判断是否有目标。可能会出现如图7-6判断结果所示的四种情况。

显然四种概率存在以下关系：

$$P_d + P_{la} = 1$$
$$P_{an} + P_{fa} = 1 \tag{7-27}$$

成对出现的概率只需要知道其中一个就能知道另一个。

1）虚警概率 P_{fa}

虚警是指噪声等级超过阈值，在无信号只有噪声的情况下被误认为是信号的事件。中频滤波器的噪声一般为宽带高斯噪声，其概率密度函数为

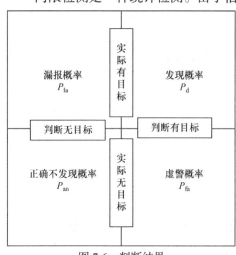

图7-6 判断结果

$$p(v) = \frac{1}{\sqrt{2\pi}\sigma}\exp\left(-\frac{v^2}{2\sigma^2}\right) \tag{7-28}$$

式中，σ^2 为方差，噪声均值为零。

利用窄带中频滤波器将高斯噪声添加到包络检波器中，包络检波器输出端噪声电压幅值的概率密度函数为

$$p(r) = \frac{r}{\sigma^2}\exp\left(-\frac{r^2}{2\sigma^2}\right)\ (r \geqslant 0) \tag{7-29}$$

式中，r 是输出端噪声包络的振幅值。

从公式(7-29)可以看出，包络振幅满足瑞利分布。因此噪声包络电压超过设定的阈值水平 U_T 的概率是虚警概率，可由以下公式得到

$$P_{fa} = P(U_T \leqslant r < \infty) = \int_{U_T}^{\infty}\frac{r}{\sigma^2}\exp\left(-\frac{r^2}{2\sigma^2}\right)\mathrm{d}r = \exp\left(-\frac{U_T^2}{2\sigma^2}\right) \tag{7-30}$$

图7-7显示了输出噪声包络的概率密度函数，并定性地说明了虚警概率和阈值水平之间的关系。当噪声分布函数恒定时，虚警概率完全取决于阈值水平。

2）发现概率 P_d

为了研究发现概率，有必要研究通过接收机的信号加噪声的具体情况。若幅值为 A，频率为中心频率的正弦信号与高斯噪声同时输入中频滤波器，检波器输出包络的概率密度函数为

$$p_d(r) = \frac{r}{\sigma^2}\exp\left(-\frac{r^2+A^2}{2\sigma^2}\right)I_0\left(\frac{rA}{\sigma^2}\right) \tag{7-31}$$

式中，r 为输出端噪声包络的振幅值；$I_0(\cdot)$ 为零阶修正贝塞尔函数，并定义为

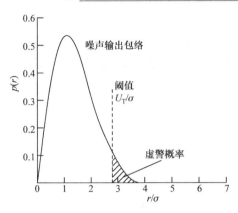

图 7-7　输出噪声包络的概率密度函数

$$I_0(z) = \sum_{n=0}^{\infty} \frac{z^{2n}}{2^{2n} n! n!} \tag{7-32}$$

公式(7-32)表示的分布也被称为广义瑞利分布或赖斯分布。

当 r 超过预定阈值，U_T 就是检出信号的概率，则

$$P_d = \int_{U_T}^{\infty} p_d(r) = \int_{U_T}^{\infty} \frac{r}{\sigma^2} \exp\left(-\frac{r^2 + A^2}{2\sigma^2}\right) I_0\left(\frac{rA}{\sigma^2}\right) dr \tag{7-33}$$

以信噪比为检测因子，以检测概率为参数量所得关系曲线如图 7-8 所示。从图中可

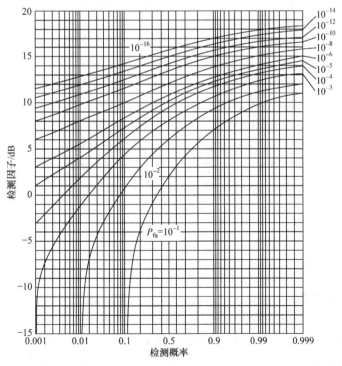

图 7-8　非起伏目标单个脉冲线性检波时检测概率和所需检测因子的关系曲线

以看出，在虚警概率一定的情况下，信噪比越大，发现概率越大。检测性能与概率密度如图 7-9 所示。显然，当相对阈值增大时，虚警概率会减小，但发现概率也会减小。如果想在虚警概率一定的情况下提高检测概率，只能通过提高信噪比来实现[5]。

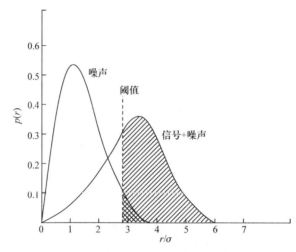

图 7-9　检测性能与概率密度示意图

3. 脉冲积累对检测性能的改善

在 7.1.2 小节中讨论了单个脉冲的检测，但是在实际应用场景下，雷达是对 n 个脉冲的叠加效应进行观测，通过信号累积提高信噪比和探测能力。积累可以在包络检测之前完成，称为预检测积累或中频积累。当信号在中频处积累时，要求信号之间有严格的相位关系，即信号是相参的，因此又称相参积累。或者在包络检测器后积累，保留幅值信号，舍去相位信号，最终积累方式称为检波后积累、视频积累、非相参积累。

对 M 个等幅相干中频脉冲信号进行相干积累，可以将信噪比(S/N)提高到原始的 M 倍(M 为积累脉冲数)。这是因为相邻周期的中频回波信号按照严格的相位关系加在同一相位中，所以积累总和的信号电压和相应功率可分别累加到原始的 M 和 M^2 倍，噪声是随机的。相邻 T_r 噪声满足统计独立性的条件，积累的效果是增加平均功率，使总噪声功率增加到原来的 M 倍，这意味着相干积分的结果可以成 M 倍地提高输出信噪比(功率)[3]。

当包络检测后完美积累 M 个等幅脉冲时，由于包络检测的非线性效应，信噪比的提高小于 M 倍。非相干积分后信噪比的提高介于 M 和 $\sqrt{M}$ 之间。当积累值 M 较大时，信噪比的改善趋向于接近 $\sqrt{M}$。

4. 影响雷达探测系统作用距离的其他因素

实际的雷达探测系统还会受到许多其他因素的影响，这些因素也会影响雷达探测系统的探测距离。其他影响雷达探测系统工作范围的因素主要包括系统损耗、射频传输损耗、天线波束形状损失、叠加损失、设备不完善损失和传播过程的影响，具体描述如下。

1) 系统损耗

系统损耗是指雷达探测系统内部信号传输过程中的各种损耗。

2) 射频传输损耗

射频传输损耗是指发射机输出端与天线之间的波导造成的损耗，包括单位长度波导的损耗、每个波导弯曲处的损耗、旋转接头的损耗、天线收发开关上的损耗和连接不良造成的损耗。

3) 天线波束形状损失

在雷达方程中，天线增益为最大增益，即最大辐射方向对准目标。但在实际应用中，由于天线的扫描，接收到的回波信号的幅值根据天线波束形状进行调制，其能量小于最大增益。

4) 叠加损失

当使用脉冲累积时，除了"信号+噪声"脉冲外，还有纯粹的"噪声"脉冲。这种附加噪声参与累积的结果会使累积的信噪比变差，称为叠加损失。

5) 设备不完善损失

设备不完善损失包括发射机内发射管的输出功率随频带范围和使用时间变化所造成的损失，接收机内噪声系数的变化，以及接收机的频率响应与发射信号不匹配所造成的失配损失。

6) 传播过程的影响

(1) 在大气中传播的无线电波的衰减。大气中的氧气和水蒸气是雷达波衰减的主要原因。照射在这些气体粒子上的电磁波能量的一部分被它们吸收，变成热能，而热能又被损耗掉。在恶劣的天气条件下，大气中的雨和雾也会减弱电磁波。随着高度的增加，大气变薄，大气衰减随高度的增加而减小[6]。

(2) 大气引起的无线电波折射。大气的组分与时间和位置有关。空气离地面越高，空气密度越低，大气越稀薄。因此大气是非均匀介质，在大气中波的传播路径会发生折射，折射会影响雷达的测量距离，造成测距误差和仰角测量误差。

(3) 地面(海面)反射。地面(海面)反射波和直射波的干扰作用，天线方向图被分割成瓣状，使得雷达工作距离随目标的仰角呈周期性变化，也使得雷达对低仰角目标的观测非常困难。

7.1.3　雷达探测系统工作原理

1. 雷达探测系统的工作体制

雷达探测系统的工作系统设计主要涉及角度测量方式和接收方式两个方面。在角度测量方式上，单脉冲测角精度高、快速性好、角度信息率高，因此雷达探测系统一般采用单脉冲测角方式。在接收方式上，雷达导引头由于灵敏度高、增益高、频率选择性好、适应性强，通常采用超外差式接收机。中频接收机通常采用倒置接收和通道组合方案，以简化设计，保证各个通道间幅相一致性。

2. 雷达探测系统的工作频段

雷达探测系统的工作频段一般选择为 C 波段 4～8GHz；X 波段 8～12.5GHz；Ku 波段 12.5～18GHz；K 波段 18～26.5GHz；Ka 波段 26.5～40GHz；3～4mm 波段 80～100GHz。

20 世纪 80 年代以来，雷达探测系统的工作频率逐渐向高频方向发展，出现了工作在毫米波段的雷达导引头。

提高制导系统工作频率的优点如下：

(1) 同孔径导引头天线可以提供更窄的波束，从而获得更高的天线增益，增加制导系统的工作距离。

(2) 具有良好的角度分辨率和跟踪精度。从目标散射特性来看，目标在毫米波波段的角闪烁小，即目标的角噪声小，因此制导精度明显提高。

(3) 存在小的多路径效应，通常地面或海平面的反射杂波水平随频率的增加而降低。

(4) 在相同天线孔径下，随着频段频率的增加，波瓣变窄，具有较好的抗空间屏蔽干扰能力。

(5) 导引头接收机高频硬件的尺寸和质量相应降低为小而轻。

毫米波导引头具有精度高、体积小的优点，还能克服云层条件与雨、雾、雪等气候条件的影响。同时，与一般微波导引头相比，它具有波束窄、增益高、通路背景噪声小、目标分辨率高、体积小、质量轻等优点。此外，在烟雾、灰尘和稀疏树叶造成能见度较差的情况下，毫米波导引头比红外光学系统要好得多。因此，毫米波导引头更适合主动雷达寻的制导和精确制导。

3. 雷达探测系统的波形选择

信号波形选择的主要要求如下：

(1) 能方便地区分有用的目标信号，提取目标信息；

(2) 能将信号从其他目标或背景中分离出来；

(3) 主动导引头可适应收/发隔离；

(4) 小杂波背景；

(5) 具有抗干扰能力；

(6) 保密性和电磁兼容性。

雷达寻的系统中的波形分类如图 7-10 所示。一般来说，雷达导引头使用的信号波

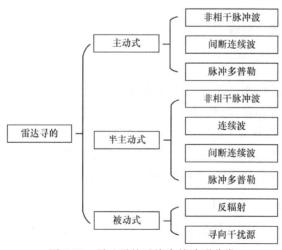

图 7-10 雷达寻的系统中的波形分类

形有非相干脉冲波、连续波和脉冲多普勒。脉冲多普勒同时具有脉冲波和连续波信息检测和处理的优点。

7.2　激光主动探测技术

7.2.1　激光主动探测原理

如图 7-11 所示的激光雷达系统的基本结构与微波雷达相似。其主要由五种系统：激光发射系统、激光接收系统、信息处理系统、随动控制系统和显示系统组成。雷达的工作流程如下，激光发射器发射出的光通过激光控制调制器、激光束控制器和发射光学系统将光束调制后射向空间，然后在扫描器作用下扫描空间搜索目标。当照射到目标上时，部分激光反射回波，再经接收光学系统采集，通过光电探测器转换为电信号，信号处理并发送给随动控制系统，保证光束能够跟随目标并在显示器上显示实时成像结果[7]。

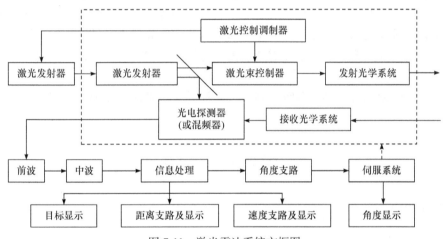

图 7-11　激光雷达系统方框图

7.2.2　激光主动捕获目标策略

空间激光探测系统工作大致有初始视轴指向、捕获、粗跟踪、精跟踪、精密瞄准等阶段，简称捕获、跟踪、瞄准(acquisition, tracking, pointing, ATP)

1. 捕获阶段

预指向：在星地通信过程中，卫星与地面互相调整指向便于通信的过程为预指向。一般是地面主动采集信息并发送宽信标光指向且覆盖卫星。卫星为接受方，需要在这一过程中探测信标光。此时系统处于光开环阶段，是通过设定预指向角来进行开环姿态机动。预指向角可以由轨道预测或坐标实测获得，特别是卫星上的预指向需要考虑姿态角。

扫描：由于预指向角度最终机动到的指向肯定会导致相互的指向有偏差。因此存在一个"不确定区域"(field of uncertain, FOU)。根据信标光的发散角和捕获探测器的视场是否能覆盖 FOU 选择是否直接进行扫描，以保证能够覆盖 FOU。

捕获动作：如果信标光被探测器的视场所捕获且信号满足要求，星载 ATP 开始捕获信号，利用驱动器将信标光定位至视场中心，使得视轴与入射光轴对齐。

2. 跟踪阶段

跟踪阶段一般为了扩大捕获范围和跟踪瞄准精度，采用粗、精跟踪嵌套的两级复合跟踪机构。粗跟踪将信标光维持在探测器的中心位置，以保证跟踪精度满足精跟踪视场要求。然后精跟踪在粗跟踪的视场基础上，利用高分辨率、高带宽的执行机构最终实现更高的跟踪精度。精跟踪利用小行程但高精度的执行机构提高跟踪精度、减小粗跟踪的残差，满足了系统对跟踪误差的要求。

3. 瞄准阶段

信标光瞄准：在完成跟踪后，星载 ATP 向地面发送狭窄的信标光束，当地面检测到此信标光后，利用星载 ATP 的跟踪机制，修正光轴的方向，组成星地双向的闭环跟踪。

超前瞄准：在双向跟踪闭环系统建立后，根据通信需求，双方发送信号光。激光通信可以在无信标光的情况下工作，而量子通信需要信标光等维持链路传输微弱信号光。信号光一般比信标光窄很多，因此需要给信号光增加超前瞄准角，以补偿星地相对运动导致的角度偏差。

采用复合轴跟踪结构具有两级抑制频带叠加后干扰抑制能力强、跟踪视场叠加后视场大、跟踪精度高的优点。

7.3 激光主动探测应用

7.3.1 激光测距

1. 激光测距雷达原理

与雷达测距技术类似，激光测距技术向远端发射短时间激光脉冲，经人工或自然物体反射后接收。距离可以通过脉冲的往返飞行时间来测量，或者使用以一定频率调制的激光束，经过往返距离后，调制波的相位发生变化，从相位变化也可以测出距离。但雷达应具有跟踪、扫描和定位功能，而测距仪仅限于测距，系统本身不具备定位能力。

测距雷达的激光回波功率仍然用一般雷达方程表示。下面介绍两种系统的测距雷达的测距原理。

1) 飞行时间法

测量从发射到接收的飞行时间 Δt 后，距离 R 可表示为

$$R = \frac{1}{2}c\Delta t \tag{7-34}$$

式中，c 是光在介质中的速度。

计数器通常用来测量时间。测距雷达包括发射和接收光学系统、光学机械跟踪定位系统、脉冲激光器、光电探测器、脉冲信号处理器和计数器。在发射激光脉冲的同时，

给出一个初始时间脉冲，并启动计数器，计数器每隔一定时间计数一次。激光回波脉冲经探测器转化为电脉冲后，经过放大、限幅、整形，通常在方波的前边缘、后边缘或其平均位置产生触发脉冲，计数器关闭。计数器读数乘以计数周期得到距离。例如，对于100MHz 频率计数器，每次计数相当于 1.5m 的单向距离。计数频率、光脉冲宽度、回波强度和回波处理方法都影响测距精度。减小脉冲宽度，增加计数频率和计数长度可以提高测距精度。最后一次计数和脉冲到达时间之间的误差可以小于一个计数周期。一些特殊的方法，如电容充电，可以进一步确定一个周期以内的时间，从而提高测距精度。

2) 相位法

相位法是用一定额定频率调制的连续激光来计算发射光和接收光之间的相位差的距离。如果调制频率为 f_m，则一个周期(相位变化 2π)对应的距离或波长为 c/f_m，测量距离为 R 时：

$$2R = \frac{c}{f_m}(N + \Delta N) \tag{7-35}$$

式中，ΔN 是以 2π 为周期的小数位相，$\Delta N = \Delta\Phi/2\pi$。令 $L = c/2f_m$，称其为测尺，改写公式(7-35)，得

$$R = L(N + \Delta N) \tag{7-36}$$

式中，如果温度为 15℃，标准大气压，CO_2 含量为 0.03%的干燥空气的折射率 $n_a = 1.002845073$，则 $c = c_0/n$，c 为真空中光速(2.9979246×10^8m/s)，由此可计算测尺频率。

目前相位法测位相只能获得小数位相 ΔN，而不能测量整数 N，因此计算是多值的。除 $R<L$ 外，只有小数位相位差测距系统结构与一般激光雷达基本相同，区别在于相位检测部分。将发射波束的参考信号与回波信号进行比较，得到相位差与电平的关系，即模拟或数字式检相器，最后给出距离。相位测距雷达的作用距离一般比飞行时间短，但测距精度高。

2. 激光测距雷达的应用

带有跟瞄、定位系统的激光测距雷达有广泛的应用，特别是军事应用。军事应用主要有装载在坦克上的测距仪，直升机防碰撞雷达，飞船靠近和对接，探测空间碎片和敌方攻击卫星，靶场测距，远距离卫星定位和测距，飞机火控系统等。民用遥感中的应用主要有利用机载测距雷达或星载测距雷达进行三维地形测量，或利用星上激光测距雷达精密测量地球板块运动、月-地距离、浅海水下地形等。利用时间微分关系，测距雷达也能得到速度和加速度信息。

7.3.2　激光测速

1. 激光 Doppler 测速雷达原理

与 Doppler 微波雷达类似，激光 Doppler 测速雷达用一束强度或振幅经过调制的激光束射击运动目标。如果相对于雷达观察的物体有一个速度 v_r，那么回波的频率就会发生变化，频移为

$$\Delta v = \pm \frac{2v_r}{c}v_0 \tag{7-37}$$

式中，c 为光速；v_0 为发射光束的调制频率，由频差即可测量物体运动的速度。

激光 Doppler 测速雷达可以使用脉冲或连续波激光器，其基本结构与一般散射雷达大致相同，但激光 Doppler 测速雷达的关键是对激光进行调制和检测频移。与雷达测速类似，通常有两种调制方式：一种是强度调制，利用电光晶体对激光腔内或腔外的激光强度进行调制，一般高达数百兆赫兹。从目标返回的光束被光电探测器接收，其输出电压与光强成正比，但频率有 Doppler 频移。由鉴频器检测到的频差即为 Doppler 频移，进而计算出速度。为了高精度地检测低速运动目标，需要较高的调制频率。虽然可以采用外差法进行电信号处理，但光电探测器是直接接收的，灵敏度不受探测器和放大器噪声的限制，因此调制频率会直接影响操作距离和精度。

另一种是调幅，实质上是利用光波本身的电磁波振动频率作为调制频率。信号回波和本振光(可与透射光相同或不同)在光电探测器上共同工作。由于光电探测器与光强呈线性关系，因此对光振幅采用平方法检测。

若本振为 $E_0\cos(2\pi v_0 t)$，回波幅值为 $E_1\cos[2\pi(v_0 + v_d)t]$，则光电探测器的输出电压可表示为

$$V = K\left\{E_0\cos(2\pi v_0 t) + E_1\cos\left[2\pi\left(v_0 + v_d\right)t\right]\right\}^2 \tag{7-38}$$

式中，K 为光电转换系数。展开公式(7-38)可见含有 v_0、$v_0 + v_d$ 和 v_d 各项，由于探测器不能对光频响应，在测量时间内作平均，又假定 $E_1 \ll E_0$，这样

$$V = K\left(E_0^2 + E_0 E_1\cos 2\pi v_d t\right) \tag{7-39}$$

公式(7-39)等号右端第一项为直流项，第二项为差频项。去掉直流项，通过鉴频器检出频移 v_d，这就是光学外差法。因为信号被增强了，理论上它可以达到光子极限，光频可比微波高几个数量级，因此 Doppler 频移较大。例如，对于 10μm 的激光，光频为 3×10^{13}Hz，在 lm/s 的相同速度下，Doppler 频移为 200kHz。然而，对于高速目标，如 7.5km/s，频移高达 1.5GHz。除了探测器的频率响应外，1.5GHz 微波器件与光电探测器很难匹配。此外，在 10μm 波段粒子的散射回波也很小。然而，由于光频相干探测的灵敏度高，许多激光 Doppler 测速雷达或测速仪，特别是用于测量流体的 Doppler 测速雷达或测速仪，仍倾向于采用光外差探测方法。

在技术要求上，无论采用哪种方式，一般要求激光器具有较大的脉冲或平均功率，光波频率的稳定性高。对于强度调制方法，要求强度易于调制，对于调幅光外差检测方法，要求两束光的波前在焦平面上完全重叠。探测器应具有较厚的光敏区和较大的损伤阈值，前者增加了两束光的相互作用面积，提高了外差效率，后者可以增加光的固有能量和灵敏度。

综上所述，强度调制型 Doppler 测速雷达更易实现，更适合大速度目标的探测，但精度较低。振幅调制型 Doppler 测速雷达测量精度高，测量动态范围大，但实际上给大速度目标的测量带来了更多的困难，技术难度也很大。一般来说，激光 Doppler 测速雷

达在采取一定措施后，不仅可以测量速度，还可以同时测量距离，如可以使用高频调制的脉冲模式或线性调频的连续模式。

2. 激光 Doppler 测速雷达的应用

激光 Doppler 测速雷达是一种绝对测量系统，速度测量不需要额外的校准。对于宏观固体表面，它可以测量其运动的径向速度，已被用于各种运动物体(地面车辆、飞机、导弹、卫星等)。它还可以测量流体(液体、气体)的速度，如风洞流场测量。对于微型目标，可以获得其距离和速度，并具有一定的距离(高度)分辨率。在空间遥感领域，其主要用于大气风场的遥感，也用于获取气溶胶的特征参数(浓度、分布等)。激光 Doppler 测速雷达无法获取被测物体的类型、结构、成分等理化特征参数。

7.3.3　激光散射雷达

1. 激光散射雷达原理

在大气中，各种悬浮的固体和液体颗粒，如煤烟、浮尘、颗粒污染物等，通常被称为气溶胶。气溶胶、分子等散射体在激光照射下会产生极化，进一步产生电磁振荡，电磁波向各个方向辐射形成光散射。基于探测激光散射的激光雷达称为激光散射雷达。激光的回波功率一般用雷达方程表示

$$P_r^{\lambda r}(R) = P_t^{\lambda t} \times \tau(R) \times \tau(R') \times \tau(\lambda_r) \times \tau(\lambda_t) \times A_r \times F(\theta,R) \times G(R) \tag{7-40}$$

式中，$P_r^{\lambda r}(R)$ 为接收激光功率；$P_t^{\lambda t}$ 为发射激光功率；$\tau(R)$、$\tau(R')$ 分别为发射、接收路径上的大气透过率；$\tau(\lambda_r)$、$\tau(\lambda_t)$ 分别为发射、接收光学系统透过率；A_r 为接收系统孔径面积；$F(\theta,R)$ 为回波因子，与目标特性有关；λ_r、λ_t 分别为发射、接收激光波长；R、R' 分别为发射、接收系统相对散射体的距离；$G(R)$ 为与发射、接收系统参数有关的散射体积重叠因子。

光波与分子的振动和转动能耦合，散射光的波长变化与分子的振动和转动能级有关。对脉冲宽度为 τ 的脉冲散射雷达，雷达方程可写为

$$P_r^{\lambda r}(R) = P_t^{\lambda t} \times \tau(R) \times \tau(R') \times \tau(\lambda_r) \times \tau(\lambda_t) \times A_r \times \rho(\theta) \times G(R) \times \frac{c\tau}{2R'^2} \tag{7-41}$$

式中，$c\tau/2 = \Delta R$ 为雷达的距离分辨率；$\rho(\theta) = \int \sigma(\theta) N(\alpha) d\alpha$，$\sigma(\theta)$ 为微分后向散射截面，$N(\alpha)$ 为分子或粒子粒径分布，$\rho(\theta)$ 为体散射系数。对 Rayleigh 散射，$\lambda_r = \lambda_t$，$\sigma(\theta)$ 约为 10^{-26}cm^2；对 Mie 散射，$\lambda_r = \lambda_t$，$\sigma(\theta)$ 为 $10^{-29} \sim 10^{-8}\text{cm}^2$；对 Raman 散射，$\lambda_r \neq \lambda_t$，$\sigma(\theta)$ 为 $10^{-30} \sim 10^{-29}\text{cm}$。

2. 激光散射雷达系统简介

世界各地已研制和应用了一百多台 Mie 散射雷达。它们的基本结构基本一致，包括高功率激光器、光电探测器的光学发射系统和光学接收系统、回波信号处理和分析系统，其中的光电探测器具有大孔径、高灵敏度、快响应的特点[8]。激光雷达原理图如图 7-12 所示。

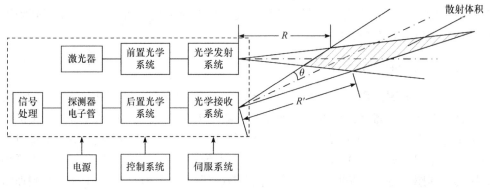

图 7-12　激光雷达原理图

脉冲或连续波激光经过前置光学系统的整形和扩展，然后由发射望远镜系统以一定的发散角射向目标区域，接收望远镜系统以一定的视角瞄准发射体。接收系统和发射系统共同照射并观测到的体积部分(散射体积)内粒子的后向散射回波被与发射系统同一位置或不同位置的接收系统接收。回波光信号经后置光学系统滤波后聚焦到光电探测器上。光电探测器输出的光电信号通过信号处理系统(放大、整形、混合、相位检测、A/D、计数等)以不同形式(距离、速度、目标参数、目标图像等)输出。电源、控制系统(常包括计算机)和伺服系统为整个雷达提供电源、控制和扫描跟踪。许多激光雷达在输出目标参数的同时还提供其他空间信息，如距离和位置。

3. 激光散射雷达的应用

雷达回波信息来自回波因子和透射率。回波因子包括散射体的密度和散射系数，透射率包括散射和吸收引起的衰减。对于 Raman 散射，频移包含了被测分子的能级结构信息。

1) 弹性散射雷达

由于粒子密度和散射截面尺寸相近，主要发生 Mie 散射，因此无法分别测量粒子密度和区分粒子。弹性散射雷达主要用于研究大气对流现象和污染宏观结构，如污染组分的动态变化、污染程度、高层大气气溶胶分布、云结构、云特征等三维结构信息。在考虑极化特性后，可用于区分云的类型(如冰云和水云)，其探测距离可达数十公里。

2) Raman 散射雷达

根据 Raman 光谱的位移，利用一个激发波长来区分各种类型的空气污染气体，并对其浓度进行定量分析。定量分析的依据是大气中浓度相对恒定的物质的散射强度与 Raman 散射强度的比值。由于 Raman 散射截面小，探测范围最多在千米数量级。一般情况下，可以检测到几 ppm 到几十 ppm 的浓度(ppm 表示百分比浓度)。

7.3.4　激光关联成像

关联成像是一种非直接式的成像技术，其具有灵敏度高、抗干扰性强、单像素成像、非定域成像等优点，使得关联成像技术在感知、探测、安全、生命科学等领域有广泛的应用前景。

1994 年，Rubin 等[9]在研究纠缠光子特性时，指出可使用纠缠光子对实现非定域性成像。1995 年，Pittman 等[10]首次利用纠缠双光子的关联特性在实验中实现了关联成像。2002 年，Bennink 等[11]利用随机旋转的反射镜产生相干光并通过分束器将光束分为两路，利用经典光源首次建立了热光鬼成像的雏形。2005 年，中国科学院物理研究所的吴令安研究团队首次实现了真热光的双光子关联成像[12]。

随着高相干度光源——激光的问世，关联成像技术进入了实用化发展阶段。在 2008 年 Shapiro[13]提出计算关联成像，利用空间光调制器(spatial light modulator，SLM)人为地对目标处光场进行强度或相位调制，不需要参考光路，单路光臂即可完成计算关联成像。后续陆续有人提出利用数字微镜器件和波前编码等方式实现计算鬼成像。该理论极大地简化了关联成像光路，摆脱了参考臂对关联成像的限制，提高了关联成像技术的工程价值。这种成像方法具有成像光路简单，对探测器的空间分辨率没有要求等优势。

随着 Candès 等[14]提出的压缩感知的不断发展，龚文林等提出通过对测量矩阵引入稀疏约束，证实压缩感知理论可实现超分辨关联成像[15]。

1. 关联成像光路模型

以空间光调制器作为光场控制元件的关联成像光路如图 7-13 所示。假设在第 r 次采样过程中，加载到空间光调制器上的随机相位为 $\phi(x_0,y_0)$，则经过空间光调制器后的光场为

$$U_0(x_0,y_0)=E^{(\mathrm{in})}\mathrm{e}^{\mathrm{i}\phi(x_0,y_0)} \tag{7-42}$$

式中，$E^{(\mathrm{in})}$为入射到空间光调制器上的光场分布。

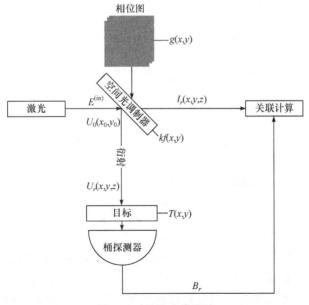

图 7-13 关联成像光路

实际上光路传递中将电矢量视为标量，忽略麦克斯韦方程组中电矢量与磁矢量间的耦合关系，在标量衍射理论框架下表示光传播的物理过程，其中菲涅耳衍射积分是它们

的傍轴近似表达式。根据菲涅耳衍射原理可知，距离液晶空间光调制器 z 处光场分布为

$$U_r(x,y,z) = \frac{\exp(jkz)}{j\lambda z}\iint_{-\infty}^{\infty}U_0(x_0,y_0)\exp\left[jk\frac{(x-x_0)^2+(y-y_0)^2}{2z}\right]\mathrm{d}x_0\mathrm{d}y_0 \qquad (7\text{-}43)$$

式中，λ 为光波长。

在接下来的关联成像计算中，需要在不同衍射场景下结合给出的各个光场数值计算表达式与液晶空间光调制器模型即可数值模拟赝热光场[13]。

距离光源 L 的目标平面处计算的光强分布为

$$I_r(x,y,z=L) = |U_r(x,y,z=L)|^2 \qquad (7\text{-}44)$$

计算光场的总光强为

$$R_r = \iint I_r(x,y,L)\mathrm{d}x\mathrm{d}y \qquad (7\text{-}45)$$

目标后桶探测器测量的光强分布为

$$B_r = \iint I_r(x,y,L)T(x,y)\mathrm{d}x\mathrm{d}y \qquad (7\text{-}46)$$

式中，$T(x,y)$ 为目标物体的反射率函数。

2. 关联算法理论

物面光场 $I_r(x,y,z=L)$ 与桶探测器光强 B_r 进行关联既可恢复目标物体，关联公式如下，其中 $\langle\cdot\rangle = \frac{1}{N}\sum_r\cdot$，代表 N 次采样的集合平均。

(1) 传统关联成像(ghost imaging，GI)算法：

$$G_{\mathrm{GI}}(x,y) = \frac{1}{N}\sum_{r=1}^{N}(B_r-\langle B\rangle)I_r(x,y) \qquad (7\text{-}47)$$

(2) 归一化关联成像(normalized ghost imaging，NGI)算法：

$$G_{\mathrm{NGI}}(x,y) = \frac{1}{N}\sum_{r=1}^{N}\left(\frac{B_r}{R_r}-\frac{\langle B_r\rangle}{\langle R_r\rangle}\right)I_r(x,y) \qquad (7\text{-}48)$$

(3) 差分关联成像(differential ghost imaging，DGI)算法：

$$G_{\mathrm{DGI}}(x,y) = \frac{1}{N}\sum_{r=1}^{N}\left(B_r-\frac{\langle B_r\rangle}{\langle R_r\rangle}R_n\right)I_r(x,y) \qquad (7\text{-}49)$$

(4) 压缩感知关联成像(compressive sensing ghost imaging，CSGI)算法。

若图像在某一变换域，如二维离散余弦变换或小波变换具有稀疏性，则通过空间强度随机涨落的高斯光场测量，就可在该域内用压缩感知(compressive sensing，CS)算法恢复。

相对于传统的奈奎斯特采样定理，要求对图像信号的采样频率必须是信号最高频率的两倍或两倍以上才能重建图像，压缩感知则利用数据的稀疏特性，只采集少量的样本

还原原始数据。压缩感知理论是建立在未知信号 $x(n)(1 \leqslant n \leqslant N)$ 具有 K 稀疏性($K \ll N$)的基础上，或是可压缩的信号，那么它在线性变换下仅用少量的系数即可很好地估计出 x。设 $x(n)$ 通过压缩感知过程可直接得到 M 维测量信号 $y(M < N)$，它们之间的关系为

$$y = \Phi x \tag{7-50}$$

式中，Φ 为传感矩阵或测量矩阵，大小为 $M \times N$；y 为高维信号 x 通过观测矩阵投影到低维空间的观测值；x 为待求解高维目标信号[14]。

大多数自然信号或图像不是稀疏的，因此压缩感知理论不能直接应用于自然信号的采集和重建，如果数据具有稀疏性或在某种变换下可以稀疏表征，就能通过较低的频率采样，利用压缩感知理论完全恢复原始数据。

因此，对 x 在 Ψ 稀疏基上进行稀疏表示：

$$x = \Psi s \tag{7-51}$$

结合公式(7-50)和公式(7-51)，可获得稀疏矩阵：

$$y = \Phi \Psi s = \Theta s \tag{7-52}$$

式中，Ψ 表示稀疏变换基矩阵；Θ 表示感知矩阵，有 $\Theta = \Phi \Psi$。Ψ 可使得测量矩阵在变换域中具有更好的稀疏度，以降低采样次数，提高成像速度。压缩感知线性测量过程如图 7-14 所示。

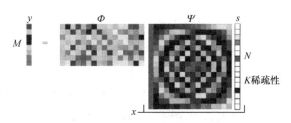

图 7-14　压缩感知线性测量过程示意图

此时图像的重建过程可简化为求解公式(7-53)的最优 l_0 范数来重构信号 x，即

$$\hat{s} = \arg\min \|s\|_0 \quad \text{s.t. } y = \Theta s \tag{7-53}$$

得到 x 的稀疏表示 $\hat{s}$ 后，进一步求解重构信号 $\hat{x}$：

$$\hat{x} = \Psi \hat{s} \tag{7-54}$$

矩阵 Θ 需满足约束等距条件[14]。

压缩感知关联成像仿真中主要采用了离散余弦变换(DCT)作为稀疏变换基矩阵，并通过正交匹配追踪(OMP)算法重建目标。

定义第 r 次测量时投射在目标上坐标点 (x_a, y_b) 的光强分布函数为

$$I_r = \begin{bmatrix} I_{11}^r & \cdots & I_{1m}^r \\ \vdots & & \vdots \\ I_{n1}^r & \cdots & I_{nm}^r \end{bmatrix} \tag{7-55}$$

矩阵大小为 $n \times m$，矩阵中每个值就是通过光场模型仿真获得的目标光场处的光强度，

将其按行展开成一维向量，即

$$I_r = [I_{11}^r, I_{12}^r, \cdots, I_{1n}^r, I_{21}^r, I_{22}^r, \cdots, I_{n,m-1}^r, I_{n,m}^r] \tag{7-56}$$

用测量光对物体进行 M 次采样后，将仿真获得的 M 个目标光场处的光强度的一维向量按列存储为 M 维列向量，作为测量矩阵：

$$\Phi = \begin{bmatrix} I_1 \\ I_2 \\ \vdots \\ I_M \end{bmatrix} = \begin{bmatrix} I_{11}^1 & I_{12}^1 & \cdots & I_{nm}^1 \\ I_{11}^2 & I_{12}^2 & \cdots & I_{nm}^2 \\ \vdots & \vdots & & \vdots \\ I_{11}^M & I_{12}^M & \cdots & I_{nm}^M \end{bmatrix} \tag{7-57}$$

于是，测量矩阵的大小为 $M \times nm$，其一行代表一次测量中仿真获取的目标光场处的所有像素点光强值，一列代表某一坐标点(x_a, y_b)下在 M 次测量中的光强值。

桶探测器探测得到：

$$B_{M \times 1} = \Phi_{M \times n^2} T_{n^2 \times 1} \tag{7-58}$$

DCT 稀疏变换后得到：

$$B_{M \times 1} = \Phi_{M \times nm} \Psi_{nm \times nm} s_{nm \times 1} \tag{7-59}$$

求解以下最小范数问题重构 T：

$$\hat{T} = \arg\min \|T\|_0 \quad \text{s.t. } B = \Phi T \tag{7-60}$$

由公式(7-55)～公式(7-60)可知，将计算目标物的像，即反射率 T 的问题转化为压缩感知问题，就可使用相对少的采样重建目标[14-15]。

目前关联成像在军事探测、遥感成像、显微成像、三维激光雷达成像、医学成像、超分辨成像等领域都展现出巨大的应用前景。为了推动关联成像的实用化发展，未来主要的算法优化方向有以下三点[16]：

(1) 压缩感知关联成像算法进一步发展；

(2) 测量矩阵与重构算法优化设计；

(3) 深度学习与关联成像算法相结合。

7.4 激光制导武器应用

激光制导武器自研制出后距今已有 60 多年，在近年来发生的局部战争中均有使用，说明当代军事战略已从强调常规装备拼数量向高科技装备拼质量的方向转变。这种装备的研制转变也是现代战争中的制敌之策。由于激光制导武器具有制导精度高、抗干扰能力强、结构简单、成本低等优点，受到各个国家越来越广泛的重视。激光制导主要分为激光寻的制导和激光驾束制导[7]。

激光寻的制导是通过弹上或弹外发出的激光照射到目标，然后弹上的导引头接收到目标的漫反射回波信号，再通过弹上制导算法计算得到导弹的控制信号，从而将导弹导引到目标处实现导弹打击。弹上发出激光的制导方式为主动寻的制导，弹外激光载体发出激光的制导方式为半主动寻的制导。导弹在发射后能够全自主跟踪目标，具有很强的自主性。但由于激光设备一般耗能高、质量大，因此主动寻的制导的实用性较差，而半主动寻的制导的激光源在弹外载体上，则不受弹上能源质量限制。半主动寻的制导技术已经相当成熟，经过了多次实战验证。

激光驾束制导是指导弹的制导方向跟随激光束指向的方向。不同于激光寻的制导方式，即地面激光发射系统发射仅能由匹配导弹识别的编码脉冲激光束，当导弹方向偏离激光束时，弹上探测系统检测到飞行误差，弹上控制系统形成对应的控制信号让导弹跟随激光光束飞行[7]。激光驾束制导武器只能在互视条件，也就是近距离条件下实现制导，适用于近距离作战。

7.4.1　激光半主动寻的制导武器

1. 系统组成及工作原理

如图 7-15 所示，激光半主动寻的制导系统主要包括目标指示器、导引头、执行部件。目标指示器主要由发射光学系统、激光器及其控制装置组成。执行作战任务时，激光指示器向目标发射激光束并稳定照射目标，使得导引头探测到激光回波。一般来说，手持指示器只能用于固定目标。地面三脚架指示器除了具有稳定的支撑外，还需要方位角和俯仰机构来跟踪运动目标和测量角位置。

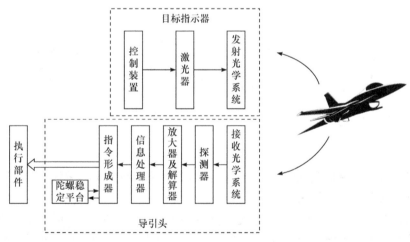

图 7-15　激光半主动寻的制导系统

导弹导引头系统是激光制导武器系统的核心部件。导弹导引头系统一般由接收光学系统、探测器、放大器及解算器、信息处理器、指令形成器和陀螺稳定平台等组成。导引头获得的目标信息命令传输到执行机构以控制导弹飞向目标。导弹导引头封装在战斗部前部带有球形整流罩处，接收目标反射的激光，感知导弹运动方向与目标瞄准线方向之间的偏差，并输出相应的误差信号。

激光发射器安装在弹外负载上，向目标发射激光，弹上导引头接收反射的激光信号，并产生制导控制信号，最终控制导弹打击目标。

2. 关键技术

激光半主动寻的制导武器中，导引头是最重要的系统。大多数激光半主动寻的制导导弹的导引头利用比例导引法导航。一般要求导引头的跟踪精度高、动态性能好、工作范围大、捕获范围大、具有自启动功能等。

光电探测器是导引头上最为重要的可以获得目标坐标信息的关键器件。目前激光半主动寻的制导武器系统通常采用 1.06μm 波长，对应波长的光电探测器为锂漂移硅光电二极管，常用四象限探测器或八象限探测器确定方位。

发射激光的激光目标指示器主要对功率、照射距离、质量、体积、激光发散角等有较高要求，且为了避免重复杀伤，提高抗干扰能力，部分指示器会选用特定的编码激光光源。为保证导引头的数据传输速率，编码激光脉冲频率应适当高。

7.4.2 激光驾束制导武器

1. 系统组成及工作原理

由于在制导过程中导弹如同驾驶着激光束，因此激光波束制导也称为激光驾束制导。此制导方式是先捕获并跟踪目标，然后地面系统通过火控算法向目标所在区域发射导弹。在此过程中，目标照射器锁定攻击目标，且有部分光进入弹上接收机。在飞行过程中，导弹根据弹上接收机所得的位置误差计算出制导信号，控制导弹制导至目标处并打击。激光驾束制导过程见图 7-16。

图 7-16 激光驾束制导过程示意图

2. 关键技术

空间编码激光光束是激光驾束制导中给出导弹方位信息的主要手段。目前主要利用光束的光强和偏振角度调制编码。

为了保证激光驾束制导的制导精度，并且保证弹上接收机在远距离能接收激光信号，这就要求激光目标照射器与导弹的工作范围相匹配，主要对照射器连续聚焦的能力有要求。一般照射器是通过对焦系统实现连续调焦，常用的对焦系统有机电凸轮、可编程步进电机和气体透镜对焦。

激光驾束制导技术中，激光光源的波长选择一般要求大气传递轴性能好，以保证激光传输和交换的损耗较低，选择波长对应的光电探测器的成本较低，并且有利于从背景中分辨目标。

7.4.3 激光指挥制导武器

激光指挥制导相当于将驾束制导中的弹上制导算法功能转移到激光目标照射器上，

形成制导站。制导站的主要功能是同时测量目标与导弹的位置误差，并根据选择的制导率，形成控制信号并发送到导弹处，使得导弹沿瞄准线飞行，命中目标。

　　激光指挥制导中由于控制信号是在制导站中计算并发出，一方面减轻了弹上计算压力，降低了导弹制造成本；另一方面这种方式可以使用更加复杂的制导算法，提升制导效果。因此，激光指挥制导具有可靠性高、导弹质量小、机动性强等优点。

参 考 文 献

[1] 丁鹭飞. 雷达原理[M]. 西安: 西安电子科技大学出版社, 1984.

[2] 张硕. 基于 EKF 的高频地波雷达目标高度估计[D]. 哈尔滨: 哈尔滨工业大学, 2007.

[3] 王俞奇. 机载 PD 雷达仿真系统的设计和实现[D]. 西安: 西安电子科技大学, 2013.

[4] 王海华. 大气波导环境中电波传播特性及其应用研究[D]. 西安: 西安电子科技大学, 2006.

[5] 郑木生, 周东明, 刘继斌. 现代防空侦察监视系统仿真与评估[J]. 计算机仿真, 2005, 22(11): 32-34,41.

[6] 关永灵. 无人战斗机作战效能评估的方法研究[D]. 哈尔滨: 哈尔滨工业大学, 2006.

[7] 张斌. 基于灵巧弹药的目标探测与弹道修正技术研究[D]. 太原: 中北大学, 2010.

[8] 李番, 吴淦华, 韩春生, 等. 提高激光雷达测距能力的方法[J]. 红外与激光工程, 2008, 37(3): 112-114.

[9] RUBIN M H, KLYSHKO D N, SHIH Y H, et al. Theory of two-photon entanglement in type-Ⅱ optical parametric down-conversion[J]. Physical Review A, 1994, 50(6): 5122.

[10] PITTMAN T B, SHIH Y H, STREKALOV D V, et al. Optical imaging by means of two-photon quantum entanglement[J]. Physical Review A, 1995, 52(5): R3429.

[11] BENNINK R S, BENTLEY S J, BOYD R W. "Two-photon" coincidence imaging with a classical source[J]. Physical Review Letters, 2002, 89(11): 113601.

[12] ZHAI Y H, CHEN X H, ZHANG D, et al. Two-photon interference with true thermal light[J]. Physical Review A, 2005, 72(4): 043805.

[13] SHAPIRO J H. Computational ghost imaging[J]. Physical Review A, 2008, 78(6): 061802.

[14] CANDÈS E J, ROMBERG J, TAO T. Robust uncertainty principles: Exact signal reconstruction from highly incomplete frequency information[J]. IEEE Transactions on Information Theory, 2006, 52(2): 489-509.

[15] GONG W, HAN S. Experimental investigation of the quality of lensless super-resolution ghost imaging via sparsity constraints[J]. Physics Letters A, 2012, 376(17): 1519-1522.

[16] 宋立军, 周成, 赵希炜, 等. 关联成像技术中调制光场优化研究进展[J]. 导航与控制, 2020, 19(1): 48-66.

第 8 章

目标图像处理技术

本章主要介绍图像预处理、图像特征提取和目标识别。图像预处理是将图像中所需的信息加强，不需要的信息，如背景噪声等抑制，使得图像更便于人眼观察和机器处理。图像特征提取技术是将图像中的目标区域和背景区域进行划分后再提取出图像目标的处理技术。跟踪系统如果要实现对图像目标的跟踪，就必须先提取图像目标，进而提取出其具有的特征，才能借此识别图像目标，即根据图像目标特征判断图像目标是不是被跟踪的目标，从而实现跟踪的目的。

8.1 图像预处理

空天目标图像通常由于大气中强云的影像具有如下特点：背景噪声复杂、纹理结构起伏剧烈、亮度高且大面积连续。远距离的空天目标信号仅能成像为几个像素的像点，且由于大部分目标表面有隐身涂层等，目标的信噪比极小，受到强起伏背景的干扰较大。

针对这类空天目标图像，为了获得较好的检测跟踪性能，就需要进行图像预处理，增强图像信噪比。若省略预处理这一环节，可能会造成漏警甚至虚警，直接影响整个系统的可靠性。图像预处理是整个系统中的关键，下面介绍几种经典的图像预处理方法。

8.1.1 图像噪声滤波

在成像信号传递中的各个阶段，如图像的采集、获取、编码和传输过程中，图像内均会不同程度地引入噪声。噪声源包括电噪声、光噪声、热噪声等。若信噪比过低，则噪声逐渐变为肉眼可见的噪点颗粒，导致像质下降，并且会丢失高频信号，使图像细节被掩盖。为了去除噪点，提高信噪比，改善图像质量，一般采用图像噪声滤波抑制成像干扰和噪声。下面介绍几种图像预处理中常用的滤波方法。

1. 邻域平均法

设 $f(x,y)$ 为给定的有噪声的图像，经过邻域平均处理后为 $g(x,y)$，在数学上则为

$$g(x,y) = \frac{1}{M} \sum_{(m,n) \in S} f(m,n) \tag{8-1}$$

式中，S 为邻域中邻域像素的坐标；M 为邻域中邻域像素的个数。

邻域平均法是在 $f(x,y)$ 对每个像素选取周边的一定区域，也就是邻域，并用邻域中像素的平均灰度替代中心像素灰度。根据邻域的选取方式不同可以分为 5×5 邻域，7×7 邻域等。邻域示意图如图 8-1 所示，其中图 8-1(a)为四邻域平均法，图 8-1(b)为八邻域平均法。

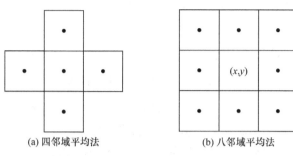

(a) 四邻域平均法　　　　　　(b) 八邻域平均法

图 8-1　邻域示意图

邻域平均法能够很好地消除噪声，平滑噪点。假如(x,y)点是噪点，其灰度值与邻域中其余点的灰度值相差较大，则通过邻域平均法，就能使得整个邻域的灰度接近均匀。邻域平均法具有算法简单的优点，但会模糊一些需要保留对比度的细节部分，存在边缘模糊的现象[1]。

2. 空域低通滤波

在图像中边缘及噪声都是高频信号，因此一般采用低通滤波的方法去除噪声。通过适当地设计单位脉冲响应矩阵，采用空域的卷积便可实现低通滤波[1]。

二维函数 $f(x,y)$ 为滤波系统的输入信号，输出信号记为 $g(x,y)$。设低通滤波器的脉冲响应函数为 $h(x,y)$，则有

$$g(x,y) = f(x,y) * h(x,y) \tag{8-2}$$

式中，"$*$"表示卷积运算。

设输入为 $N \times N$ 的离散图像 $f(n_1,n_2)$，输出为 $M \times M$ 的离散图像 $g(m_1,m_2)$，且脉冲响应函数 $h(l_1,l_2)$ 为 $L \times L$ 阵列，为避免卷积周期的交叠，必须满足 $L \leqslant M - N + 1$。空域卷积滤波的离散表达形式为

$$g(m_1,m_2) = \sum_{n_1} \sum_{n_2} f(n_1,n_2) h(m_1 - n_1 + 1, m_2 - n_2 + 1) \tag{8-3}$$

在 $L = 3$ 情况下，空域低通脉冲响应函数(低通卷积模板)，记为矩阵 H。

模板 1：$H_1 = \dfrac{1}{9} \begin{bmatrix} 1 & 1 & 1 \\ 1 & 1 & 1 \\ 1 & 1 & 1 \end{bmatrix}$　　模板 2：$H_2 = \dfrac{1}{10} \begin{bmatrix} 1 & 1 & 1 \\ 1 & 2 & 1 \\ 1 & 1 & 1 \end{bmatrix}$　　模板 3：$H_3 = \dfrac{1}{16} \begin{bmatrix} 1 & 2 & 1 \\ 2 & 4 & 2 \\ 1 & 2 & 1 \end{bmatrix}$

图 8-2(b)为采用低通卷积模板对图 8-2(a)滤波后的红外图像。

3. 梯度倒数加权平滑法

相邻像素灰度差的绝对值就是灰度梯度，在图像边缘处比图像内部灰度差大。在

(a) 红外夜空飞行目标图像   (b) 采用低通卷积模板(H_2)滤波后的图像

图 8-2 采用低通滤波的红外图像

$n \times n$ 窗口内，若把中心像素点与邻近点之间梯度的倒数定义为各相邻像素的权，则在图像内部的相邻像素的权大，而在图像边缘的相邻像素的权小，采用加权平均法作为中心像素的输出值，可使图像在平滑了噪声的同时，保留了边缘的细节信息。为保证中心像素的灰度值满足区间要求，采用归一化的权作为加权系数[1]。

设点 (x, y) 的灰度值为 $f(x, y)$，在 3×3 邻域内的权值为

$$g(x, y; i, j) = \frac{1}{\left| f(x+i, y+j) - f(x, y) \right|} \tag{8-4}$$

式中，$i, j = -1, 0, 1$，但 i 和 j 不能同时为 0。若 $f(x+i, y+j) = f(x, y)$，梯度为 0，则定义 $g(x, y; i, j) = 2$。因此，$g(x, y; i, j)$ 的值域为 $[0, 2]$。设归一化的权矩阵为

$$W = \begin{bmatrix} w(x-1, y-1) & w(x-1, y) & w(x-1, y+1) \\ w(x, y-1) & w(x, y) & w(x, y+1) \\ w(x+1, y-1) & w(x+1, y) & w(x+1, y+1) \end{bmatrix}$$

规定中心像素 $w(x, y) = 1/2$，其余 8 个像素权值之和为 $1/2$，这样使 W 的元素总和等于 1。于是有

$$w(x+i, y+j) = \frac{1}{2} \cdot \frac{g(x, y; i, j)}{\sum_i \sum_j g(x, y; i, j)} \quad (i, j = -1, 0, 1, \ 但 i 和 j 不同时为 0) \tag{8-5}$$

将图像像素 (x, y) 与矩阵的中心点对齐，将矩阵的每个元素与它"重合"的图像像素值相乘并求和后得到平滑输出 $g(x, y)$。对图像的所有像素进行相同处理后得到输出图像。

4. 中值滤波

为了克服线性滤波使得图像细节模糊的缺点，提出了中值滤波，中值滤波作为一种非线性滤波，在特定条件下能够克服上述缺点，尤其是对脉冲干扰和图像扫描噪声等噪声的滤波效果最好。对于一些小尺寸细节较多的图像，中值滤波方法并不适用。

中值滤波原理：设置一维序列 $f_1, f_2, \cdots, f_n$，窗口长度为 $m(m$ 为奇数)。为了对该序列执行中值过滤，依次从输入序列中提取数字 $f_{i-v}, \cdots, f_{i-1}, f_i, f_{i+1}, \cdots, f_{i+v}$，其中 f_i 为窗口的中心值，$v = (m-1)/2$。然后根据 m 个点的数值排列，取序列号在中间的数作为滤波输出。数学表达式为

$$Y_i = \text{Med}\left\{f_{i-v}, \cdots, f_{i-1}, f_i, f_{i+1}, \cdots, f_{i+v}\right\}\left(i \in \text{N}, \ v = \frac{m-1}{2}\right) \tag{8-6}$$

式中，N 为自然数集合。

对二维序列 $\left\{X_{ij}\right\}$ 采用二维滤波窗口滤波。二维数据的中值滤波可以表示为

$$Y_{ij} = \text{Med}_A\{X_{ij}\}\,(A\text{为窗口}) \tag{8-7}$$

对图像阵列进行中值滤波时，若窗口与中心点对称，且包含中心点，则为

$$(r,s) \in A; \quad (-r,-s) \in A; \quad (0,0) \in A$$

式中，(r,s) 为窗口中某一点到窗口中心的坐标距离。中值滤波器可以在任何方向上保持跳跃边缘[2]。

图像中的跳跃边缘指灰度突变边缘。实际使用这一滤波方法时，一般逐渐增大窗口大小，直到过滤效果满足需求。对于轮廓线较长且灰度变化缓慢的图像，适用于方形或圆形窗口，对于棱角分明的图像，适用于十字形窗口。但如果图像中点、线、尖角等细节较多或噪声强度较大，则不宜采用中值滤波[2]。

在实际应用时，要依靠丰富的经验合理有效地根据需求使用中值滤波器，选取恰当的中值滤波参数，尽可能地去除噪声并保留图像细节。图 8-3 给出了传统中值滤波方法得到的去噪图像的仿真结果。

(a) 原始图像　　　　　　　(b) 噪声图像　　　　　　　(c) 中值滤波算法结果

图 8-3　传统中值滤波方法得到的去噪图像的仿真结果

8.1.2　图像边缘增强

图像在转换或传输后，质量可能会下降，图像有些模糊是不可避免的。边缘增强又称锐化，主要用于增强图像中的目标边界和图像细节。图像锐化需要应用各种形式的算子来计算数字图像的一阶灰度差和二阶灰度差。在图像中，边缘区域一定存在灰度差；对于灰度常数区域，其灰度差为零；灰度变化缓慢空间的灰度差明显小于边缘区域的灰度差。

锐化技术主要分为空域中的微分处理和频域中的高通滤波处理。梯度锐化和拉普拉斯锐化是两种常用的锐化方法。

1. 梯度锐化

一阶倒数在边缘点处有一个极值，可认为是灰度突变点，即图像边缘。计算每个像素处的梯度来增强边缘。对于图像 $g(x,y)$，在 (x,y) 处的梯度定义为

$$\mathrm{grad}(x,y) = \begin{bmatrix} f'_x \\ f'_y \end{bmatrix} = \begin{bmatrix} \dfrac{\partial f(x,y)}{\partial x} \\ \dfrac{\partial f(x,y)}{\partial y} \end{bmatrix} \tag{8-8}$$

梯度是一个矢量，其大小和方向分别为

$$\mathrm{grad}(x,y) = \sqrt{f'^2_x + f'^2_y} = \sqrt{\left(\dfrac{\partial f(x,y)}{\partial x}\right)^2 + \left(\dfrac{\partial f(x,y)}{\partial y}\right)^2} \tag{8-9}$$

$$\theta = \arctan(f'_y / f'_x) = \arctan\left(\dfrac{\partial f(x,y)}{\partial y} \Big/ \dfrac{\partial f(x,y)}{\partial x}\right) \tag{8-10}$$

对于离散图像处理而言，一阶偏导数一般采用一阶差分近似表示，即

$$f'_x = f(x, y+1) - f(x, y) \tag{8-11}$$

$$f'_y = f(x+1, y) - f(x, y) \tag{8-12}$$

2. 拉普拉斯锐化

在图像处理中，各向同性滤波法是一种其响应与图像的旋转无关的处理方法，即旋转后图像与原始图像的滤波结果是相同的。

拉普拉斯算子是具有各向同性的最简单的微分算子。二元图像函数 $f(x,y)$ 的拉普拉斯变换被定义为

$$\nabla^2 f = \dfrac{\partial^2 f}{\partial x^2} + \dfrac{\partial^2 f}{\partial y^2} \tag{8-13}$$

为了便于数字图像处理，将公式(8-13)离散后的形式为

$$\nabla^2 f(x,y) = f(x+1, y) + f(x-1, y) + f(x, y+1) + f(x, y-1) - 4f(x, y) \tag{8-14}$$

拉普拉斯变换增强了图像灰度的突变区域，减小了灰度的缓变区域，会生成一张拉普拉斯掩膜。将原始图像与拉普拉斯掩膜叠加在一起，能在维持锐化效果的前提下还原背景信息[3]，具体的叠加方法如下：

$$g(x,y) = \begin{cases} f(x,y) - \nabla^2 f(x,y), & \text{如果拉普拉斯掩膜中心系数为负} \\ f(x,y) + \nabla^2 f(x,y), & \text{如果拉普拉斯掩膜中心系数为正} \end{cases} \tag{8-15}$$

图 8-4 给出了飞机原始图像和边缘增强后的图像。

8.1.3　图像增强

图像增强是通过一定的算法增强图像的某些特征，如边缘、轮廓、对比度等。图像增强并不会引入新的信息，而是扩大特征的动态范围，从而更加容易检出这些特征。

常用的增强技术可分为基于空域和变换域两类。空域增强技术直接对图像进行直接处理，而变换域增强技术在变换域内对图像进行间接处理。其中空域增强技术也可根据其处理单位分为增强像素的像素方法和增强小区域的模板方法两种。此处介绍两种基于

(a) 飞机原始图像　　　　　　　　(b) 边缘增强后的图像

图 8-4　飞机原始图像和边缘增强后的图像

空域的增强方法。

1. 基于灰度变换的图像增强

基于灰度变换的图像增强是一种基于像素的空间域增强方法，可以表示为

$$g(x,y) = T[f(x,y)] \tag{8-16}$$

式中，$f(x,y)$是输入图像；$g(x,y)$是增强图像；T 是对 f 的一种操作。T 操作称为灰度级变换函数，于是有

$$s = T(r) \tag{8-17}$$

式中，r 和 s 分别为 $f(x,y)$ 和 $g(x,y)$ 在任意点 (x,y) 的灰度值。

在图像增强中，常用的变换函数分为线性变换、对数变换、幂次变换三类。

比例函数是最通用的线性变换之一，输出亮度和输入亮度可以互换。图像的反变换方法适用于增强大面积暗区域中亮目标的细节。如果图像的灰度范围在[0, L–1]，则其对应的反变换为

$$s = I_s - 1 - r \tag{8-18}$$

对数变换一般表达为

$$s = c\lg(1+r) \tag{8-19}$$

式中，c 是常数，且假设 $r \geqslant 0$。利用对数变换空域将窄带的低灰度输入映射到宽带输出，因此，该变换可用于扩展压缩高值图像中的暗像素。

幂次变换的基本形式为

$$s = cr^{\gamma} \tag{8-20}$$

式中，c 和 γ 为正常数。同对数变换的情况一样，幂次变换中 γ 的不同，会把窄带的低灰度输入映射到宽带输出，输入高值时也成立。幂次变换与对数函数不同，γ 值的不同，变换效果也不同，如 $\gamma > 1$ 的值和 $\gamma < 1$ 的值产生的曲线效果相反。当 $c = \gamma = 1$ 时，幂次变换将简化为正比变换。

此外，还有一种分段灰度变换方法。将图像灰度区间划分为两个或多个段，分别进行灰度变换，称为分段灰度变换。分段灰度变换方法最大的优点是增强非常灵活，可以拉伸特定的特征对象的灰度细节，并压制背景的灰度[4]。

2. 基于直方图变换的图像增强

由于天空背景中图像的灰度分布可能集中在较窄、低亮度的范围内，表现为图像不够清晰，曝光不够。直方图均衡化可以改变原图像的灰度分布形式，输入一张已知灰度的概率分布的图像，并将其转换为灰度概率分布均匀的新图像，从而增大像素间灰度值的梯度，整体增强图像对比度。

直方图变换是由灰度变换导出的另一种增强图像对比度的方法，可基于概率论和灰点运算方法实现直方图变换。常用的变换方法有直方图均衡化和直方图规范化。下面简要介绍基于直方图均衡化的图像增强算法。

灰度级在$[0, L-1]$的数字图像的直方图是离散函数$h(r_k) = n_k$，式中r_k表示第k级灰度，n_k表示图像中灰度为r_k的像素个数。规一化的直方图表示为$P(r_k) = n_k / n$，其中$k = 0,1,\cdots,L-1$，n表示图像上总的像素数目。简单地说，$P(r_k)$给出了灰度级为r_k发生的概率估计值。直方图是多种空间域处理技术的基础。图 8-5 为红外直升机图像及对应的直方图。

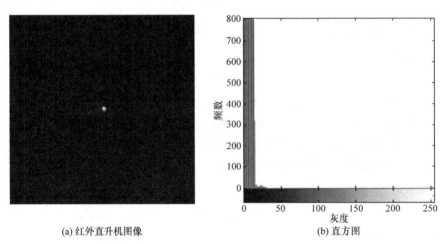

| (a) 红外直升机图像 | (b) 直方图 |

图 8-5　红外直升机图像及对应的直方图

直方图均衡化的计算过程如下：
(1) 列出原始图像灰度级f_j，$j = 0,1,\cdots,k,\cdots,L-1$，其中$L$是灰度级。
(2) 统计图像中各灰度级的像素数目n_j，$j = 0,1,\cdots,k,\cdots,L-1$。
(3) 计算原始图像直方图为

$$P_f\left(f_j\right) = \frac{n_j}{n}(j = 0,1,\cdots,k,\cdots,L-1) \tag{8-21}$$

式中，n为原始图像总的像素数目。
计算累积分布函数：

$$c(f) = \sum_{j=0}^{k} P_f\left(f_j\right)(j = 0,1,\cdots,k,\cdots,L-1) \tag{8-22}$$

用公式(8-23)计算映射后输出的灰度级g_i，并对g_i的计算值取整，即

$$g_i = \text{INT}\left[\left(g_{\max} - g_{\min} \right) c(f) + g_{\min} + 0.5 \right] \tag{8-23}$$

若 $g_{\min} = f_0 = 0$，$g_{\max} = f_{L-1} = L-1$，则公式(8-23)简化为

$$g_i = \text{INT}\left[(L-1) c(f) + 0.5 \right] \tag{8-24}$$

式中，INT 表示取整运算。

(4) 统计映射后各灰度级的像素数目 n_i，$i = 0,1,\cdots,p-1$。

(5) 计算输出图像直方图为

$$P_g\left(g_i \right) = \frac{n_i}{n} (i = 0,1,\cdots,p-1) \tag{8-25}$$

(6) 利用 f_i 和 g_i 的映射关系，使得直方图近似均匀分布，改变图像的灰度级[4]。

根据上述直方图均衡化的计算过程将图 8-5 中的红外直升机图像直方图均衡化的结果如图 8-6 所示。

图 8-6   红外直升机图像直方图均衡化的结果

8.1.4   图像背景抑制

远距离空间目标在图像中通常表现为小目标，成像面积小，对比度低，边缘模糊，无纹理特征，大小形状多变，可探测信号相对较弱，背景复杂。为了提高系统的目标检测能力，需要对背景信息进行抑制。下面介绍背景抑制中常用的顶帽(top-hat)变换。

形态学是图像处理中的一个常用术语。图像处理形态学基本上属于数学形态学的范畴，它是一门以晶格理论和拓扑学为基础的图像分析学科。在形态学和数字图像处理中，顶帽变换和黑帽(black-hat)变换用于从给定的图像中提取小的元素和细节。在这两种类型的变换中，顶帽变换定义为输入图像与由某种结构元素定义的开运算之间的差值，而黑帽变换定义为输入图像与闭运算结果之间的差值。这些转换用于各种图像处理任务，如特征提取、背景均衡化、图像增强等。顶帽滤镜用于在黑暗的背景中增强明亮的物体，黑帽操作则用来做相反的事情，在明亮的背景中增强感兴趣的深色物体。

顶帽算法本质上是形态变换中开、闭运算的结合。开放操作可以消除灰度图像中较亮的细节，而封闭操作可以消除较暗的细节。开运算和闭运算是由两个基本的数学形态运算：腐蚀(erosion)运算和膨胀(dilation)运算组合而成的。

1. 腐蚀与膨胀

1) 腐蚀

为消除小且不需要探测的目标，使得目标区域减小。一般利用计算局部最小值的腐蚀方法，其表达式为

$$A \Theta B = \left\{ x,y \,\middle|\, \left(B \right)_{xy} \subseteq A \right\} \tag{8-26}$$

由公式(8-26)可知，用结构 B 腐蚀 A，要求结构 B 的形态尺寸小于 A，且必须有一个定位点。腐蚀运算的具体实现方法与卷积核类似，通过 A 遍历结构 B，依次对每个覆盖区域进行形态运算，输出运算结果图。

2) 膨胀

膨胀的概念类似于腐蚀，可以看作是腐蚀的反作用。膨胀会使目标区域"变大"，以填补目标区域的空洞，消除目标区域所含的粒子噪声。其表达式为

$$A \oplus B = \left\{ x, y \mid (B)_{xy} \bigcap A \neq \varnothing \right\} \tag{8-27}$$

公式(8-27)表示用结构 B 膨胀 A，要求结构 B 的形态尺寸小于 A 且要有一个人为定义的锚点，作用方式与腐蚀类似。

2. 开运算与闭运算

在介绍了腐蚀和膨胀两种基本形态运算之后，下面介绍由腐蚀和膨胀组成的开运算和闭运算。

1) 开运算

开运算就是对图像先腐蚀后膨胀。开运算有消除小的物体并断开粘连、平滑边界的作用。

2) 闭运算

闭运算就是对图像先膨胀后腐蚀。闭运算有填补小空洞并连接邻近或断开的区域，平滑边界的作用。

3. 顶帽变换

顶帽变换是由原始图像与开运算后图像的差值得到的。由于开运算操作后原始图像局部亮度较低的区域被放大，因此顶帽变换通过选择不同大小的核来突出原始图像边缘附近的明亮区域。对于背景较大的图像，可以提取出背景。顶帽变换定义为

$$g = f - (f \circ b) \tag{8-28}$$

式中，f 表示输入图像；b 表示结构元素；g 表示输出图像。

对图 8-7(a)所示的红外夜空飞行目标红外图像使用顶帽变换，处理后的红外夜空飞行目标如图 8-7 (b)所示。图 8-7 可以看出，经过顶帽变换后图像的对比度增加，复杂的云层背景被去除，从而更有利于空天小目标的检测。

(a) 红外夜空飞行目标   (b) 经顶帽处理后的红外夜空飞行目标

图 8-7　红外夜空飞行目标及顶帽处理后的结果

8.2　图像特征提取和目标识别

典型的目标识别系统流程如图 8-8 所示。

图 8-8　典型的目标识别系统流程

由于图像的数据量较大，因此一般是对图像数据变换后，通过特征提取和选择，可以获得图像可分类的本质特征。这些特征可以是人眼可识别的自然特征或者是人工处理图像后得到的人工特征。

特征提取的目的是识别目标。提取的特征量应具有以下特性：特征量不随图像的位置、大小和方向变化，分别具有平移不变性、缩放不变性和旋转不变性[5]。还可以发现，一些特征量不随图像的仿射变形或透视变形而变化，具有仿射不变性或透视不变性。有了这些不变量，人们可以从不同的角度和不同的距离识别目标。

一般要求提取的特征具有以下四个特征：①可靠性，即能够真实、准确地反映图像的独特属性；②可区分性，即不同图像的特征量有明显差异；③独立性，即图像的几个特征之间互不相关；④数量少，即尽可能避免冗余[5]。

8.2.1　图像分割

图像分割可以理解为将目标区域从背景中分离出来，或将目标与相似物体从背景中分离出来。图像分割是指将图像划分为互不重叠的区域，提取出感兴趣对象。由于特征提取和目标识别的质量取决于图像分割效果，因此对图像分割的要求一直较高，是图像处理领域的重点和难点。

图像分割算法有多种分类方式，基于处理技术的分类如下：
(1) 基于阈值的图像分割算法；
(2) 基于边缘检测的图像分割算法；
(3) 基于区域的图像分割算法。

1. 基于阈值的图像分割算法

阈值的确定是否合理关系到分割结果的好坏，是阈值分割中的关键问题。阈值分割算法中也主要是阈值的确定方法。一般来说，图像分割的流程：首先建立图像分割的原始模型，如一维、二维的直方图等，并利用模型特征表示原始信号。模型的合理性关系到后续处理效果，若对分割结果的要求越复杂，则计算量也就越大，如二维直方图远大于一维直方图的分割计算量。其次设定阈值选取的标准，如最大熵法、最大类间方差法等。最后获得阈值，在所建立模型简单的情况下，穷举法效果较好，若模型复杂，穷举法耗时，则用智能优化算法计算阈值。

图像阈值分割根据需要分类图像的数量，可分为单阈值分割和多阈值分割。单阈值分割指的是仅用一个阈值，就可以将背景和目标分开。多阈值分割指的是图像需要分为多类，因此需要有多个阈值将它们分开。

设 $f(x,y)$ 为原始待分割图像，$g(x,y)$ 为分割后的结果，T 为求取的分割阈值，则单阈值分割方法可以定义为

$$g(x,y)=\begin{cases}1, & f(x,y)\geqslant T\\0, & f(x,y)<T\end{cases} \tag{8-29}$$

在多阈值分割方法中，设 $T_0,T_1,\cdots,T_k$ 为一系列分割阈值，多阈值分割方法可以定义为

$$g(x,y)=K,\text{当}T_K\leqslant f(x,y)\leqslant T_{K+1},K=0,1,2,\cdots,n \tag{8-30}$$

式中，n 为分割后图像中各个不同区域的标号。典型的阈值分割算法有最大类间方差法(Otsu 算法)和最小交叉熵法。最大类间方差法的基本思想是将待分割的图像分为两类，一类是背景，另一类是目标。目标域背景间类方差最大的灰度值，也就是目标与背景差异最大的灰度是最佳阈值。这种阈值选取方式简单，具有不需要参数和监督阈值的特征。使用最小交叉熵法寻找最优阈值，即寻找一个分割阈值，使目标和背景的信息熵之和最大。二维最小交叉熵法是一维最小交叉熵法的扩展，该方法以最小交叉熵为临界值的确定准则。

1) 最大类间方差法

最大类间方差法，简称大津法，由日本学者大津于 1979 年提出。它是一种基于全局的二值算法，根据灰度特征可以将图像分割为前景和背景。通过找到前景与背景差值最大的灰度，选取最佳阈值。大津法中用来衡量差异的标准是类间的共同最大方差。类间差异与背景和目标的划分效果有关，当目标与背景被正确分割开，则类间差异增大，当目标有一部分被错误划分为背景，则类间差异减小。实现方法是选择一个自适应阈值 T，当阈值 T 使方法在两类像素点之间最大化时，该阈值是该方法的最佳阈值。最大熵是指当阈值 T 使两类像素点的信息熵之和最大时，阈值 T 为最佳阈值。

最大类间方差法是一种自适应阈值分割方法[6]。如果前景和背景的分割阈值为 T，分割后的两个类的密度和均值分别为 p_1、p_2 和 m_1、m_2，则有

$$p_1+p_2=1 \tag{8-31}$$
$$p_1m_1+p_2m_2=m \tag{8-32}$$

式中，m 为整幅图像的灰度均值。根据方差的定义，类间方差表达式为

$$\sigma^2=p_1(m_1-m)^2+p_2(m_2-m)^2 \tag{8-33}$$

将公式(8-33)化简为

$$\sigma^2=p_1p_2(m_1-m_2)^2 \tag{8-34}$$

当采用一维最大类间方差时，分割阈值 T 可以遍历所有灰度级，根据类间方差最小准则可以得到类间方差最小的最优阈值 T。使用一维最大类间方差法对空中目标进行分割，如图 8-9 所示，其中图 8-9(a)为红外战斗机原始图像，图 8-9(b)为 Otsu 算法分割图像。

(a) 红外战斗机原始图像　　　　　　　(b) 大津法分割图像

图 8-9　一维最大类间方差法图像分割

2) 二维最小交叉熵法

二维灰度直方图是在图像一维灰度直方图的基础上扩展一维信息，该一维信息有很多种，如用邻域内的平均值作为二维统计信息，用图像梯度作为二维统计信息，用其他滤波器作为统计信息。它比一维灰度直方图覆盖的灰度值统计量更多，使用二维灰度直方图的效果更好。

二维最小交叉熵法是一维最小交叉熵法的延伸，以最小交叉熵为准则确定阈值。

以使用邻域内的平均值作为第二维度统计信息为例，图像中每个像素点的信息为 $[f(x,y),g(x,y)]$，其中 $f(x,y)$ 表示该像素点处的灰度值，$g(x,y)$ 表示该像素点处邻域内灰度均值，二维灰度直方图统计灰度信息所出现的像素点频次。图 8-10 为飞机二维灰度统计信息，图 8-10(a)为飞机二维灰度统计直方图，图 8-10(b)为二维灰度统计像素点分布图。

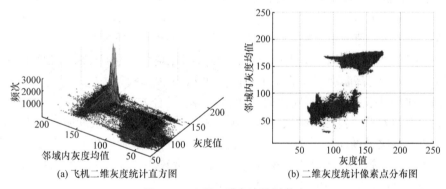

(a) 飞机二维灰度统计直方图　　　　　(b) 二维灰度统计像素点分布图

图 8-10　飞机二维灰度统计信息

假设灰度阈值为 (s,t)，则分割后前景、背景的频次概率分别为 p_1、p_2：

$$p_1 = \sum_{i=0}^{s}\sum_{j=0}^{t} p_{ij}, p_2 = \sum_{i=s+1}^{L}\sum_{j=t+1}^{L} p_{ij} \tag{8-35}$$

式中，p_{ij} 表示灰度值为 $[i,j]$ 出现的频次概率。

$\mu_1(s,t)$ 和 $\mu_2(s,t)$ 分别为分割后前景和背景的均值，其计算方法如下：

$$\mu_1(s,t) = \sum_{i=0}^{s}\sum_{j=0}^{t} (i,j) p_{ij} / p_1 \tag{8-36}$$

$$\mu_2(s,t) = \sum_{i=s+1}^{L}\sum_{j=t+1}^{L} (i,j) p_{ij} / p_2 \tag{8-37}$$

定义交叉熵 $D(s,t)$ 为

$$
\begin{aligned}
D(s,t) = & \sum_{i=0}^{s} \sum_{j=0}^{t} \left(ijp_{ij} \ln \frac{ij}{\mu_1(s,t)} + \mu_1(s,t)p_{ij} \ln \frac{\mu_1(s,t)}{ij} \right) \\
& + \sum_{i=s+1}^{L} \sum_{j=t+1}^{L} \left(ijp_{ij} \ln \frac{ij}{\mu_2(s,t)} + \mu_2(s,t)p_{ij} \ln \frac{\mu_2(s,t)}{ij} \right)
\end{aligned}
\tag{8-38}
$$

最佳阈值 (S,T) 即是使得 $D(S,T) \leqslant D(s,t)$，$(s,t) \in L^2$ 成立的阈值。图 8-11(b)为使用二维最小交叉熵法对图 8-11(a)进行阈值分割得到的分割图像。

(a) 飞机目标　　　　　　　　　　　(b) 阈值分割图像

图 8-11　二维最小交叉熵法

　　最大类间方差法和二维最小交叉熵法都是经典的阈值方法，但都存在一定的缺陷。例如，当背景比较复杂，使用最大类间方差法对前景和背景的灰度值统计没有显著差异时，效果很差；在发动机喷管尾焰中，灰度值高于目标值，用最大类间方差法无法有效分割。有学者提出使用多阈值分割方法。双阈值分割也是一种常用的空中目标分割方法。一些空中交通工具依靠发动机燃烧提供动力。然而，发动机燃烧羽流温度过高，图像中的灰度值过高。因此，为了对高温羽流背景进行分割，采用双阈值分割算法。

　　求解二维最小交叉熵分割阈值时，可选择 L_2 组合方法。在自适应阈值分割算法中，最优阈值搜索算法包括穷举法和智能优化算法。穷举法需要灰度循环判断，而二维算法需要灰度二次幂循环，耗时长，效率低。因此，许多学者将智能优化算法引入该过程的参数优化中。智能优化算法在参数优化方面速度较快，其中多采用遗传算法和粒子群优化算法，可在较短时间内收敛找到最优阈值。

2. 基于边缘检测的图像分割算法

　　图像的边缘指的是周围像素在灰度上急剧变化的像素的集合，表示了图像灰度不连续的特征，也是两个区域之间的交线。依据边缘检测也能对图像进行分割。

1) 边缘检测

　　边缘检测的目的是提取图像特征中最重要的属性。边缘是分配给单个像素的属性，它是一个具有振幅和方向的向量，由图像函数在像素场中的特征计算而成。常见的边缘有三种：梯、脉、顶。边缘的主要特征是方向和振幅。重叠于图像边缘趋势的灰度变化较小，垂直于图像边缘趋势的灰度会突变，这说明可以通过一阶导数的振幅值来检测边缘的存在，且振幅的最大值一般对应于边缘的位置。利用二阶导数的最大梯度或零交叉点提取边缘成为一种有效的手段。

2) 边缘闭合

当有噪声干扰时，计算出的边缘像素一般连续性、封闭性较差，需要将边缘像素连接起来形成一个封闭区域。针对这一需求，有人提出了一种利用像素梯度的幅值和方向来闭合边界的方法。边缘像素连接的前提是像素之间具有相似性。利用梯度算子处理后，可以获得梯度幅值方向信息。根据像素间这两种信息的相似度，可以将边缘像素连接起来。

若像素(s, t)在像素(x, y)的邻域内，其梯度振幅和梯度方向分别满足：

$$\left| \mathrm{grad}(x, y) - \mathrm{grad}(s, t) \right| \leqslant T \tag{8-39}$$

$$\left| \theta(x, y) - \theta(s, t) \right| \leqslant A \tag{8-40}$$

式中，T为幅度阈值；A为角度阈值。

通过上述处理，(s, t)中的像素就可以与(x, y)中的像素相连接，将图像内所有的边缘像素都进行上述的判断和连接后，有概率得到闭合边缘。除了利用上述方法，还可以通过检测边缘方向的模板的输出值求得沿该方向的边缘值，最终得到区域的闭合边界，也可以利用数学形态学的一些运算使得边缘闭合。

3) 边缘细化

在某些情况下，检测到的边缘像素较多，对象边界较厚，对识别效果有影响，因此需要细化边缘。细化边缘主要考虑沿梯度方向通过像素的直线，保留最大梯度值对应的像素。大部分梯度方向可能没有指向相邻的像素，而是指向几个像素之间，无法消除。因此可以采用模板法和插值法进行非最大消除。

3. 基于区域的图像分割算法

基于区域的图像分割算法主要分为以下三大类：区域增长、区域分割、区域合并，以及后两类的组合。

区域增长是属性相似的像素集合形成的区域。区域分割是将种子区域进行迭代的连续分裂，形成每个区域内部相似的子区域。区域合并是将相似的子区域合并成尽可能大的区域。在区域分割中由于算法问题，可能会出现一些最小分割区域，因此需要利用区域合并来抑制过分割现象。基于区域的图像分割算法中最重要的是确定区域的识别标准。当识别标准容易定义时，这些方法具有良好的分割质量，最大的特点是不容易受到噪声的影响。

1) 区域增长

区域增长法是将像素或子区域按照预定义的标准聚合成更大的区域的过程。它从一些已知的点(或称为种子)开始，将与种子属性(如灰度、颜色、组织、梯度或其他特征)相似的相邻像素附加到生长区域中的每个种子上，并作为新种子开始下一轮生长，直到所有满足条件的像素被包含在内。

区域增长法的关键问题有种子像素的选取、种子生长过程的判断准则(相似性准则)、种子生长的终止条件。

种子像素的选取是根据所需的效果决定的，方法不统一。例如，对于目标检测场景，由于目标点的辐射较大，一般会选择图像中的高亮度点作为种子。

相似性准则的确定与具体应用场景和图像数据的类型相关。例如，如果图像是单色的，就需要用一组基本灰度集和空间属性的描述来分析区域。此外，为了提高图像分割的精度，经常需要考虑像素的连通性和邻近性。

在生长过程中，当相似性准则不满足时，终止生长。通常考虑的像素灰度、纹理和颜色都是局部属性，不能考虑区域增长的"历史"。如果能引入一些关于区域形状和大小的全局信息，将有助于提高分割效果[7]。

2) 区域分割和区域合并

区域生长过程的一种分割方法是从一组种子点开始，根据一定的生长准则将相似的像素点聚集，得到分割结果。另一种分割方法是以整个图像为起点，将图像分割成一系列任意不相交的区域，然后通过区域聚合或分割以满足要求。

下面介绍图像四叉树表示的分割和合并算法。

对 R 图像分割的四叉树表示反复将分割得到的区域再次分为 4 个区域。直到对任意区域 R_i，有 $P(R_i)$ = TRUE，若 $P(R_i)$ = FALSE，再次分为 4 个区域。不断循环，直到任意 $P(R_i)$ = TRUE。

但如果只进行图像拆分，可能会导致性质相同并相邻的区域被分割。因此在拆分的同时对图像进行区域合并来避免。

算法处理步骤如下：

(1) 对于任何区域 R_i，如果 $P(R_i)$ = FALSE，就将区域都拆分为 4 个相连的不重叠区域。

(2) 当 $P(R_i \cup R_j)$ = TRUE 时，将任意两个相邻区域 R_i 和 R_j 合并。

(3) 当再无法进行合并或拆分时停止。

近年来，图像分割与新理论和新方法相结合提出了许多新的分割方法，如基于马尔可夫随机场的分割方法，基于隐马尔可夫模型、吉布随机场和模拟退火的图像分割方法，基于数学形态学的分割方法，基于统计模式识别的分割方法，基于神经网络的分割方法，基于信息论的分割方法，基于模糊集和逻辑的分割方法，基于小波分析和变换的分割方法，基于遗传算法的分割方法等[8-9]。

8.2.2　图像特征提取

常用的图像特征提取方法有一维统计特征提取、二维统计特征提取、形状特征提取等。一维统计特征提取包括均值、方差、偏度、峰度、能量、熵等；二维统计特征提取包括自相关、协方差、转动惯量、绝对值、对比度、能量和熵；形状特征提取包括周长、面积、圆度、凹度和凸度，提取各种矩特征(质心矩、中心矩、Hu 矩组)。

1. 纹理特征

在许多类型的图像中，纹理是一个非常重要的特征。例如，从石油地球物理勘探过程中获得的大多数航空和卫星遥感图像、医学显微图像和地震剖面图像可以认为它们具有不同的纹理特征。基于纹理描述的图像分割和合并具有很高的应用价值。

纹理的主要特征如下：

(1) 局部序列重复的区域大于序列；

(2) 序列由基本单元随机排列组成；

(3) 各单元的结构特征类似，且相同纹理区域具有大致相同的单元内结构大小。

纹理的基本单元通常称为纹理基元。纹理被认为是按照某种规则排布的纹理基元，根据其排布规律可以分为确定性纹理和随机纹理。

由于人类对纹理的视觉理解具有主观性，很难用文字或语言来描述。因此，有必要从图像中提取能代表纹理的信息。通过一些图像处理方法提取纹理特征主要有两个目的：一是检测图像中包含的纹理原语；二是获取纹理原语排列分布的特征信息。图像纹理的描述通常依赖于纹理的结构或统计特征，也可以通过转换到频域来分析纹理基于空间的特性。因此，常用的纹理描述方法有三种：统计方法、结构方法和光谱方法。另外，一些成熟的图像模型也可以用来描述纹理特征，称为模型法。由于纹理特征的复杂性，这些方法经常被结合使用[10]。

统计方法是最早的纹理描述方法之一，其主要思想是在纹理原语未知的情况下，通过图像中灰度分布的随机属性来描述纹理特征。基于统计的方法主要包括：灰度共现矩阵算法、直方图统计、Tamucuowra 纹理特征、灰度梯度共现矩阵分析、自相关函数、边缘频率、原始行程长度、滤波能量测量、自相关函数分析、行程长度统计等[10]。

2. 统计特征

将图像视为二维随机过程的表达，图像的统计特征就可以描述为直方图、均值、方差、偏度等。

1) 一维统计特征

(1) 一维直方图：

设图像振幅的一维概率密度为

$$P(l) = P(f(i,j) = l) \tag{8-41}$$

式中，$0 \leqslant l \leqslant L-1$ 表示灰度级，则一维直方图为

$$P(l) = \frac{N(l)}{M} \tag{8-42}$$

式中，M 表示一幅图像的像素总数；$N(l)$ 表示灰度值为 l 的像素数[10]。

(2) 均值：

$$\bar{l} = \sum_{l=0}^{L-1} lP(l) \tag{8-43}$$

(3) 方差：

$$\sigma^2 = \sum_{l=0}^{L-1} \left(l - \bar{l}\right)^2 P(l) \tag{8-44}$$

(4) 偏度：

$$l_0 = \frac{1}{\sigma^3} \sum_{l=0}^{L-1} \left(l - \bar{l}\right)^3 P(l) \tag{8-45}$$

(5) 峰度：

$$l_f = \frac{1}{\sigma^4} \sum_{l=0}^{L-1} \left(l - \overline{l}\right)^4 P(l) - 3 \tag{8-46}$$

(6) 能量：

$$l_n = \sum_{l=0}^{L-1} \left[P(l)\right]^2 \tag{8-47}$$

(7) 熵：

$$l_s = -\sum_{l=0}^{L-1} P(l) \log_2 \left[P(l)\right] \tag{8-48}$$

2) 二维统计特征

设两个任意像素点(i,j)和(k,l)的灰度值分别为$f(i,j)$和$f(k,l)$，则联合分布密度可表示为

$$P(l_1, l_2) = P\left(f(i,j) = l_1, f(k,l) = l_2\right) \tag{8-49}$$

式中，l_1和l_2均为 0 到 L 之间的灰度级。

(1) 二维直方图：

$$P(l_1, l_2) = \frac{N(l_1, l_2)}{M} \tag{8-50}$$

式中，M为像素总数；$N(l_1, l_2)$为两个事件$f(i,j) = l_1$、$f(k,l) = l_2$同时发生的事件数[9]。

(2) 自相关：

$$L_b = \sum_{l_1=0}^{L-1} \sum_{l_2=0}^{L-1} l_1 l_2 P(l_1, l_2) \tag{8-51}$$

(3) 协方差：

$$L_\sigma = \sum_{l_1=0}^{L-1} \sum_{l_2=0}^{L-1} \left(l_1 - \overline{l_1}\right)\left(l_2 - \overline{l_2}\right) P(l_1, l_2) \tag{8-52}$$

式中，$\overline{l_1}$和$\overline{l_2}$分别为l_1和l_2的平均值。

(4) 惯性矩：

$$L_g = \sum_{l_1=0}^{L-1} \sum_{l_2=0}^{L-1} \left(l_1 - l_2\right)^2 P(l_1, l_2) \tag{8-53}$$

(5) 绝对值：

$$L_j = \sum_{l_1=0}^{L-1} \sum_{l_2=0}^{L-1} \left|l_1 - l_2\right| P(l_1, l_2) \tag{8-54}$$

(6) 反差分：

$$L_f = \sum_{l_1=0}^{L-1} \sum_{l_2=0}^{L-1} \frac{P(l_1, l_2)}{1 + \left(l_1 - l_2\right)^2} \tag{8-55}$$

(7) 能量：

$$L_n = \sum_{l_1=0}^{L-1}\sum_{l_2=0}^{L-1}\left[P(l_1,l_2)\right]^2 \tag{8-56}$$

(8) 熵：

$$L_s = -\sum_{l_1=0}^{L-1}\sum_{l_2=0}^{L-1}P(l_1,l_2)\log_2\left[P(l_1,l_2)\right] \tag{8-57}$$

3. 形状特征

形状特征表示一般可分为基于边界的和基于区域的两类。这两种表示法中最有效的是傅里叶描述子和不变矩表示法。

傅里叶描述子的主要思想是利用傅里叶变换的外边界作为形状特征。为了去除图像区域中的噪声点，人们提出了一种改进的傅里叶描述子，该描述子对噪声具有鲁棒性，对几何变形具有不变性[11]。

1) 矩形度与细长比

物体的矩形度用矩形因子来衡量，矩形因子 R 定义为

$$R = S / S_R \tag{8-58}$$

式中，S 为物体的面积；S_R 为物体最小外接矩形面积。

R 反映了一个物体与其外接矩形的面积比，表示物体在矩形面积中的充满程度。

物体的细长比 A 定义为

$$A = W / L \tag{8-59}$$

式中，W 是物体的宽度；L 是物体的长度。这一参数可以把细长目标与圆形目标或方形目标区分开来。

2) 圆形度

第一个圆形度为

$$C = L_c^2 / S \tag{8-60}$$

式中，C 是圆形度；L_c 是周长；S 是面积。圆形物体的圆形度最小为 4π，形状越复杂的圆形度越大。

第二个圆形度是由边界的能量定义的。在边界上任一点 p 的瞬时曲率半径为 $r(p)$，则 p 点的曲率函数为

$$K(p) = 1 / r(p) \tag{8-61}$$

式中，函数 $K(p)$ 是物体的周长 L_c 的函数。单位边界长度的平均能量为

$$E = \frac{1}{L_c}\int_0^{L_c}\left|K(p)\right|^2\mathrm{d}p \tag{8-62}$$

对于某一固定的面积值，一个圆具有最小边界能量，即

$$E_{\min} = \left(\frac{2\pi}{L_c}\right)^2 = \left(\frac{1}{r}\right)^2 \tag{8-63}$$

式中，r 是该圆的半径。E 比 C 更符合人们对边界复杂性的认知。

第三个圆形度是由边界点到物体内部某点的平均距离定义的，为

$$D = \frac{1}{N}\sum_{i=1}^{N} x_i \tag{8-64}$$

式中，x_i 表示有 N 个点的物体中的第 i 个点到最近边界点的距离；N 表示物体内部点的总数。相应的形状度量为

$$G = \frac{S}{D^2} = \frac{N^3}{\left(\sum_{i=1}^{N} x_i\right)^2} \tag{8-65}$$

式中，G 为形状度量指标；S 为物体的面积；D 为边界点到内部点的平均距离。对于如圆形等的规则形状，C 和 G 相等，但对于复杂形状，C 的分辨力更强。

3）矩特征

矩在统计学中用来描述随机变量的分布，在力学中用来描述物质的空间分布。若将二值图像或灰度图像视为二维密度分布函数，矩技术可应用于图像分析。从二维和三维形状中获得的矩值的不变性在图像领域受到了广泛关注，在图像匹配、目标识别等领域得到了广泛应用。

对于数字图像 $f(x,y)$，它的 $p+q$ 阶矩定义为

$$m_{pq} = \sum_x \sum_y x^p y^q f(x,y) \tag{8-66}$$

$f(x,y)$ 的 $p+q$ 阶中心矩定义为

$$u_{pq} = \sum_x \sum_y (x-\bar{x})^p (y-\bar{y})^q f(x,y) \tag{8-67}$$

式中，$\bar{x} = m_{10}/m_{00}$；$\bar{y} = m_{01}/m_{00}$。

$f(x,y)$ 的归一化中心矩可表示为

$$\eta_{pq} = \frac{u_{pq}}{u_{00}^\gamma} \tag{8-68}$$

式中，$\gamma = \frac{p+q}{2}+1$，$p+q = 2,3,\cdots$。

利用归一化的 2 阶矩和 3 阶矩可以导出下列 7 个绝对不变矩，即

$$\begin{cases} \varphi_1 = \eta_{20} + \eta_{02} \\ \varphi_2 = (\eta_{20}-\eta_{02})^2 + 4\eta_{11}^2 \\ \varphi_3 = (\eta_{30}-3\eta_{12})^2 + (3\eta_{21}+\eta_{03})^2 \\ \varphi_4 = (\eta_{30}+3\eta_{12})^2 + (\eta_{21}+\eta_{03})^2 \\ \varphi_5 = (\eta_{30}-3\eta_{12})(\eta_{30}+3\eta_{12})^2 \left[(\eta_{30}+\eta_{12})^2 - 3(\eta_{12}+\eta_{03})^2\right] \end{cases}$$

$$
\begin{cases}
\qquad + (3\eta_{21} + \eta_{03})(\eta_{21} + \eta_{03})\left[3(\eta_{30} + \eta_{12})^2 - (\eta_{21} + \eta_{03})^2\right] \\
\varphi_6 = (\eta_{20} - \eta_{02})\left[(\eta_{30} + \eta_{12})^2 - (\eta_{21} + \eta_{03})^2\right] + 4\eta_{11}(\eta_{30} + \eta_{12})(\eta_{21} + \eta_{03}) \\
\qquad + (3\eta_{11} + \eta_{03})(\eta_{30} + \eta_{03})\left[3(\eta_{03} + \eta_{12})^2 - (\eta_{12} + \eta_{03})^2\right] \\
\varphi_7 = (3\eta_{12} - \eta_{30})(\eta_{30} + \eta_{12})\left[(\eta_{30} + \eta_{12})^2 - 3(\eta_{21} + \eta_{03})^2\right] \\
\qquad + (3\eta_{11} + \eta_{03})(\eta_{30} + \eta_{03})\left[3(\eta_{03} + \eta_{12})^2 - (\eta_{12} + \eta_{03})^2\right]
\end{cases}
\tag{8-69}
$$

公式(8-69)的平移、旋转和尺度变换具有不变性，φ_7 可用于检测镜面对称图像。

4. 三维特征提取

三维数据相较于一维数据、二维数据能够提供更多的目标信息，如目标的位置、尺度、姿态等，帮助计算机更好地理解场景。其次，三维数据对光线变化、纹理变化等因素相对不敏感[12]。在强、弱光照条件和纹理信息不足的情况下，二维数据处理算法性能容易下降。三维数据采集设备(如激光雷达)一般采用主动成像方式获取环境信息，不依赖自然光条件，对环境中光照、色彩等因素的变化具有更强的鲁棒性。因此，三维物体识别得到了广泛的应用。

特征提取是三维物体识别的关键环节，直接影响识别系统的性能。基于局部特征的方法对噪声和遮挡具有较强的鲁棒性。从检测到的特征点提取局部形状特征，用直方图或结构信息描述特征点附近曲面形状的空间分布。利用场景中特征点与模型的匹配关系实现目标识别。常用的局部形状特征包括方向直方图的特征(signature of histograms of orientations，SHOT)和三维形状上下文(三维 shape context，三维 SC)。下面简要介绍方向直方图的特征。

SHOT 是一个局部特征描述符。该方法在特征点处建立局部坐标系，将相邻点的空间位置信息与几何特征统计量相结合，对特征点进行描述。

步骤一：局部参考系的构建。

以特征点周围的 k 近邻点构建协方差矩阵 M：

$$
M = \frac{1}{k}\sum_{i=0}^{k}(p_i - \hat{p})(p_i - \hat{p})^{\mathrm{T}}, \quad \hat{p} = \frac{1}{k}\sum_{i=1}^{k}p_i
\tag{8-70}
$$

式中，M 表示各点之间的两两相关性。为了计算方便，这样构建 M：

$$
M = \frac{1}{\sum_{i:d_i \leqslant r}(r - d_i)}\sum_{i:d_i \leqslant r}(r - d_i)(p_i - p)(p_i - p)^{\mathrm{T}}
\tag{8-71}
$$

式中，r 是局部参考系的计算半径；p_i 是以特征点 p 为球心，半径为 r 的球体内的点；d_i 是 p_i 到 p 的欧氏距离。对 M 进行特征值分解，得到三个两两正交的单位特征向量和三个非负的特征值，特征值递减排序，其对应的特征向量分别对应着 x、y、z 三个轴。此时，x、y、z 的正方向存在歧义，为了确定正方向，采取了如下策略：

$$S_x^+ \doteq \left\{ i : d_i \leqslant r \wedge (p_i - p) \cdot x^+ \geqslant 0 \right\}$$

$$S_x^- \doteq \left\{ i : d_i \leqslant r \wedge (p_i - p) \cdot x^- > 0 \right\}$$

$$S_x^+ \doteq \left\{ i : i \in M(k) \wedge (p_i - p) \cdot x^+ \geqslant 0 \right\} \tag{8-72}$$

$$S_x^- \doteq \left\{ i : i \in M(k) \wedge (p_i - p) \cdot x^- > 0 \right\}$$

$$x = \begin{cases} x^+, & |S_x^+| > |S_x^-| \\ x^-, & |S_x^+| < |S_x^-| \\ x^+, & |S_x^+| = |S_x^-| \wedge |S_x^+| > |S_x^-| \\ x^-, & |S_x^+| = |S_x^-| \wedge |S_x^+| < |S_x^-| \end{cases} \tag{8-73}$$

公式(8-72)中 $M(k)$ 为

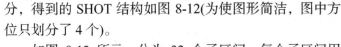

$$M(k) \doteq \left\{ i : |m - i| \leqslant k, m = \operatorname{argmedian}_j d_j \right\} \tag{8-74}$$

对公式(8-72)～公式(8-74)的解释：为确定局部参考系 x 轴的正方向，在半径 r 内，计算特征点 p 到 p_i 的向量与 x^+ 和 x^- 的点积，非负为两向量夹角在 $0°$ 到 $90°$ 之间，相应的 S_x 统计了符合这一条件的点的集合；正方向取该集合中点的个数大者。对于相等的特殊情况，统计在平均中值距离周围的点($M(k)$，k 是限定的距离)中符合这一条件的点的集合；同样，正方向取大者。通俗讲，使 x 轴正方向指向半径 r 内点密度大的方向，消除了 x 轴取向的歧义。对于 z 轴的取向，和 x 的步骤相同，y 轴取向由 $z×x$ 确定。

至此，局部参考系构建完成，它具有旋转和平移不变性。

步骤二：特征计算和存储。

为了计算特征，将上述的局部参考系按照方位 8 个，俯仰 2 个，径向 2 个进行划分，得到的 SHOT 结构如图 8-12(为使图形简洁，图中方位只划分了 4 个)。

如图 8-12 所示，分为 32 个子区间，每个子区间用一个有 11 个区间的直方图表示，从而形成长度为 $32 × 11 = 352$ 的直方图。注：SHOT 的特征直方图由 32 个直方图拼接而成。

直方图的横轴为 $\cos\theta$，即为 $\cos\theta$ 的值划分了 11 个子区间；纵轴是计数，也就是在区间内发生的频率。计算局部坐标系各分割区间内各点与坐标系原点(特征点)夹角 θ 的余弦值 $\cos\theta$，并按其值保存在直方图中。这样，

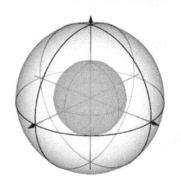

图 8-12　SHOT 结构

初步得到了特征值点的直方图表示。

但是，由于该描述符基于局部直方图，因此不可避免地会受到边缘效应的影响。此外，上述的空间区域划分也会产生边缘效应。为了解决这一问题，采用了四次线性插值。插值区间选取为空间区域划分中相邻两空间对应的直方图中相同索引($\cos\theta$ 值)的两个区间。

步骤三：将整个描述子(直方图)归一化，即完成了该特征点的描述。

8.2.3　目标识别

利用图像信息进行目标识别称为图像识别。图像识别主要以描述图像和分类图像为主，从处理后的输入图像中提取图像特征，再利用模式匹配、判别函数等识别理论对图像进行分类。

分类器的作用是将输入特征与已有特征样本比对后识别未知输入的类别，主要技术有以下两种。

1) 确定性技术

确定性技术使用距离测度，如 Mahanalobis、欧几里得距离、加权 k 近邻准则、最小均方差等。

2) 分布式技术

分布式技术由预先训练过的分类系统来进行分类，如神经网络分类器。

下面具体介绍几种分类器。

1. 欧几里得距离

N 维空间中两点之间的线性距离称为欧几里得距离，简称欧氏距离。以两个特征向量之间的欧氏距离为例：

$$D_{\mathrm{E}} = \sqrt{\sum_{i=1}^{N}\left(F_{P_i} - F_{I_i}\right)^2} \tag{8-75}$$

式中，F_{P_i} 为原型目标的第 i 个特征；F_{I_i} 为输入目标的第 i 个特征；N 为特征向量的维数。当输入特征与样本特征的欧几里得距离最小，则说明输入图像与样本同属于一类。

提高分类性能的一种方法是对训练集的特征进行统计分析，使更可靠的信息在分类中发挥更重要的作用，或者采用加权因子提高欧氏距离测量效率[13]。

2. 互相关

常用的相似度度量是归一化互相关。在使用该方法时，与输入模式相关值最大的特征向量所属的类即为输入模式所属的类[13]。两个特征向量的归一化互相关由公式(8-76)计算：

$$R = \frac{\sum_{i=1}^{N} F_{P_i} F_{I_i}}{\sqrt{\sum_{i=1}^{N} F_{P_i}^2 \sum_{i=1}^{N} F_{I_i}^2}} \tag{8-76}$$

式中，F_{P_i} 为原型目标的第 i 个特征；F_{I_i} 为输入目标的第 i 个特征。

3. 基于神经网络的目标识别

神经网络具有很强的识别和分析能力，它通过在样本空间中寻找具有与输入样本一致特征的分割区域进行分类。传统方法适用于同类聚类和异质分离的问题。然而实际许多物体的分割曲面极为复杂，使得特征相似的图像反而不是一类，而远程样本可能属于同一个类。神经网络能解决非线性曲面逼近问题，并能构造复杂的判别函数，因此它比传统的分类器具有更好的分类识别能力。BP 神经网络和小波神经网络在图像识别中得到了广泛应用。

4. 基于支持向量机的目标识别

支持向量机(support vector machines，SVM)是 Vapnik 及其研究团队提出的一种新的模式识别技术。支持向量机在将经验风险最小化原理替换为结构风险最小化原理的基础上，融合了统计学习、机器学习和神经网络等技术，已被证明在最小化风险的同时有效提高了算法的泛化能力。支持向量机以其完整的理论基础和可靠的实验结果，越来越受到研究人员的重视。

对于数据的二值分类，如果采用一般的神经网络方法，其机制可以描述为系统随机生成一个超平面并移动它，引导训练集中属于不同分类的点恰好位于该平面的不同两侧。这种处理机制决定了最终的分类平面非常接近训练样本集中的点，这在大多数情况下显然不是最优解。Vapnik 等的支持向量机方法巧妙地解决了这个问题。该方法的机理可以简单地描述为数据的二元分类问题：找到满足分类要求的最优分类超平面。支持向量机在高维数据空间中具有良好的泛化能力，它既能从有限的训练集中获得小误差，又能保证独立测试集的小误差，且由于是凸优化问题，因此得到的解为全局最优解。

参 考 文 献

[1] 卢晓东, 周军, 刘光辉. 导弹制导系统原理[M]. 北京: 国防工业出版社, 2015.

[2] 田媛. 基于图像识别技术的装配件的动态检测研究[D]. 吉林: 吉林大学, 2005.

[3] 孙庆龙. 数字图像处理在塞曼效应分析中的应用研究[D]. 西安: 西安工业大学, 2011.

[4] 齐林. 汽车牌照自动识别技术的研究[D]. 西安: 西安电子科技大学, 2008.

[5] 赵亮. 基于改进 EM 算法和混合核 SVM 的图像检索技术研究及应用[D]. 南京: 南京航空航天大学, 2010.

[6] 李佐勇, 刘传才, 程勇, 等. 红外图像统计阈值分割方法[J]. 计算机科学, 2010, 37(1): 282-286, 298.

[7] TREMEAU A, BOREL N. A region growing and merging algorithm to color segmentation[J]. Pattern Recognition, 1997, 30(7): 1191-1203.

[8] OHLANDER R, PRICE K, REDDY D R. Picture segmentation using a recursive region splitting method[J]. Computer Graphics and Image Processing, 1978, 8(3): 313-333.

[9] OHTA Y I, KANADE T, SAKAI T. Color information for region segmentation[J]. Computer Graphics and Image Processing, 1980, 13(3): 222-241.

[10] 谢菲. 图像纹理特征的提取和图像分类系统研究及实现[D]. 成都: 电子科技大学, 2009.

[11] RUI Y, SHE A C, HUANG T S. Modified Fourier descriptors for shape representation—a practical approach[C]. Proceedings of First International Workshop on Image Databases and Multi Media Search, Urbana, 1996: 22-23.

[12] 马超. 基于深度神经网络的三维目标检测与识别技术研究[D]. 长沙: 国防科技大学, 2019.

[13] 王晓红. 矩技术及其在图像处理与识别中的应用研究[D]. 西安: 西北工业大学, 2002.